高等职业教育通信类专业新形态教材

融合通信技术

主　编：吕岳海
副主编：王瑰琦　冯田旭
参　编：黄　博　孙妮娜　李　可

北京理工大学出版社
BEIJING INSTITUTE OF TECHNOLOGY PRESS

内 容 简 介

本书深入、系统地介绍了三网融合中高速上网、IPTV、VoIP、WLAN 业务的网络架构、实现原理和关键技术，并结合现网应用对其中的重要概念和主要协议进行详细阐释。全书共分为 5 个模块、10 个项目、26 个子任务，内容包括三网融合的概念、业务与技术基础、现状与发展趋势；数据通信理论基础；Internet 与 IP 通信、网际协议；三网融合下的承载网，包括数据传送网、光传送技术；接入网络，包括以太网接入技术、无源光纤接入技术、无线局域网接入技术等；三网融合的 IPTV 视频编解码技术、流媒体技术、组播技术、业务管理平台等。并且借助虚拟仿真软件系统而全面地介绍了三网融合从网络规划、开通调试到业务调试、网络部署全流程，为初学者以及对三网融合技术感兴趣的读者提供了理论联系实际的桥梁。

本书理论与工程应用案例融合讲解，内容丰富、语言简洁。本书适用于从事通信工程、三网融合及相关专业的工程技术人员学习和培训使用，也可作为高职院校信息类通信工程、计算机应用及相关专业的教材或参考书。

图书在版编目（CIP）数据

融合通信技术 / 吕岳海主编. -- 北京：北京理工大学出版社，2022.11（2023.1 重印）

ISBN 978-7-5763-1800-5

Ⅰ. ①融…　Ⅱ. ①吕…　Ⅲ. ①通信技术　Ⅳ. ①TN91

中国版本图书馆 CIP 数据核字（2022）第 206422 号

出版发行 / 北京理工大学出版社有限责任公司
社　　址 / 北京市海淀区中关村南大街 5 号
邮　　编 / 100081
电　　话 / （010）68914775（总编室）
（010）82562903（教材售后服务热线）
（010）68944723（其他图书服务热线）
网　　址 / http://www.bitpress.com.cn
经　　销 / 全国各地新华书店
印　　刷 / 河北盛世彩捷印刷有限公司
开　　本 / 787 毫米×1092 毫米　1/16
印　　张 / 18
字　　数 / 423 千字
版　　次 / 2022 年 11 月第 1 版　2023 年 1 月第 2 次印刷
定　　价 / 65.00 元

责任编辑 / 王玲玲
文案编辑 / 王玲玲
责任校对 / 刘亚男
责任印制 / 施胜娟

前言

融合通信技术是通信类从业人员要掌握的一门应用技术。本书针对高等职业院校学生急需加强理论与实际相结合的需求，以提高实际动手能力和提高操作的熟练度为目的。书中以实际的工作内容为教学项目，配合工作页、拓展任务等，学生不仅可以基于本书完成传统的课堂学习任务，还可以通过书中标注的资源开展自主学习，在学习的过程中不断加深对工作内容和行业规范的理解。

全书通过5个模块、10个项目、26个子任务，采用逐步递进的模式，了解网络架构、工作原理和关键技术，最终实现三网融合中高速上网、VoIP、IPTV、WLAN的业务功能。各项目均以“知识目标→技能目标→任务描述→任务分析→任务实施”的结构进行内容组织，将实际工程顺序与教学环节相结合，既有理论知识讲解，也有实践技能操作。

本书由吉林电子信息职业技术学院吕岳海老师担任主编，并编写模块一和模块二；王瑰琦老师和冯田旭老师担任副主编，并编写模块三及模块四理论部分；李可老师编写了模块五的理论部分内容；黄博老师和孙妮娜老师分别编写了模块四实操部分和模块五的实操部分。

本书在编写过程中参考了大量资料，在此向相关的作者表示感谢！同时，还得到了来自行业和相关企业的大力支持与指导，在此表示最诚挚的谢意！

由于编者水平有限，书中难免存在不妥之处，如蒙读者指教，使本书更趋合理，编者将不胜感激。

目录

模块一

三网融合概述

知识目标

1. 了解三网融合的概况。
2. 了解三网融合的特点。
3. 了解三网融合的关键技术。

技能目标

1. 熟悉软件的各部分功能。
2. 掌握软件的使用。

项目　三网融合技术

理论部分

1.1　三网融合概述

融合通信（Rich Communication Suite，RCS）是指通信技术和信息技术的融合。通信技术类的业务是指传统电信网的各类业务，例如电话业务、短消息业务、会议电话、呼叫中心等；信息技术类的业务是指 IP 类的各种业务以及互联网业务，例如即时通信、视频监控、下载业务、电子邮件、语音邮件等。目前全球主流电信运营商都将融合通信业务定位为业务和技术发展的核心方向。

融合通信是指高层业务应用的融合，其表现为技术上趋向一致，网络层上可以实现互联互通，形成无缝覆盖，业务层上互相渗透和交叉，应用层上趋向使用统一的 IP 协议，为提供多样化、多媒体化、个性化服务的同一目标逐渐交汇在一起，通过不同的安全协议，最终形成一套网络中兼容多种业务的运维模式。

三网融合（Triple Play）是融合通信的一个具体应用实例。三网融合是指电信网、互联网和广播电视网三大网络的融合。但它并不意味着仅仅是三大网络的物理合一，而主要是指高层业务应用的融合。以后的手机可以看电视、上网，电视可以打电话、上网，电脑也可以打电话、看电视。三者之间相互交叉，形成你中有我、我中有你的格局。

从融合对象的角度看，三网融合主要包括以下4个层面的融合。

1. 业务融合

三网融合首先体现在业务融合方面，就是在同一网络上，可同时开展语音、数据和视频等多种不同的业务。以我国的广电和电信为例，最初它们分别以经营视频业务和语音业务为主，并且不允许互相介入。随着三网融合的推进，现在已允许广电经营宽带接入业务，电信提供IPTV传输通道。

2. 网络融合

网络融合是泛指一个以IP为核心，可同时支持语音、数据和多媒体业务的全业务运营网络。其主要目标是为用户提供无缝的业务使用环境，即不管是在有线还是在无线环境中，都可以享受相同的业务服务。

3. 监管融合

监管融合主要指广电总局、工信部和文化部针对不同的管理对象（内容或网络），通过职能优化，逐步实现监管融合。

4. 终端融合

终端融合是指包括通信、计算机和消费电子产品等固定终端的融合，以及移动终端和固定终端的融合。终端通过软件技术的变更最终支持各种用户所需的特性功能和业务。三网融合必须注重跨终端融合，从功能上进行升级融合，弱化产品边界，丰富终端的内容与服务属性。

1.2 三网融合的关键技术

在三网融合中用到了许多关键技术。主要技术有以下几点。

1. 数字化技术

随着数字化技术的普及，除传统的文本数据外，语音、视频等信息均可采用“0”“1”二进制比特流形成的数字编码进行传输和交换。这种将数据、语音和视频等各种业务内容无差别地通过不同的网络来传输、交换处理是三网融合的基本条件。

2. 光通信技术

光通信技术的发展为传送各种业务信息提供了必要的传输带宽和传输质量，在很大程度上减少了网络容量这一制约因素，成为三网融合业务承载的理想平台。此外，光通信的通信成本与传输距离几乎无关，使得传输成本可以得到大幅度地降低。

（1）光传送网（OTN）

光传送网（Optical Transport Network，OTN），是以波分复用技术为基础，在SDH和WDM技术的基础上发展起来的下一代骨干传送网，它解决了传统WDM网络业务调度能力弱、组网能力弱、保护能力弱等问题。

OTN 以多波长传送、大颗粒调度为基础，综合了 SDH 及 WDM 的优点，可在光层及电路层实现波长及子波长业务的交叉调度，并实现业务的接入、复用、保护、管理及维护等功能，形成一个以大颗粒宽带业务传送为特征的大容量传送网络。

现在运营商中，OTN 网与传统 SDH、PTN、MSTP 网络共存。

（2）无源光网络

无源光网络（Passive Optical Network，PON）技术是一种点到多点的光纤接入技术，它由局侧的 OLT（光线路终端）、用户侧的 ONU（光网络单元）和 ONT（光网络终端），以及 ODN（光分配网）组成，如图 1.1 所示。所谓无源，是指在 ODN 中不含有任何有源电子器件及电子电源，全部都由光分路器等无源器件组成。

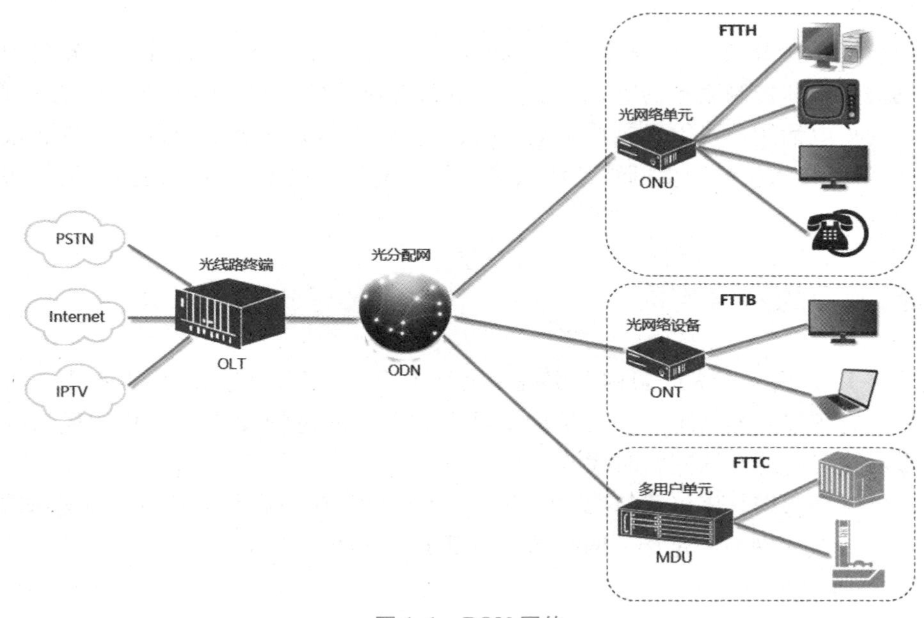

图 1.1　PON 网络

PON 网络属于树状结构，通过 TDMA 时分复用技术可实现同一根光纤内上下行多组数据传输，可有效节约建设成本，提高带宽利用率。

PON 是一种纯介质网络，避免了外部设备的电磁干扰和雷电影响，减少了线路和外部设备的故障率，提高了系统可靠性，同时节省了维护成本。其技术优势在于 PON 具有网络容量大、传输距离长、成本低等特点，逐渐成为 FTTx 运营商到用户“最后一千米”的常用解决方案。

3. TCP/IP 协议栈

IP 协议的普遍应用，使得各种以 IP 为基础的业务能够在不同的网络上实现互联互通。伴随着 IP 协议成为三大网络一致采用的通信协议，电信网和广电网开始向以 TCP/IP 协议栈为基础的下一代网络演进，从技术上为三网融合奠定了最坚实的联网基础。整个网络（包括用户驻地网、接入网和核心网）都将实现协议的统一，各类终端都能实现透明连接。

4. 流媒体技术

IPTV 的流媒体技术是指在网络中通过流媒体实现语音、视频等多媒体文件实时传输。

目前的流媒体传输主要以实时流式传输及顺序流式传输两种方式实现。其中实时流式传输主要通过使用流式传输媒体服务器或应用实时流协议（RTSP 或 MMS）等方式实现。顺序流式传输主要通过超文本传输协议（HTTP）服务器，文件通过顺序流发送。

与单纯下载模式相比，流式传输具有以下特点。

①缩短启动延时。通过使用资源预留协议（RSVP）在业务流传送前先预约一定的网络资源，建立传输逻辑通道，从而保证每一业务流都有足够的“独享”带宽，缩短启动延迟。

②保障传输质量。在使用 RTP 进行数据传输时，通过 RTCP 为应用程序提供媒体质量信息，并根据 RTCP 控制包对 RTP 进行 QoS 管理与控制、流媒体同步，保障了传输质量。

③使用实时传输协议实现流式传输。例如：RTSP、MMS。

5. 软交换技术

软交换技术是在 IP 电话的基础上发展起来的，其主要是将 IP 电话网关分解为媒体网关、信令网关和媒体控制服务器等，以使传统电路交换网络和 IP 网通过网关实现互联互通。软交换技术使得电话用户可以通过传统电话机，支持 SIP、H. 248 等协议的软件，或者通过专门 VoIP 话机，接入统一通信网络，从功能上不仅提供了语音业务，还能够支持视频、图像、数据业务等。

1.3 三网融合的网络架构

通信网络 IP 化后，在纵向架构上实现了网络上下的兼容，横向结构上实现了大连接的互联网络，提升了整个网络生产力，带动了网络和业务的蓬勃发展。IP 化的通信网络成为适应业务多元化、打造互联网新时代的基础。

融合通信网络根据具体位置与功能的不同，大致分为核心业务支撑网、传输承载网和综合接入网（无线接入网、固定接入网）等 3 个部分，如图 1. 2 所示。

1. 核心业务支撑网

核心业务支撑网也可以简称为核心网。核心网的功能主要是提供用户连接、对用户的管理以及对业务完成承载，作为承载网络提供到外部网络的接口。这一部分包括电路域、分组域和 IMS 域，电路域以软交换为起点，改造成 IP 网；分组域和 IMS 域采用 IP 分组交换，以提供丰富的多媒体业务，实现网络的融合。核心网络 IP 化通过将电路交换转换为分组交换，给予网络融合各种业务应用和用户体验的能力，使运营商能够快速提供新业务，克服了原有网络业务提供周期过长、业务适应性差等缺点。

2. 传输承载网

传输承载网是一张 IP 网络，它采用扁平化的网络结构，从上至下分为骨干传送网、城域传送网和本地网。在骨干传送网上，IP 技术和光传输技术分层共存。在城域传送网上，IP 技术和光技术走向融合，引入了 IP 化的 PTN，提供高效率传输通道。在末稍端，IP 化的 GPON/XGPON 实现了传送资源的共享和性能的提升。

承载网可以提供各种 QoS 分类转发、电信级别倒换保护和更灵活的承载能力，以实现各类业务（数据、语产、视频、支撑类及其他非实时性业务）的端到端连接承载，实现多业务传送。

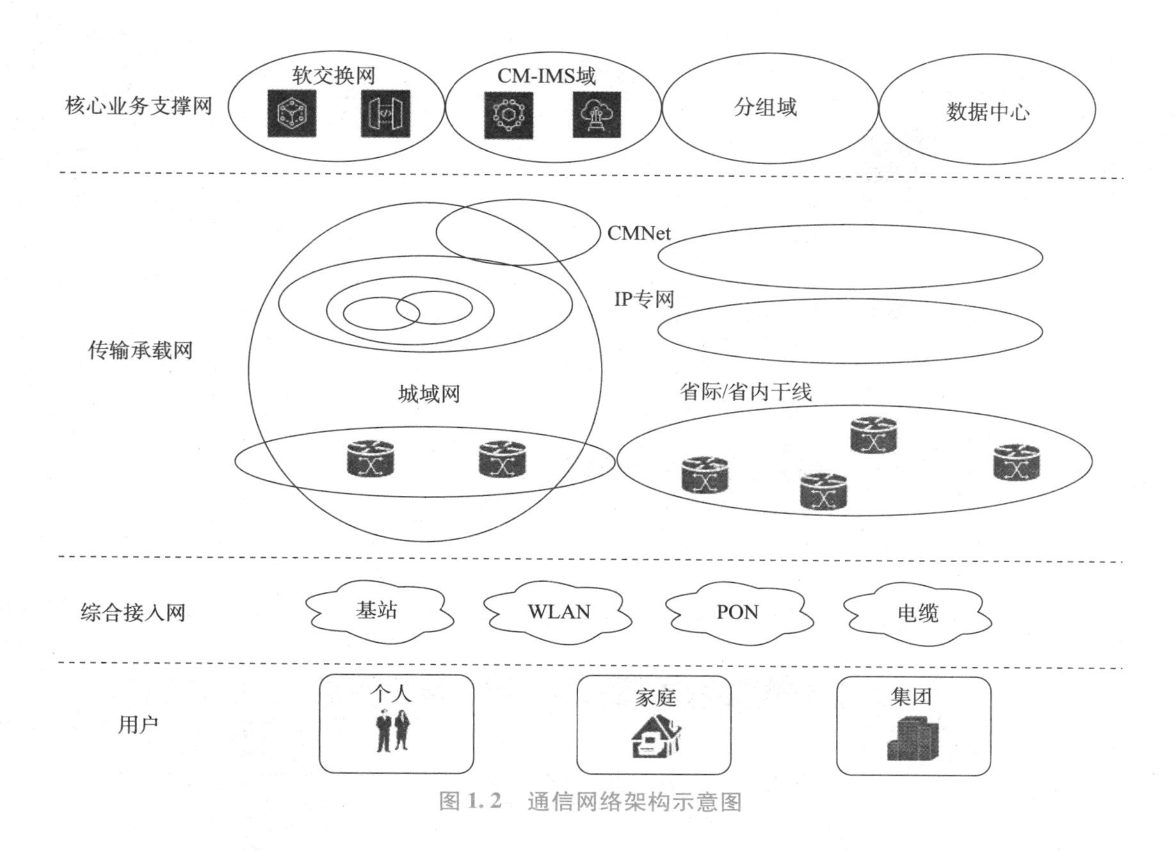

图 1.2 通信网络架构示意图

3. 综合接入网

综合接入网是从用户终端（如手机、电脑、平板、网络电视等）到运营商城域网之间的所有通信设备组成的网络。传输距离一般为几百米到几千米，因此经常被形象地称为“最后一千米”。我们的手机、电脑等终端通过这“最后一千米”的服务即可接入运营商的传输承载网络。

根据接入方式，划分为有线接入网和无线接入网。有线接入网又可以分为铜缆接入、光纤同轴混合接入和光纤接入。无线接入网可以分为固定无线接入、移动无线接入。

操作部分

任务一（1） 仿真软件的使用

任务描述	小王入职新单位后，被领导安排到万绿市的三网融合改造项目中，为了能够尽快融入工作中去，需要尽快掌握三网融合相关的技术，所以采用虚拟仿真软件进行学习。
任务分析	1. 虚拟仿真软件的安装 2. 虚拟仿真软件的使用

续表

任务实施	
步骤 1	双击 AdobeAIRInstaller 安装"AdobeAIRInstaller"软件。
步骤 2	双击 IUV_TPS 1.4.0 安装"IUV_TPS 1. 4. 0"软件。
步骤 3	单击快捷图标 IUV_TPS ，打开虚拟仿真软件。
步骤 4	登录成功后，主界面显示如图 1. 3 所示。 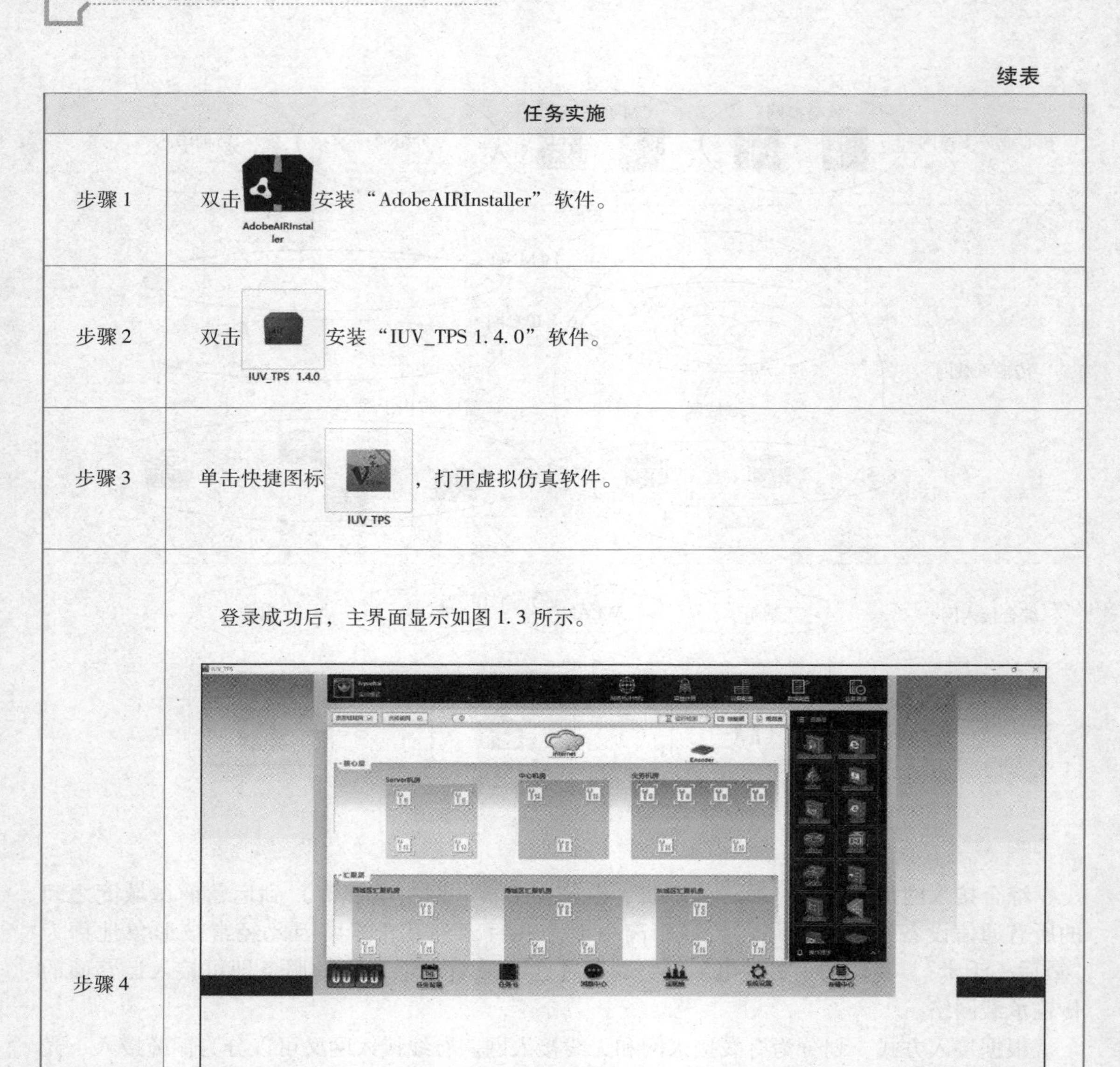 图 1. 3　主界面 1. 个人信息显示区域。显示个人信息及登录模式。 2. 功能模块切换区域。具体可分为网络拓扑结构、容量计算、设备配置、数据配置及业务调测五大块子功能。 3. 主操作区。这是主要使用区域，在这里可以看到网络拓扑结构、容量计算过程、机房场景、设备及端口以及数据配置信息等内容。 4. 工具及资源池。在此区域进行设备和线缆的选取。 5. 任务菜单栏。

任务二（2）　三网融合网络结构的搭建

任务描述	小王被领导安排负责万绿市三网融合建设的拓扑规划。万绿市下设 3 个城区，分别是西城区、南城区和东城区。西城区的 A 街区是步行商店街，南城区的 B 街区和 C 街区分别是住宅小区和酒店区域，东城区的 D 街区是大型体育馆所在。
任务分析	1. 万绿市内含有几个街区，分别适用哪些场景。 2. 核心机房应该放置哪些设备。 3. 承载机房应该放置哪些设备。 4. 接入机房应该放置哪些设备。

任务实施

步骤 1

根据任务描述的要求，分别将万绿市的 A、B、C、D 四个街区设置成相应场景。

单击 容量计算 位置，在西城区街区 A 内选择“步行街”场景，如图 1.4 所示。

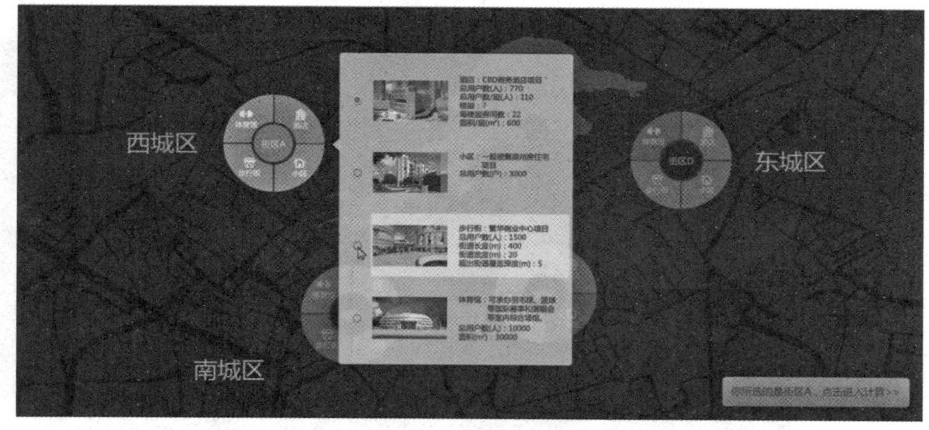

图 1.4　步行街场景

步骤 2

在南城区街区 B 内选择“小区”场景，如图 1.5 所示。

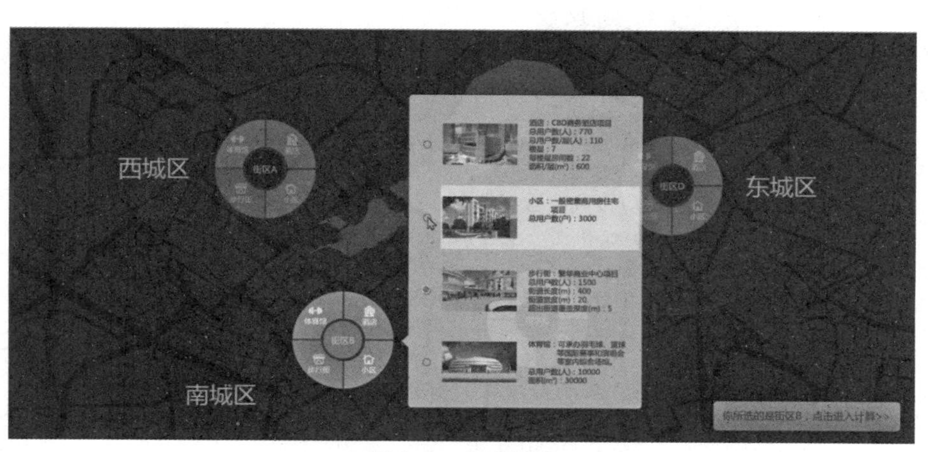

图 1.5　小区场景

续表

步骤 3	在南城区街区 C 内选择“酒店”场景，如图 1.6 所示。 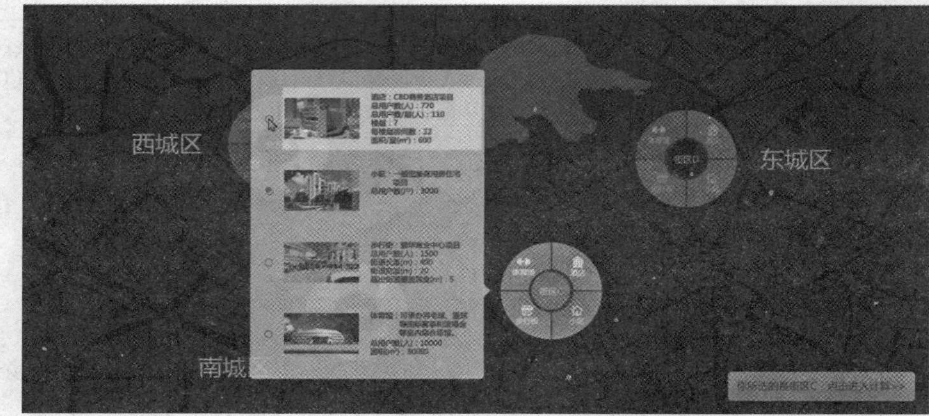 图 1.6　酒店场景
步骤 4	在东城区街区 D 内选择“体育馆”场景，如图 1.7 所示。  图 1.7　体育馆场景
步骤 5	单击，确认万绿市机房部署及网络各层架构。万绿市整体网络由上至下分为 3 层，分别是核心层、汇聚层及接入层。 （1）核心层包含 Server 机房、中心机房和业务机房。所以 Server 机房应该放置 AAA 系统设备；业务机房应该放置数据业务、语音业务、视频业务的核心网元设备；中心机房的主要作用是连接 Server 机房、业务机房、汇聚层机房以及互联网，故应该放置大中型交换路由设备及光传输设备。 （2）汇聚层的主要作用是把接入层的业务请求/应答进行汇总，然后通过中心机房传递给核心层机房以及互联网。万绿市汇聚层机房又分为西城区汇聚机房、南城区汇聚机房和东城区汇聚机房，各个机房内应该放置光传输设备、交换路由设备、宽带接入服务器（BRAS）、无线接入控制器（AC）等设备。 （3）接入层是与用户设备（电脑、手机、固定电话、电视等）直接连接的网络层，所以应该放置 PON 系统及无线接入点（AP）等网元。

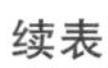

续表

步骤 6	首先，我们来部署 Server 机房内的设备。在右侧 资源池 内选取 AAA-Server、PortalServer 和 SW 设备。
步骤 7	在中心机房部署 RT 和 OTN 设备。
步骤 8	在业务机房部署 SS、CDN-Node、Middleware、LPG 和 SW 设备。
步骤 9	在西城区汇聚机房部署 OTN、RT 和 AC 设备。
步骤 10	在南城区汇聚机房部署 OTN、BRAS 和 OLT 设备。
步骤 11	在东城区汇聚机房部署 OTN、BRAS 和 AC 设备。
步骤 12	在西城区接入机房和东城区接入机房部署 OLT 设备。

续表

步骤 13	在街区 A 和街区 D 部署 Splitter、ONU 及 AP 设备。与用户设备（手机）通过无线方式链接。
步骤 14	在街区 B 部署 Splitter、ONU 设备。与用户设备（电脑、固定电话、电视）通过有线宽带方式链接。
步骤 15	在街区 C 部署 Splitter、ONU 及 AP 设备。与用户设备（手机、电脑、固定电话、电视）通过无线或有线方式链接。
步骤 16	万绿市全部机房设备部署后，形成的拓扑结构如图 1.8 所示。 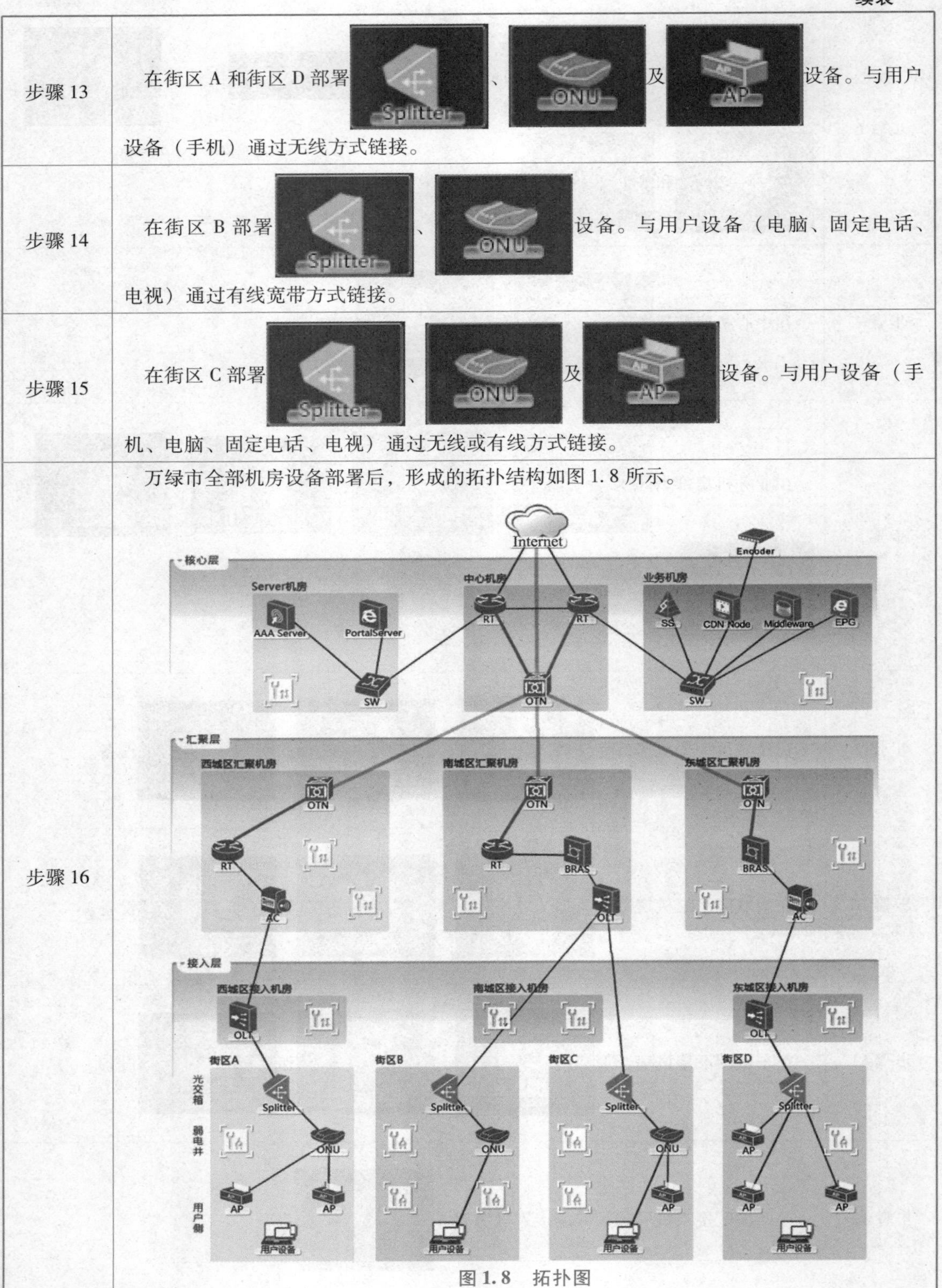 图 1.8　拓扑图

模块二

互联网业务

知识目标

1. 了解数据传输技术（交换技术、TCP/IP、VLAN、OSPF）的原理。
2. 了解光传输技术（OTN、xPON 技术）的原理。
3. 了解 AAA（BRAS、Radius 协议）的原理。
4. 掌握互联网业务配置的基本流程。
5. 掌握 OLT、BRAS 设备的配置方法，了解其在整网中的位置与功能。

技能目标

1. 掌握对接和路由配置。
2. 掌握完成 OLT 的设备配置及业务配置。
3. 掌握完成 PPPoE 业务的配置。
4. 掌握 DHCP 业务的配置。
5. 掌握 DHCP + Web 业务的配置。
6. 掌握专线业务配置。
7. 掌握 Server 机房配置。

项目一　数据传输技术

理论部分

1.1　交换技术

一层交换其实不叫交换，常见的网络设备是集线器（HUB），它工作在物理层，对信号只起简单的再生、放大、去除噪声的作用。集线器连接的所有设备都处于同一个冲突域，所有的设备都处于同一个广播域，设备共享相同的带宽。集线器只是简单地将信息洪泛给所有端口，目标主机接收并保留信号，非目标主机接收后丢弃。

二层交换是基于 MAC 地址的交换。它隔离了冲突域（交换机每个端口都是单独的冲突域），工作在数据链路层。二层交换机工作时，会维护一张 MAC 地址表，这个地址表标明了 MAC 地址和交换机端口的对应关系。

当一帧数据包从某个二层交换机的端口输入时，二层交换机会根据数据包中的目标 MAC 地址来检查地址数据库中的地址。如果目标地址与输入数据端口的地址相同，那么数据包就会被丢掉或者“过滤”掉；如果目标地址属于其他端口，以太网交换机就会将数据包发送到那个端口的传输数据队列中等待传输；但是，如果目标地址不在地址数据库中，那么数据包将会根据 VLAN 的设置或者预先定义的规则被发送到一个或者多个端口，如图 2.1 所示。

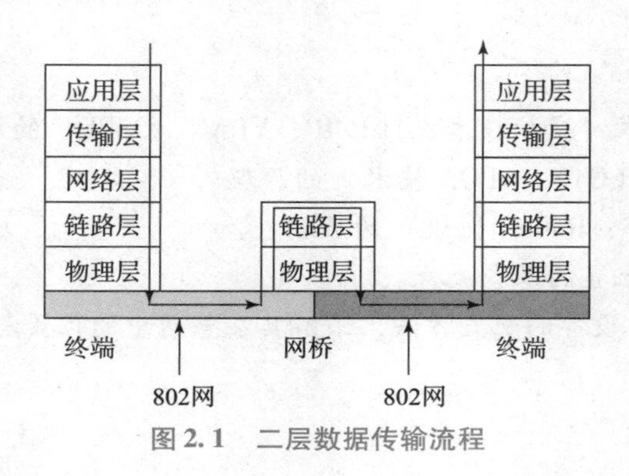

图 2.1　二层数据传输流程

如果在表中找不到相应的端口，则把数据包广播到所有端口上，当目的机器对源机器回应时，交换机又可以学习目的 MAC 地址与哪个端口对应，在下次传送数据时就不再需要对所有端口进行广播了。

三层交换可以理解成是二层交换与三层路由转发相结合的技术。然而这种结合并非简单的物理结合，而是各取所长的逻辑结合。二层交换是在同一个网段内进行的，也就是说，是根据 MAC 地址来进行交换的；而三层交换是先进行路由再交换，也就是说一次路由多次交换，可以在不同的网段进行数据包的传递。

其重要表现是，当某一信息源的第一个数据流进行第三层交换后，其中的路由系统将会产生一个 MAC 地址与 IP 地址的映射表，并将该表存储起来，当同一信息源的后续数据流再次进入交换环境时，交换机将根据第一次产生并保存的地址映射表，直接从第二层由源地址传输到目的地址，不再经过第三层路由系统处理，从而消除了路由选择时造成的网络延迟，提高了数据包的转发效率，解决了网间传输信息时路由产生的速率“瓶颈”。所以说，三层交换机既可完成二层交换机的端口交换功能，又可完成部分路由器的路由功能。

1.2　IP 通信

1.2.1　OSI 网络模型的由来

OSI 模型就是基于 ISO（国际标准化组织）的建议，作为各种网络层上使用的协议国际标准化。OSI 模型有 7 层，如图 2.2 所示。每层都可以实现一个明确的功能，每层功能的制定都有利于明确网络协议的国际标准，层次明确避免各层的功能混乱。

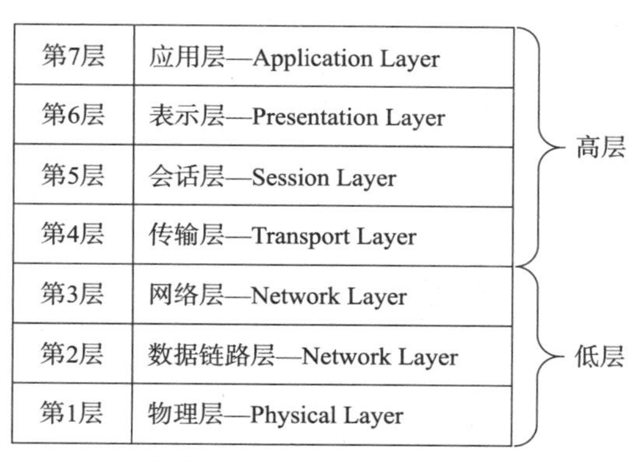

第7层
应用层—Application Layer
第6层
表示层—Presentation Layer
第5层
会话层—Session Layer
第4层
传输层—Transport Layer
第3层
网络层—Network Layer
第2层
数据链路层—Network Layer
第1层
物理层—Physical Layer
高层
低层

图 2.2　OSI/RM 七层体系

应用层提供网络应用程序通信接口；表示层处理数据格式、数据加密等；会话层建立、维护和管理会话；传输层建立主机端到端连接；网络层负责寻址和路由选择；数据链路层提供介质访问、链路管理等；物理层提供比特流传输。见表 2.1。

表 2.1　OSI/RM 各层功能描述

层名	功能描述
7 应用层	用户的应用程序与网络之间的接口
6 表示层	协商数据交换格式
5 会话层	允许用户使用简单易记的名称建立连接
4 传输层	提供终端到终端的可靠连接
3 网络层	找到合适路由经过大型网络
2 数据链路层	决定访问网络介质的方式
1 物理层	将数据转换为可通过物理介质传送的电信号

应用层、表示层和会话层合在一起常称为高层或应用层，其功能通常是由应用程序软件实现的；物理层、数据链路层、网络层、传输层合在一起常称为数据流层，其功能大部分是通过软硬件结合共同实现的。

1.2.2　TCP/IP 协议获的起源

1973 年，TCP（传输控制协议）正式投入使用；1981 年，IP（网际协议）协议投入使用；1983 年 TCP/IP 协议正式被集成到美国加州大学伯克利分校的 UNIX 版本中，该“网络版”操作系统适应了当时各大学、机关、企业旺盛的连网需求，因而随着该免费分发的操作系统的广泛使用，TCP/IP 协议得到了流传。

TCP/IP 技术得到了众多厂商的支持，不久就有了很多分散的网络。所有这些单个的 TCP/IP 网络都互联起来，称为 Internet。基于 TCP/IP 协议的 Internet 已逐步发展成为当今世界上规模最大、拥有用户和资源最多的一个超大型计算机网络，TCP/IP 协议也因此成为事实上的工业标准。IP 网络正逐步成为当代乃至未来计算机网络的主流。

1.2.3 TCP/IP 与 OSI 参考模型比较

与 OSI 参考模型一样，TCP/IP 协议也分为不同的层次开发，每一层负责不同的通信功能。但是，TCP/IP 协议简化了层次设计，将原来的七层模型合并为四层协议的体系结构，自顶向下分别是应用层、传输层、网络层和网络接口层，没有 OSI 参考模型的会话层和表示层。从图 2.3 中可以看出，TCP/IP 协议栈与 OSI 参考模型有清晰的对应关系，覆盖了 OSI 参考模型的所有层次。应用层包含了 OSI 参考模型所有高层协议。

OSI模型		TCP/IP模型
第七层	应用层	应用层
第六层	表示层	
第五层	会话层	
第四层	传输层	传输层
第三层	网络层	网络层
第二层	数据链路层	网络接口层
第一层	物理层	

图 2.3　TCP/IP 与 OSI 参考模型比较

1.2.4 TCP/IP 工作原理

TCP/IP 的工作原理就是其数据流封装的过程，如图 2.4 所示。

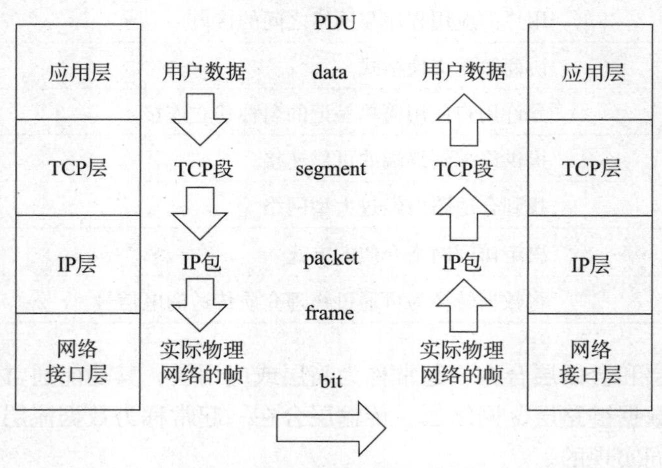

图 2.4　TCP/IP 数据封装过程

TCP/IP 工作过程如下：

①在源主机上，应用层将一串应用数据流传送给传输层。

②传输层将应用层的数据流分为大小一定的数据段，并加上 TCP 报头形成 TCP 段，送交网络层。

③在网络层给 TCP 段加上包括源、目的主机 IP 地址的 IP 报头，生成一个 IP 数据包，并将 IP 数据包送交链路层（以太网、帧中继、PPP、HDLC 等）。

④链路层在其 MAC 帧的数据部分装上 IP 数据包，再加上源、目的主机的 MAC 地址和

帧头，并根据其目的 MAC 地址，将 MAC 帧发往目的主机或 IP 路由器。

⑤在目的主机，链路层将 MAC 帧的帧头去掉，并将 IP 数据包送交网络层。

⑥网络层检查 IP 报头，如果报头中校验和与计算结果不一致，则丢弃该 IP 数据包；若校验和与计算结果一致，则去掉 IP 报头，将 TCP 段送交传输层。

⑦传输层检查顺序号，判断是否是正确的 TCP 分组，然后检查 TCP 报头数据。若正确，则向源主机发确认信息；若不正确或丢包，则向源主机要求重发信息。

⑧在目的主机，传输层去掉 TCP 报头，将排好顺序的分组组成应用数据流送给应用程序。这样目的主机接收到的来自源主机的字节流，就像是直接接收来自源主机的字节流一样。

1. 2. 5 TCP/IP 协议栈

TCP/IP 协议栈是由不同的网络层次的不同协议组成的，如图 2. 5 所示。

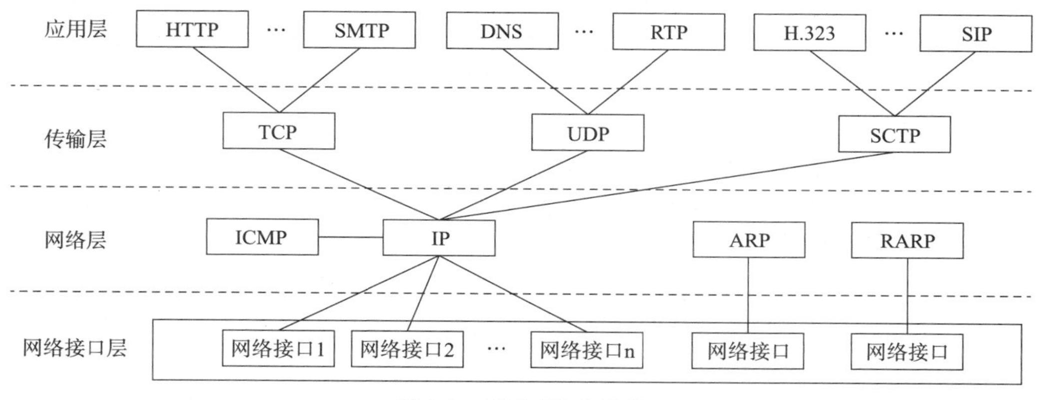

图 2. 5 TCP/IP 协议栈

①网络接口层包含数据链路层和物理层的全部功能，负责接收从网络层传来的 IP 数据报并将 IP 数据报通过低层物理网络发送出去，或者从低层物理网络上接收物理帧，抽出 IP 数据报，交给 IP 层。网络接口有两种类型：第 1 种是设备驱动程序，如局域网的网络接口；第 2 种是含自身数据链路协议的复杂子系统，如 X. 25 中的网络接口。

网络接口层主要负责 3 个任务：为 IP 模块发送和接收 IP 数据报；为 ARP 模块发送 ARP 请求和 ARP 应答；为 RARP 发送 RARP 请求和 RARP 应答。

②网络层简称 IP 层，负责处理互联网的路由选择、流量控制与拥塞控制问题，相当于 OSI 参考模型网络层的无连接网络服务，提供“尽力而为”的网络层服务。从该层上面往下看，可以认为底下存在的是一个不可靠无连接的点到点的数据通路。本层最核心的协议是网际协议 IP。此外，还有 ICMP、IGMP、RIP、OSPF、BGP、ARP、RARP 等协议。

③传输层的基本功能是为源主机与目的主机的两个对等实体间建立端到端连接并支持端到端的通信。传输层从应用层接收数据，并且在必要的时候把它分成较小的单元，传递给网络层，并确保到达对方的各段信息正确无误。

主要协议有 TCP（Transmission Control Protocol，传输控制协议）和 UDP（User Datagram Protocol，用户数据报协议）。其中，TCP 提供面向连接的可靠的字节流服务，适用于对数据的准确性要求较高的情况；UDP 提供了无连接通信，并且不对传送的数据进行可靠性保证，适用于对传输实时性要求较高的情况，此时可靠性可由应用层负责。

④应用层负责处理特定的应用程序细节。应用层显示接收到的信息，把用户的数据发送到低层，为应用软件提供网络接口。应用层包含大量常用的应用程序，例如 HTTP（HyperText Transfer Protocol，文本传输协议）、Telnet（远程登录）、FTP（File Transfer Protocol，文件传输协议）等。

1.2.6 IP 协议

IP 协议（网际协议）是 Internet 上使用的一个关键的底层协议，对底层网络硬件几乎没有任何要求。任何一个网络，只要可以从一个地点向另一个地点传送二进制数据，就可以使用 IP 协议加入 Internet 了。目前有 IPv4 和 IPv6 两种版本，IPv4 为目前广泛使用的版本。

在网络中，为了区别不同的计算机，需要给计算机指定一个号码，这个号码就是“IP 地址”。按照 TCP/IP 协议规定，IP 地址用 32 bit 长度的二进制来表示，换算成字节，就是 4 字节。例如，一个采用二进制形式的 IP 地址是“00001010000000000000000000000001”，这么长的地址不利于记忆和处理。为了方便人们的使用，IP 地址通常被写成十进制的形式，每个字节之间使用符号“.”进行分隔。于是，上面的 IP 地址可以表示为“10.0.0.1”。这种表示法叫作“点分十进制表示法”。

一个 IP 地址由两部分组成：一部分为网络地址，用于识别主机所在的网络；另一部分为主机地址，用于识别该网络内的主机。分配给主机号的二进制数位越多，则能标识的主机数就越多，相应地，能识别的网络数就越少。

为了便于管理，又加入了地址类的定义。IP 地址空间划分为 A 类、B 类、C 类以及特殊的地址类（D 类和 E 类）。IP 地址的类别可以通过查看地址中的前 8 位位组而确定。

（1）A 类（数量有限的特大型网络）

一个 A 类 IP 地址由 1 字节的网络地址和 3 字节的主机地址组成，网络地址的最高位必须是“0”，地址范围为 1 ~ 126。可用的 A 类网络有 126 个（0 和 127 除外），每个网络能容纳 16 777 214 个主机。

（2）B 类（数量较多的中等网络）

一个 B 类 IP 地址由 2 字节的网络地址和 2 字节的主机地址组成，网络地址的最高位必须是“10”，地址范围为 128 ~ 191。可用的 B 类网络有 16 384 个，每个网络能容纳 65 534 个主机。

（3）C 类（数量非常多的小型网络）

一个 C 类 IP 地址由 3 字节的网络地址和 1 字节的主机地址组成，网络地址的最高位必须是“110”，地址范围为 192 ~ 223。C 类网络可达 2 097 152 个，每个网络能容纳 254 个主机。

（4）D 类（用于多点传送）

D 类 IP 地址第一个字节以“1110”开始，地址范围 224 ~ 239。它是一个专门保留的地址，这一类地址被用在多点广播（Multicast）中。多点广播地址用来一次寻址一组计算机，它标识共享同一协议的一组计算机。多点传送需要特殊的路由配置，在默认情况下，它不会转发。

（5）E 类（试验或研究类）

E 类 IP 地址以“111”开始，地址的范围为 240 ~ 254，E 类地址并不用于传统的 IP 地址。它为将来使用保留，仅作实验和开发用。

我们的大部分讨论内容的重点是 A 类、B 类和 C 类，因为它们是用于常规 IP 寻址类别。

1.2.7 VLSM

为了提高网络内路由器查找网络地址的效率，Internet 的标准又引入了子网掩码的概念。

子网掩码用 32 bit 长度的二进制来表示，由连续的“1”和连续的“0”构成。“1”对应 IP 地址中的网络地址，“0”对应 IP 地址中的主机地址。所以，A、B、C 3 类 IP 地址对应的默认子网掩码分别是 255.0.0.0、255.255.0.0 和 255.255.255.0。

路由器只需要把子网掩码和 IP 地址进行逐位的“与”运算，就能立即得出网络地址，而无须判断该地址的类别。现在，IP 地址在没有相关的子网掩码的情况下存在是没有意义的。

默认情况下，一个 C 类 IP 网络能容纳 254 个可用主机。但是网络内通常不会有 254 个通信设备，这导致浪费了很多主机地址。A 类和 B 类则会浪费更多的主机地址。

VLSM（可变长子网掩码）的主要作用是将有类 IP 网段进行分割，划分成 2^n 个子网。达到节省 IP 地址空间的目的。具体使用时，可在满足网络内主机个数的前提条件下，增加“1”的个数，减少“0”的个数，获得新的子网掩码。VLSM 仅仅可以由新的路由协议识别（例如 BGP、OSPF 或 RIPv2）。

1.2.8 OSPF 协议

开放最短路径优先（Open Shortest Path First，OSPF）协议是一种广泛应用于 Internet 自治系统内部选路的协议。OSPF 采用了一个使用链路状态信息洪泛的链路状态协议（Link State Protocol）和一个 Djkstra 最低费用路径算法。OSPF 主要有以下几个要点：

①采用洪泛法向本自治系统中所有路由器发送信息。路由器通过所有输出端口向所有相邻的路由器发送信息，而每一个相邻路由器又再将此信息发往其所有的相邻路由器（信息来源的那个路由器除外）。这样，最终整个区域中所有的路由器都得到了这个信息的一个副本。

②发送的信息就是与本路由器相邻的所有路由器的链路状态。所谓链路状态，就是说明本路由器都和哪些路由器相邻，以及该链路的度量（Metrie）。对于 RIP 协议，仅以跳数作为唯一的选路标准。而 OSPF 协议的度量是一个广义的概念，可以代表距离、时延、带宽等多项指标或它们的组合。度量也称为代价，可以由网络管理人员来决定，因此较为灵活。

③只有当链路状态发生变化时，路由器才向所有其他路由器用洪泛法发送更新信息。

各路由器之间通过频繁地交换链路状态信息，最终所有的路由器都能建立一个链路状态数据库，这个数据库实际上就是全网的拓扑结构图。这个拓扑结构在全网范围内是一致的，因此每个路由器都知道全网有多少个路由器，以及哪些路由器是相连的。每个路由器基于此信息构造出自己的路由表，例如可采用 Dijkstra 的最短路径路由算法。

OSPF 具有更快的更新收敛过程，不存在坏消息传递慢的问题。这是因为洪泛法使得 OSPF 的链路状态数据库能够较快地进行更新，从而使每个路由器都能及时更新其路由表。此外，对于规模比较大的网络，OSPF 通常将其分割为若干个小的区域。每个区域内的路由器只向该区域内的所有其他路由器广播其链路状态，从而减少了网络中交换路由信息的通信量。

操作部分

任务一（3） 同一机房内两台交换机之间的数据传输

任务描述	万绿市 Server 机房内现有的传输交换设备上业务端口已经全部用完，需要再增加两台交换机，并且使两台交换机之间可以传输数据。

续表

<table>
<tr><td>任务分析</td><td>1. 判断两台交换机是否属于三层交换机。
2. 确定好局域网内的主机个数，规划好 IP 及子网掩码。</td></tr>
<tr><td colspan="2">任务实施</td></tr>
<tr><td>步骤 1</td><td>根据任务描述，拓扑图及数据规划如图 2.6 和表 2.2 所示。

图 2.6　拓扑图

表 2.2　数据规划表

<table>
<tr><th>本端设备</th><th>本端接口</th><th>端口网络</th><th>对端设备</th><th>对端接口</th></tr>
<tr><td>Server 机房
SW1</td><td>40GE - 1/1</td><td>VLAN 10
10. 0. 0. 0/30</td><td>Server 机房
SW2</td><td>40GE - 1/1</td></tr>
</table>
</td></tr>
<tr><td>步骤 2</td><td>单击 

，在菜单处选择“Server 机房” 

，进入 Server 机房后，根据传输带宽的需求，在 设备池 处选择两台大型交换机，最大接口类型为 40GE。</td></tr>
<tr><td>步骤 3</td><td>将两台三层交换机由设备池拖拽至机柜内安放。安放完成后，设备指示图处有显示，如图 2.7 所示。

图 2.7　机柜图</td></tr>
</table>

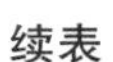

续表

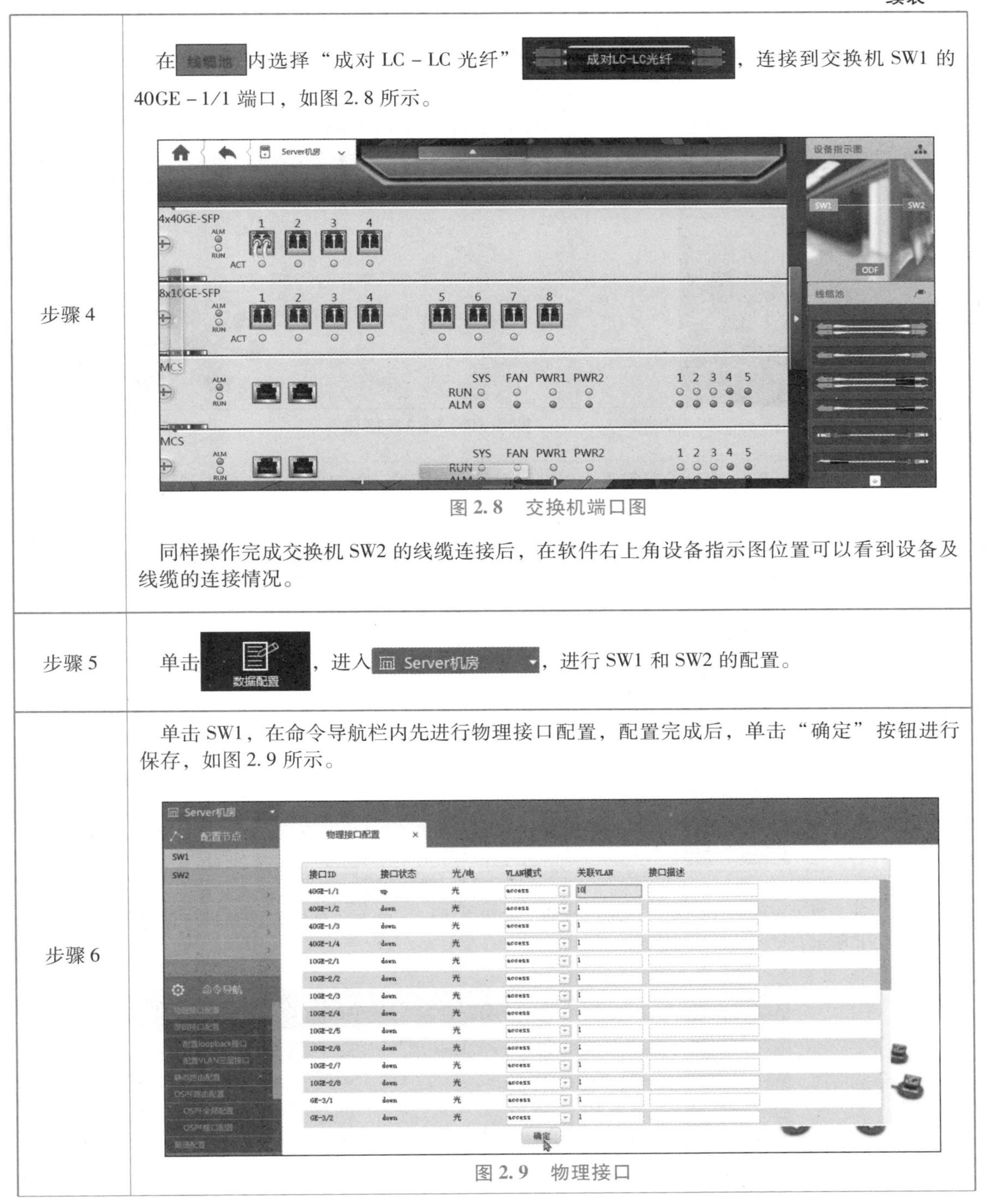

步骤 4	在 线缆池 内选择“成对 LC－LC 光纤” 成对LC-LC光纤 ，连接到交换机 SW1 的 40GE－1/1 端口，如图 2.8 所示。 图 2.8　交换机端口图 同样操作完成交换机 SW2 的线缆连接后，在软件右上角设备指示图位置可以看到设备及线缆的连接情况。
步骤 5	单击 数据配置 ，进入 Server机房 ，进行 SW1 和 SW2 的配置。
步骤 6	单击 SW1，在命令导航栏内先进行物理接口配置，配置完成后，单击“确定”按钮进行保存，如图 2.9 所示。 图 2.9　物理接口

续表

步骤 7

接下来配置 VLAN 三层接口数据，配置完成后，单击“确定”按钮进行保存，如图 2.10 所示。

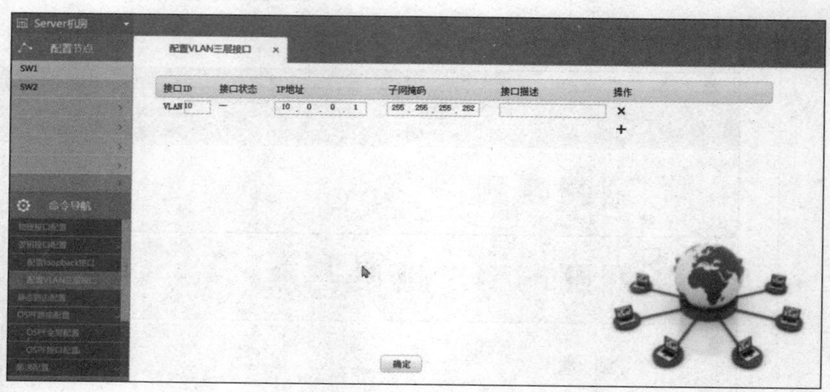

图 2.10　VLAN 接口

步骤 8

单击 SW2，在命令导航栏内先进行物理接口配置，配置完成后，单击“确定”按钮进行保存，如图 2.11 所示。

接口ID	接口状态	光/电	VLAN模式	关联VLAN	接口描述
40GE-1/1	up	光	access	10	
40GE-1/2	down	光	access	1	
40GE-1/3	down	光	access	1	
40GE-1/4	down	光	access	1	
10GE-2/1	down	光	access	1	
10GE-2/2	down	光	access	1	
10GE-2/3	down	光	access	1	
10GE-2/4	down	光	access	1	
10GE-2/5	down	光	access	1	
10GE-2/6	down	光	access	1	
10GE-2/7	down	光	access	1	
10GE-2/8	down	光	access	1	
GE-3/1	down	光	access	1	
GE-3/2	down	光	access	1	

图 2.11　物理接口

步骤 9

接下来配置 VLAN 三层接口数据，配置完成后，单击“确定”按钮进行保存，如图 2.12 所示。

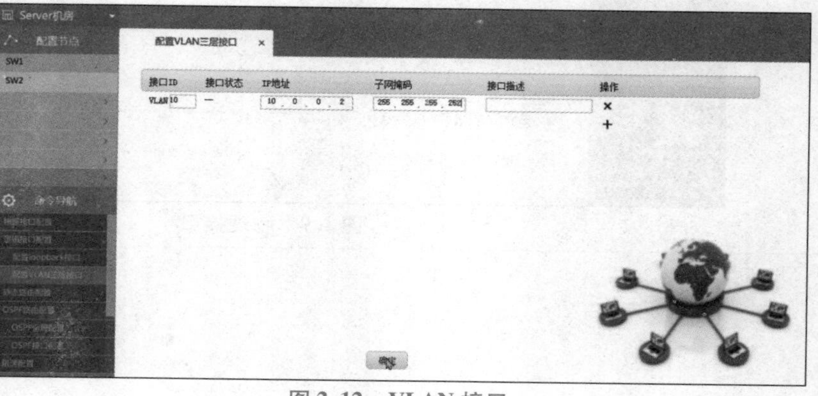

图 2.12　VLAN 接口

续表

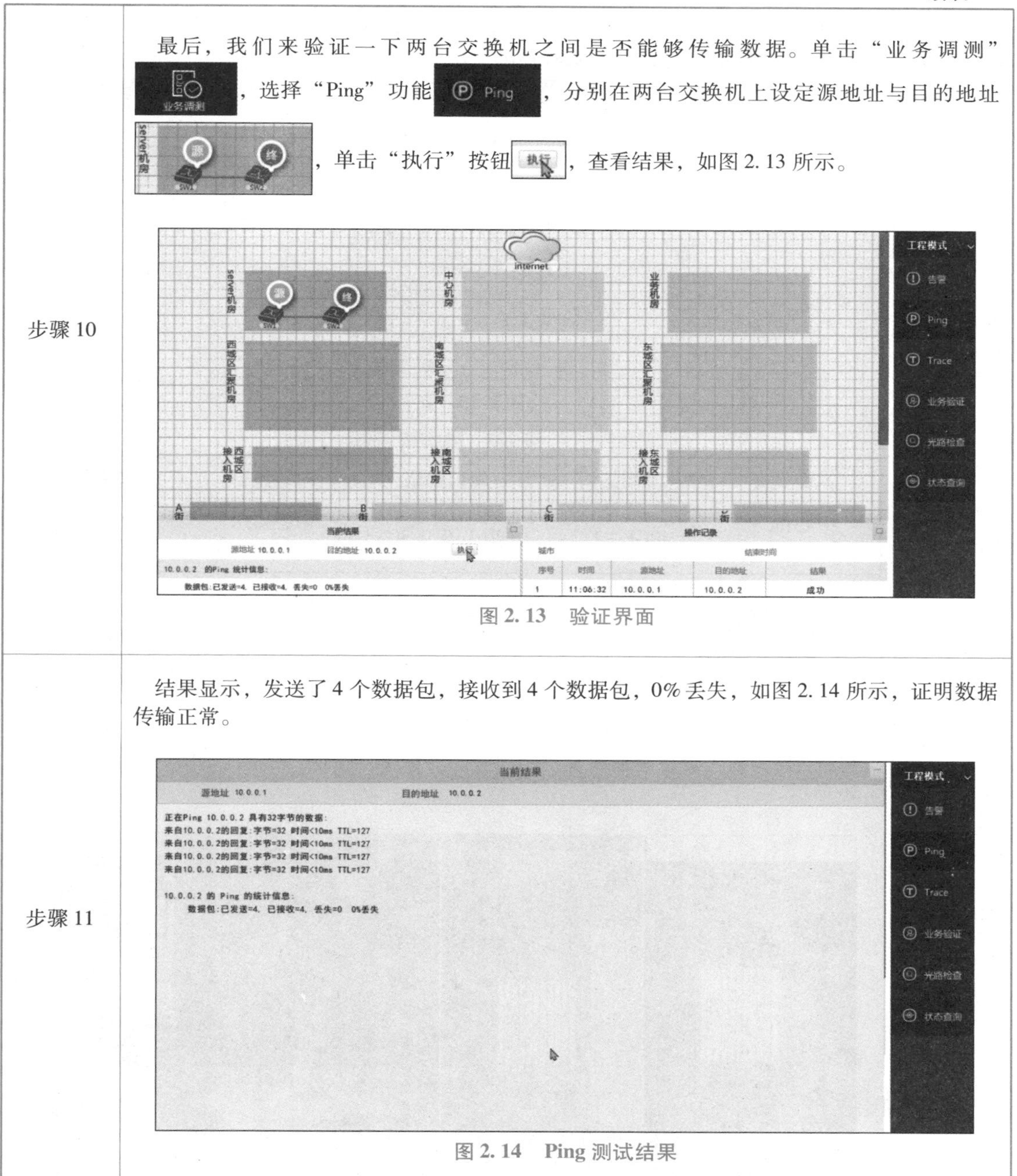

步骤 10	最后，我们来验证一下两台交换机之间是否能够传输数据。单击“业务调测”，选择“Ping”功能，分别在两台交换机上设定源地址与目的地址，单击“执行”按钮，查看结果，如图 2.13 所示。 图 2.13　验证界面
步骤 11	结果显示，发送了 4 个数据包，接收到 4 个数据包，0% 丢失，如图 2.14 所示，证明数据传输正常。 图 2.14　Ping 测试结果

任务二（4）　同一机房内两台路由器之间的数据传输

任务描述	万绿市中心机房内现有的传输交换设备上业务端口已经全部用完，需要再增加两台路由器，并且使两台路由器之间可以传输数据。

续表

<table>
<tr><td>任务分析</td><td>1. 确定好局域网内的主机个数，规划好 IP 及子网掩码。
2. 根据带宽要求，选择合适的路由器。</td></tr>
<tr><td colspan="2">任务实施</td></tr>
<tr><td>步骤 1</td><td>根据任务描述，拓扑图及数据规划如图 2. 15 和表 2. 3 所示。
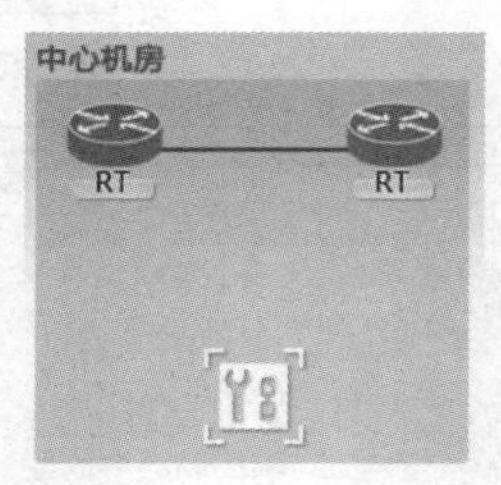

图 2. 15　拓扑图
表 2. 3　数据规划表
<table>
<tr><th>本端设备</th><th>本端接口</th><th>端口网络</th><th>对端设备</th><th>对端接口</th></tr>
<tr><td>中心机房
RT1</td><td>40GE - 1/1</td><td>20. 0. 0. 0/30</td><td>中心机房
RT2</td><td>40GE - 1/1</td></tr>
</table></td></tr>
<tr><td>步骤 2</td><td>单击设备配置，在菜单处选择“中心机房”，进入机房后，根据传输带宽的需求，在设备池处选择两台中型路由器，最大接口类型为 40GE。</td></tr>
<tr><td>步骤 3</td><td>将两台路由器由设备池拖拽至机柜内安放。安放完成后，设备指示图处有显示，如图 2. 16 所示。

图 2. 16　机柜图</td></tr>
</table>

续表

<table>
<tr><td>步骤 4</td><td>在 线缆池 内选择“成对 LC－LC 光纤” 成对LC-LC光纤 ，连接到路由器 RT1 的 40GE－1/1 端口上，如图 2.17 所示。

图 2.17　路由器端口图
同样操作完成交换机 SW2 的线缆连接后，在软件右上角设备指示图位置可以看到设备及线缆的连接情况。</td></tr>
<tr><td>步骤 5</td><td>单击“数据配置”，进入中心机房，进行 RT1 和 RT2 的配置。</td></tr>
<tr><td>步骤 6</td><td>单击 RT1，在命令导航栏内先进行物理接口配置，配置完成后，单击“确定”按钮进行保存，如图 2.18 所示。

图 2.18　物理接口</td></tr>
</table>

续表

步骤 7	再单击 RT2，在命令导航栏内先进行物理接口配置，配置完成后，单击“确定”按钮进行保存，如图 2. 19 所示。  图 2. 19　物理接口
步骤 8	最后，验证一下两台交换机之间是否能够传输数据。单击“业务调测”，选择“Ping”功能，分别在两台交换机上设定源地址与目的地址，单击“执行”按钮，查看结果。 
步骤 9	结果显示，发送了 4 个数据包，接收到 4 个数据包，0% 丢失，如图 2. 20 所示，证明数据传输正常。 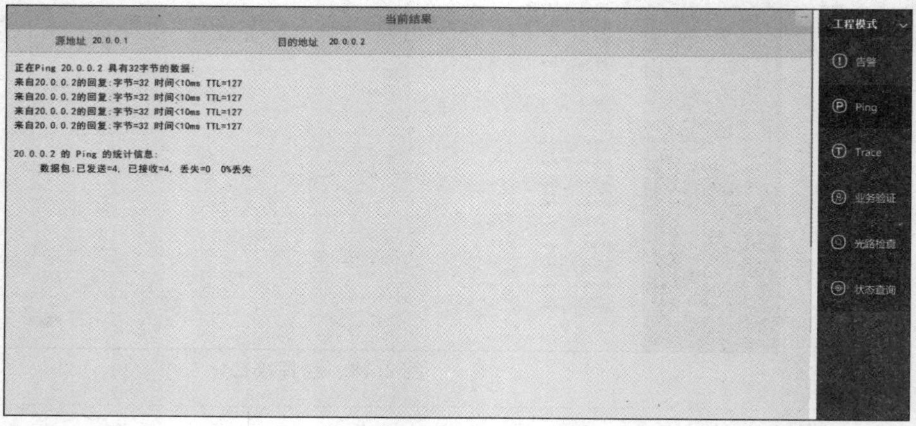 图 2. 20　Ping 测试结果

任务三（5）　不同机房内两台设备之间的数据传输

任务描述	万绿市新增 Server 和中心两个机房，两个机房距离较远，并且两个机房之间已架设好通信光缆，要求两个机房内的交换路由设备之间可以传输数据。
任务分析	1. 确定好局域网内的主机个数，规划好 IP 及子网掩码。 2. ODF 之间的连接。 3. 多个子网间的访问。

任务实施

步骤 1

根据任务描述，拓扑图及数据规划如图 2.21 和表 2.4 所示。

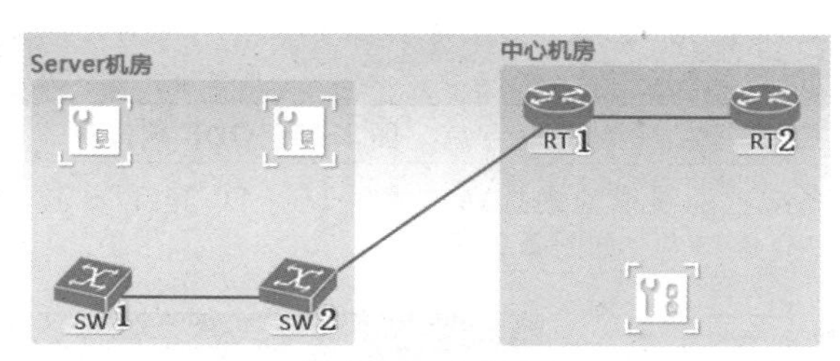

图 2.21　拓扑图

表 2.4　数据规划表

本端设备	本端接口	端口网络	对端设备	对端接口
Server 机房 SW2	40GE－1/2 VLAN 30	30. 0. 0. 0/30	中心机房 RT1	40GE－2/1

步骤 2

Server 机房的 SW1、SW2 和中心机房的 RT1、RT2 设备的选取及数据参照任务一和任务二的内容进行。接下来要把 SW2 与 RT1 连接起来，并且配置相应的数据。

步骤 3

在设备配置的线缆池内选择“成对 LC－FC 光纤” 成对LC-FC光纤 ，连接到 Server 机房的交换机 SW2 的 40GE－1/2 端口上，如图 2.22 所示。

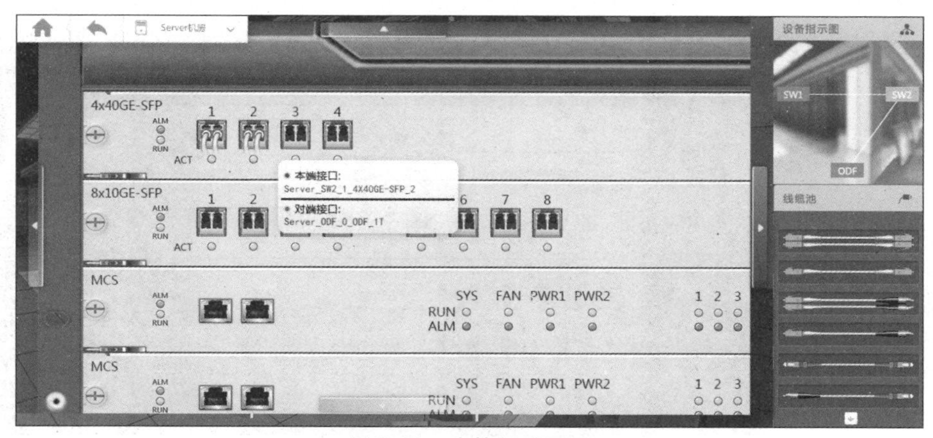

图 2.22　交换机端口图

续表

<table>
<tr><td>步骤 4</td><td>将成对 LC－FC 光纤的另一端连接到光纤配线架（ODF）的 1T1R 端口上，如图 2.23 所示。
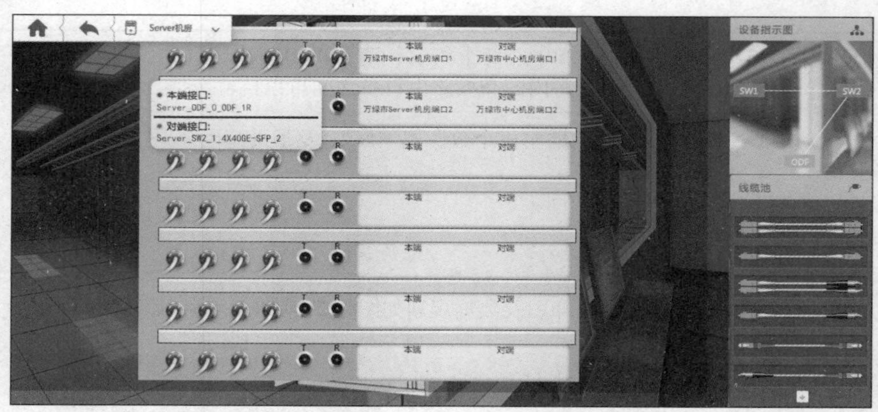

图 2.23　ODF 端口图</td></tr>
<tr><td>步骤 5</td><td>在设备配置的线缆池内选择“成对 LC－FC 光纤”，连接到中心机房的路由器 RT1 的 40GE－2/1 端口上，如图 2.24 所示。

图 2.24　路由器端口图</td></tr>
<tr><td>步骤 6</td><td>将成对 LC－FC 光纤的另一端连接到光纤配线架（ODF）的 1T1R 端口上，如图 2.25 所示。 
图 2.25　ODF 端口图</td></tr>
</table>

续表

步骤 7	进入数据配置，在 Server 机房内对 SW2 的 40GE－1/2 端口进行物理接口配置及 VLAN 三层接口配置，如图 2.26 和图 2.27 所示。 图 2.26 物理接口 图 2.27 VLAN 接口
步骤 8	在中心机房内对 RT1 的 40GE－2/1 端口进行物理接口配置，如图 2.28 所示。 图 2.28 物理接口
步骤 9	此时，由于 SW1、SW2、RT1、RT2 设备间存在 10.0.0.0、20.0.0.0 和 30.0.0.0 三个子网络，所以还需要进行路由配置，才能使各个设备相互传输数据。 Server 机房的 SW1 需要进行 OSPF 全局配置和 OSPF 接口配置，如图 2.29 和图 2.30 所示。 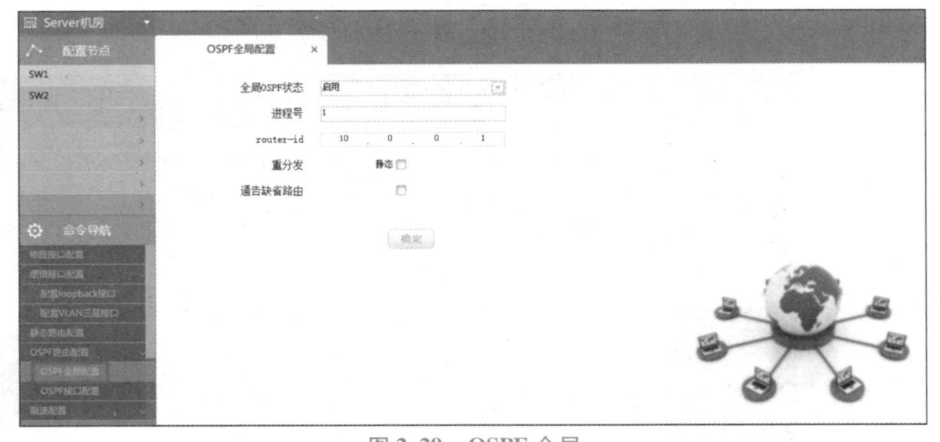 图 2.29 OSPF 全局

续表

<table>
<tr>
<td>步骤 9</td>
<td>
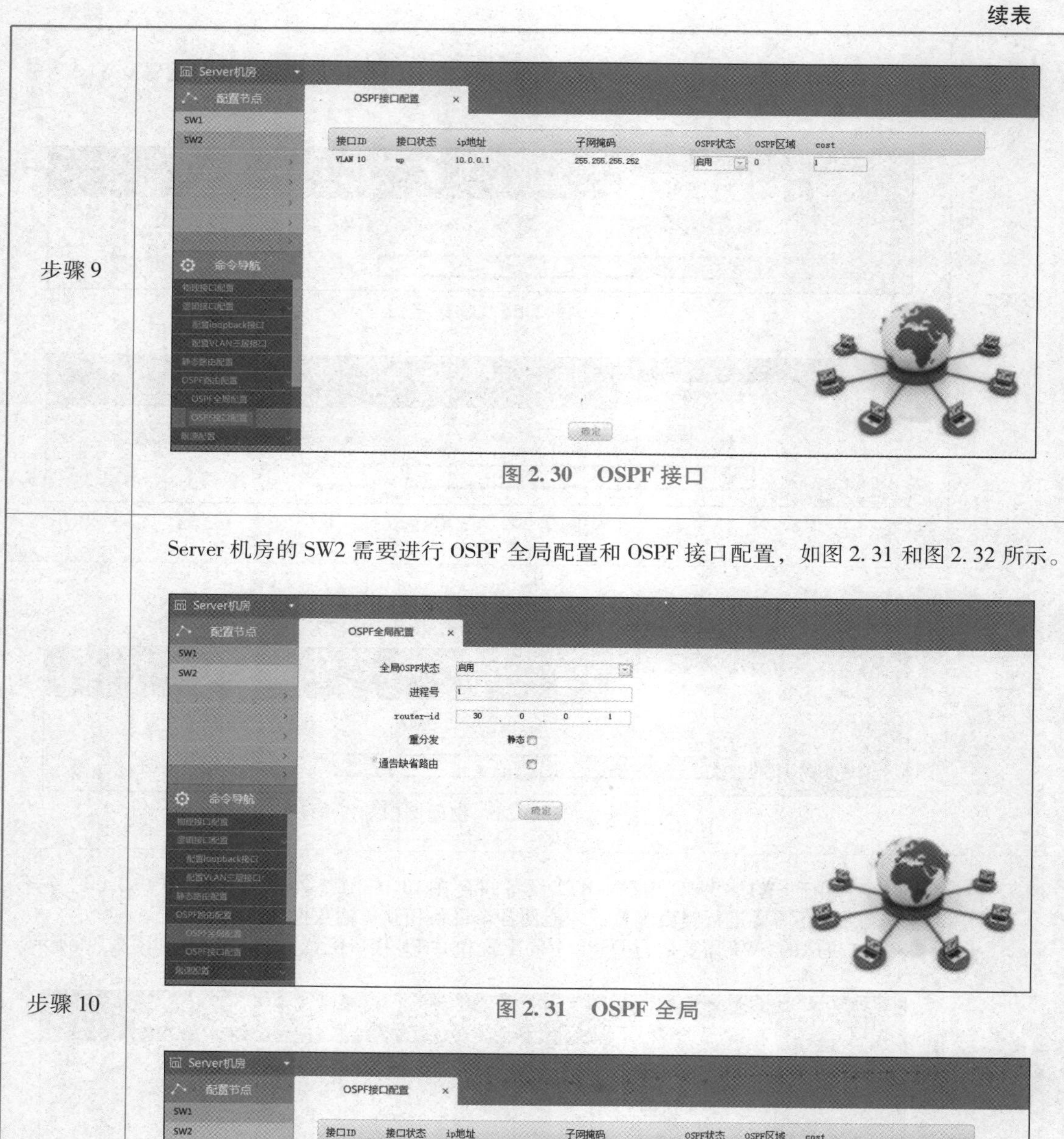

图 2.30　OSPF 接口
</td>
</tr>
<tr>
<td>步骤 10</td>
<td>
Server 机房的 SW2 需要进行 OSPF 全局配置和 OSPF 接口配置，如图 2.31 和图 2.32 所示。

图 2.31　OSPF 全局

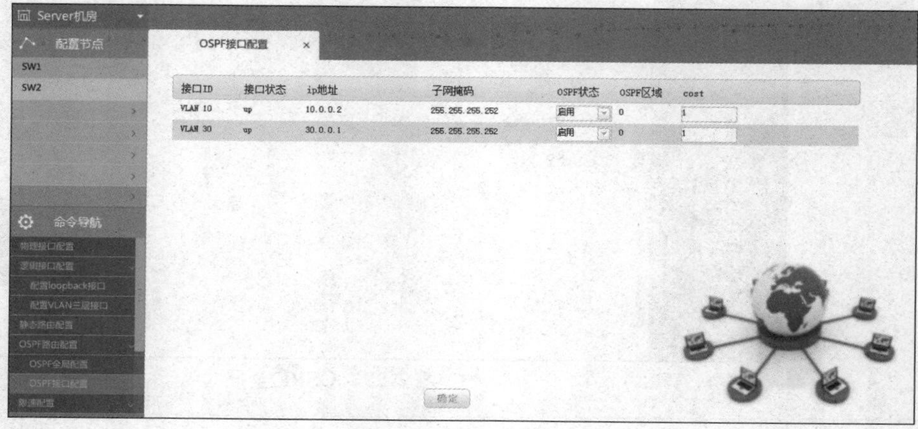

图 2.32　OSPF 接口
</td>
</tr>
</table>

续表

<table>
<tr>
<td>步骤 11</td>
<td>
中心机房的 RT1 需要进行 OSPF 全局配置和 OSPF 接口配置，如图 2.33 和图 2.34 所示。

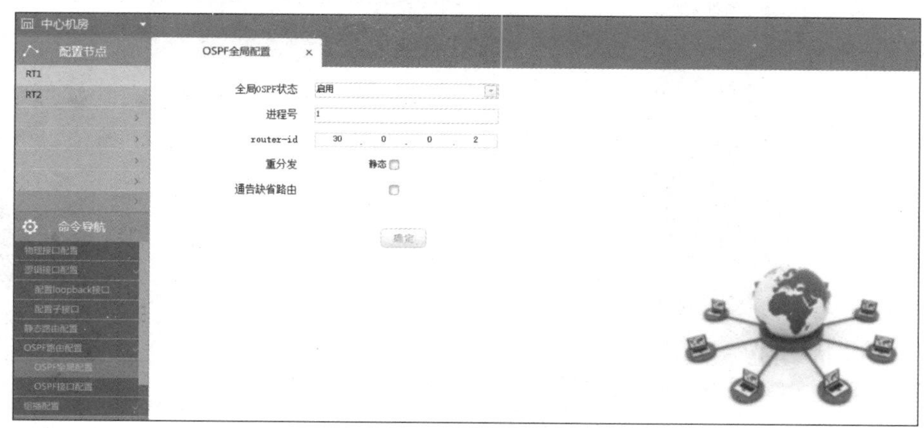

图 2.33　OSPF 全局

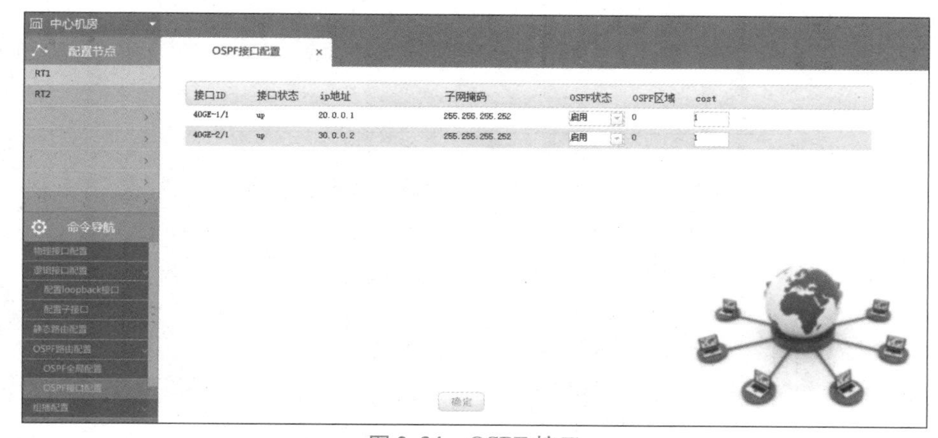

图 2.34　OSPF 接口
</td>
</tr>
<tr>
<td>步骤 12</td>
<td>
中心机房的 RT2 需要进行 OSPF 全局配置和 OSPF 接口配置，如图 2.35 和图 2.36 所示。

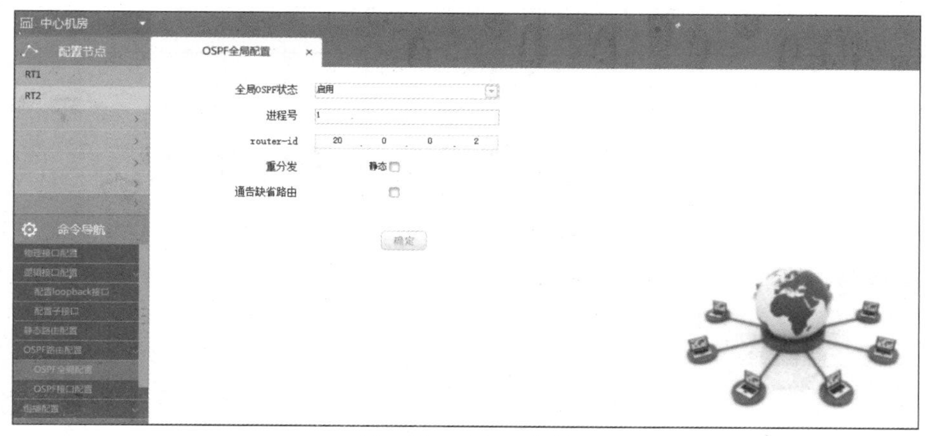

图 2.35　OSPF 全局
</td>
</tr>
</table>

续表

步骤 12	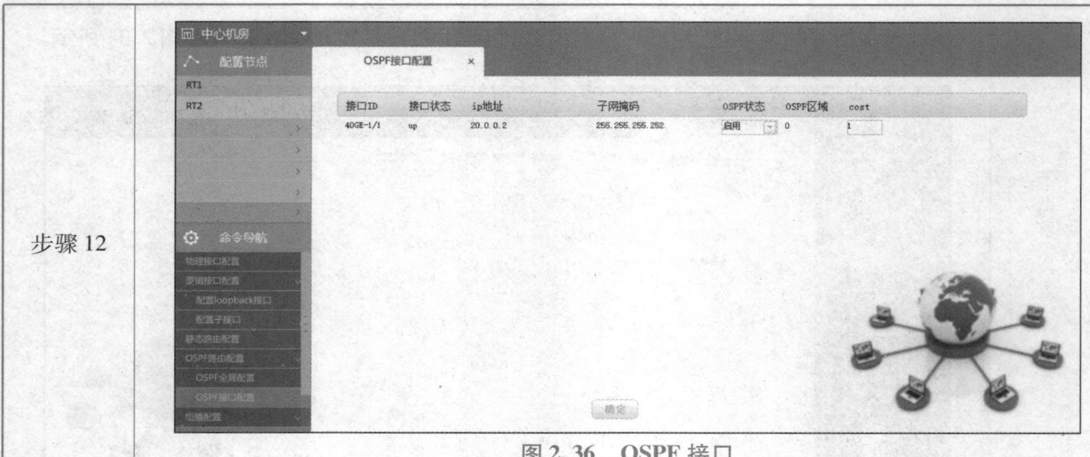 图 2.36 OSPF 接口
步骤 13	最后来验证一下不同机房内两台交换路由设备之间是否能够传输数据。单击“业务调测”，选择“Ping”功能，分别在两台交换路由设备上设定源地址与目的地址，单击“执行”按钮，查看结果。 结果显示，发送了 4 个数据包，接收到 4 个数据包，0% 丢失，如图 2.37 所示，证明数据传输正常。 图 2.37 Ping 测试结果

项目二　光传输技术

理论部分

2.1 OTN 原理

光传送网（Optical Transport Network，OTN）是网络的一种类型，是指在光域内实现业务信号的传送、复用、路由选择、监控，并且保证其性能指标和生存性的传送网络。

光传送网（OTN）技术是电网络与全光网折中的产物，将 SDH 强大、完善的 OAM 理念和功能移植到了 WDM 光网络中，有效地弥补了现有 WDM 系统在性能监控和维护管理方面的不足。OTN 技术可以支持客户信号的透明传送、高带宽的复用交换和配置（最小交叉颗粒为 ODU1，约为 2.5 Gb/s），具有强大的开销支持能力，提供强大的 OAM 功能，支持多层嵌套的串联连接监视（TCM）功能，具有前向纠错（FEC）支持能力。

2.1.1　层次结构

按照 OTN 技术的网络分层，可分为光通道层、光复用段层和光传送段层三个层面。另外，为了解决客户信号的数字监视问题，光通道层又分为光通路净荷单元（OPUk）、光通道数据单元（ODUk）和光通道传送单元（OTUk）三个子层，类似于 SDH 技术的段层和通道层，如图 2.38 所示。

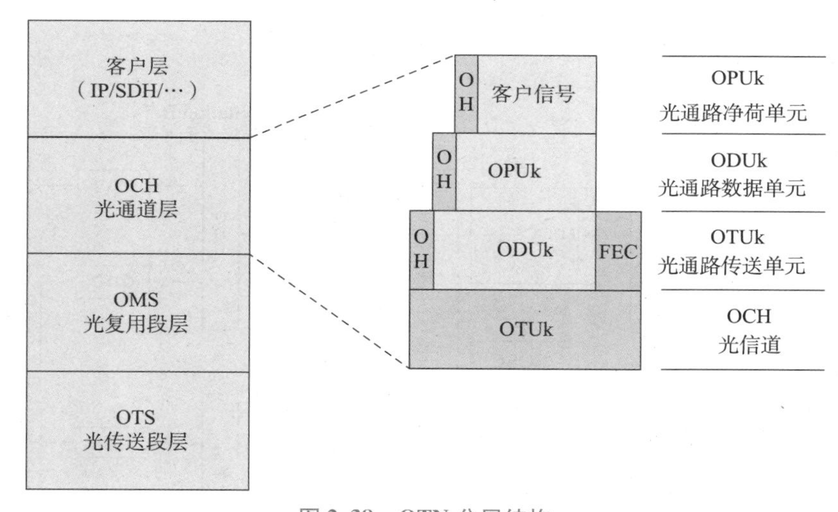

图 2.38　OTN 分层结构

1. 光通道层（Optical channel layer）

为各种客户信号（如 SDH STM－N、cell－based ATM、GE 等）提供透明的端到端的光传输通道，提供包括连接、交叉调度、监测、配置、备份和光层保护与恢复等功能。主要功能：

①光通道的重新连接功能，以保证网络路由的灵活性。

②光通道层包头的处理。

③光通道层的操作、维护、管理。

2. 光复用段层（Optical multiplex section layer）

支持波长的复用，以信道的形式管理每一种信号。提供包括波分复用、复用段保护和恢复等服务功能。主要功能：

①光复用段层包头处理。

②光复用段层的操作、管理、维护。

3. 光传送段层（Optical transmission section layer network）

为光信号在不同类型的光媒质上提供传输功能，光传送段层用来确保光传送段适配信息的完整性，同时实现光放大器或中继器的检测和控制功能。主要功能：

①光传送段层包头处理。

②光传送段层的操作、管理、维护。

2.1.2　功能单元

①OPU（Optical Channel Payload Unit，光通道净荷单元），提供客户信号的映射功能。

②ODU（Optical Channel Data Unit，光通道数据单元），提供客户信号的数字包封、OTN的保护倒换、踪迹监测、通用通信处理等功能。

③OTU（Optical Channel Transport Unit，光通道传输单元），提供OTN成帧、FEC处理、通信处理等功能，波分设备中的发送OTU单板完成了信号从客户接口到OCC的变化；波分设备中的接收OTU单板完成了信号从OCC到客户接口的变化。

各功能单元链接如图2.39所示。

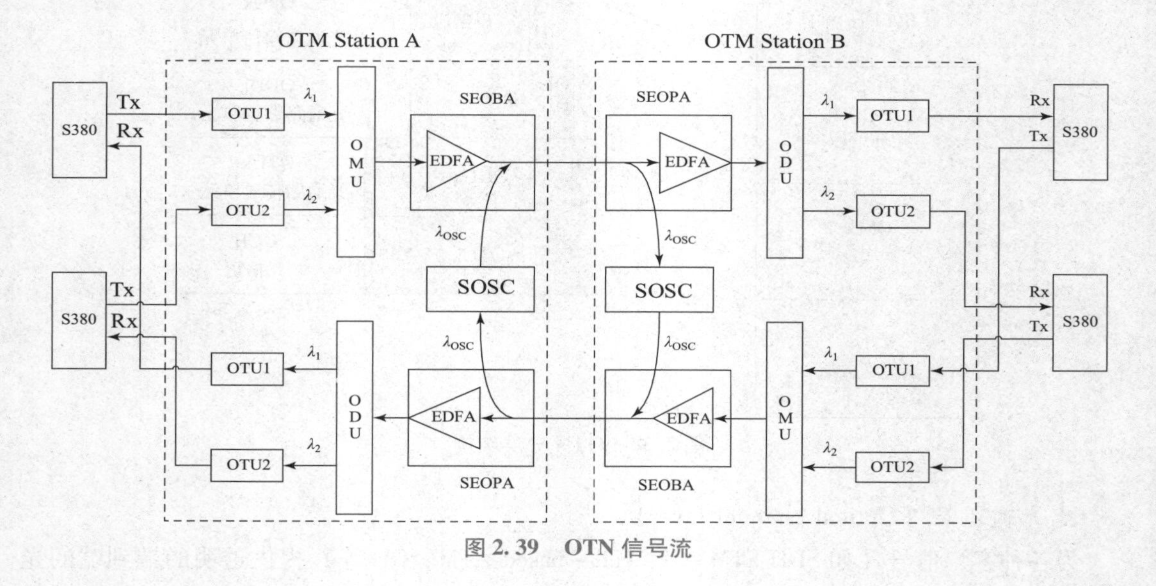

图2.39　OTN信号流

2.1.3　技术特点

OTN技术作为一种新型组网技术，相对已有的传送组网技术，其主要优势如下：

1. 多种客户信号封装和透明传输

基于ITU－TG.709的OTN帧结构可以支持多种客户信号的映射和透明传输，如SDH、ATM、以太网等。

2. 大颗粒的带宽复用，交叉和配置

OTN目前定义的电层带宽颗粒为光通路数据单元，光层的带宽颗粒为波长，其复用、交叉和配置的颗粒明显要大很多，对高宽带数据客户业务的适配和传送效率有显著提升。

3. 强大的开销和维护管理能力

OTN提供了和SDH类似的开销管理能力，OTN光通路层的OTN帧结构大大增强了OCh层的数字监视能力。OTN还提供层嵌套串联连接监视（TCM）功能，这样使得OTN组网时，采用端到端和多个分段同时进行性能监视的方式成为可能。

4. 增强了组网和保护能力

通过 OTN 帧结构、ODUk 交叉和多维度可重构光分插复用器（ROADM）的引入，大大增强了光传送网的组网能力，改变了目前基于 SDHVC－12/VC－4 调度带宽和 WDM 点到点提供大容量传送带宽的现状。

2.1.4　保护方式

①点到点的线路（光复用段 OMS）保护倒换方案，其原理是当工作链路传输中断或性能劣化到一定程度后，系统倒换设备将主信号自动转至备用光纤系统来传输，从而使接收端仍能接收到正常的信号而感觉不到网络已出现了故障。

②光层保护方式（1∶1），是由一个备用保护系统和一个工作系统组成的保护网络，系统的冗余度显然为 100%。

③光链路保护方式（1＋1），是由一个备用保护系统与一个工作系统组成的保护网络。

④M∶N 方式，资源共享的保护方式，通常采用通道保护方式。是由 m 个备用保护系统和 n 个工作系统组成的复用段保护网络。

⑤核心传输网 DWDM 的自愈环网保护恢复技术一自愈环网 SHR（Self Healing Ring）就是无需人为干预，利用网络具有发现替代传输路由并重新建立通信的能力，在极短的时间内从失效的故障中自动恢复所携带的业务的环网。

2.2　PON 原理

随着以太网技术在城域网中的普及以及宽带接入技术的发展，人们提出了速率为 1 Gb/s 以上的宽带 PON（Passive Optical Network，无源光网络）技术，主要包括 EPON 和 GPON 技术，其中，“E”是指 Ethernet，“G”是指吉比特级。

1987 年，英国电信公司的研究人员最早提出了 PON 的概念。1995 年，全业务网络联盟 FSAN（Full Service Access Network）成立，旨在共同定义一个通用的 PON 标准。1998 年，国际电信联盟 ITU－T 工作组以 155 Mb/s 的 ATM 技术为基础，发布了 G.983 系列 APON（ATM PON）标准。这种标准目前在北美、日本和欧洲应用较多，在这些地区都有 APON 产品的实际应用。但在中国，ATM 本身的推广并不顺利，所以 APON 在我国几乎没有什么应用。

2000 年年底，一些设备制造商成立了“第一英里”[①] 以太网联盟（EFMA），提出基于以太网的 PON 概念——EPON（Ethernet Passive Optical Network）。EFMA 还促成电气电子工程师协会（IEEE）在 2001 年成立第一英里以太网（EFM）小组，开始正式研究包括 1.25 Gb/s 的 EPON 在内的 EFM 相关标准。EPON 标准 IEEE 802.3ah 在 2004 年 6 月正式颁布。

2001 年年底，FSAN 更新网页把 APON 更名为 BPON（Broadband PON）。实际上，在 2001 年 1 月左右 EFMA 提出 EPON 概念的同时，FSAN 也已经开始了带宽在 1 Gb/s 以上的 PON，也就是 Gigabit PON 标准的研究。FSAN/ITU 推出 GPON 技术的最大原因是网络 IP 化进程加速和 ATM 技术的逐步萎缩导致之前基于 ATM 技术的 APON/BPON 技术在商用化和实

① 1 英里＝1.609 km。

用化方面严重受阻，迫切需要一种高传输速率、适宜 IP 业务承载，同时具有综合业务接入能力的光接入技术出现。在这样的背景下，FSAN/ITU 以 APON 标准为基本框架，重新设计了新的物理层传输速率和 TC 层，推出了新的 GPON 技术和标准。2003 年 3 月，ITU－T 颁布了描述 GPON 总体特性的 G. 984. 1 和 ODN 物理媒质相关（PMD）子层的 G. 984. 2GPON 标准，2004 年 3 月和 6 月发布了规范传输汇聚（TC）层的 G. 984. 3 和运行管理通信接口的 G. 984. 4 标准。

2. 2. 1　PON 组成

如图 2. 40 所示，PON 由光线路终端（OLT）、光合/分路器（Spliter）和光网络单元（ONU）组成，采用树形拓扑结构。OLT 放置在中心局端，分配和控制信道的连接，并有实时监控、管理及维护功能。ONU 放置在用户侧，OLT 与 ONU 之间通过无源光合/分路器连接。

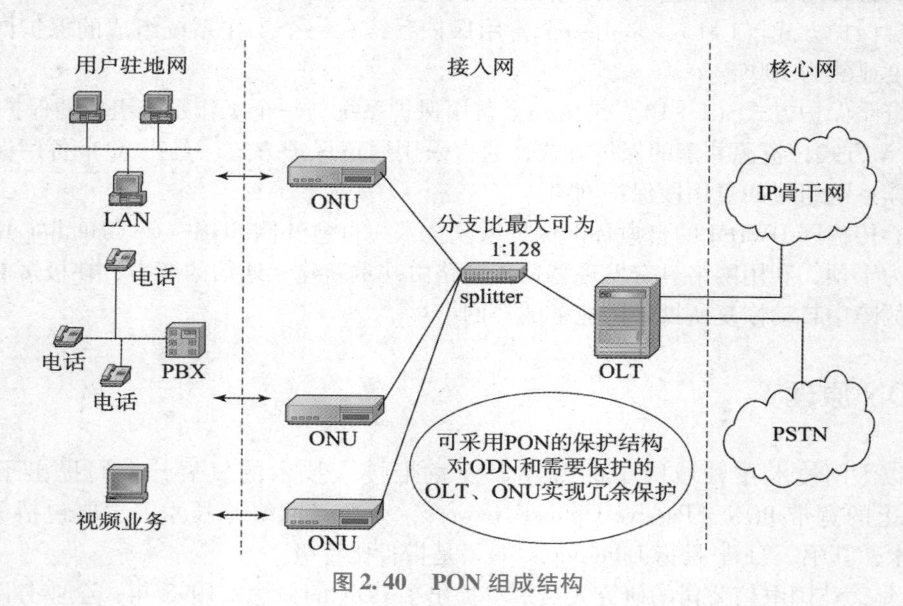

图 2. 40　PON 组成结构

所谓无源，是指在 OLT（光线路终端）和 ONU（光网络单元）之间的 ODN（光分配网络）没有任何有源电子设备。

PON 使用波分复用（WDM）技术，同时处理双向信号传输，上、下行信号分别用不同的波长，但在同一根光纤中传送。OLT 到 ONU/ONT 的方向为下行方向；反之，为上行方向。下行方向采用 1 490 nm，上行方向采用 1 310 nm。

2. 2. 2　FTTx 技术

在光纤接入网发展的过程中，业界人士考虑到对现有网络的铜线资源的合理利用，提出了各种光、铜混合的接入网实现方案，叫作 FTTx 技术（Fiber to the x）。很多人误认为 FTTx 是一种实际的通信技术，严格意义上说，FTTx 只是一种技术概念，具体的 FTTx 还要依赖实际的光纤接入网技术，如 AON 或 PON 技术。例如，光以太网技术和 PON 技术都可以实现 FTTH（光纤到户），但具体实现的技术和网络有很大的差异。

FTTx 通常是根据光纤到达用户侧的位置不同来进行划分的，常见的 FTTx 模式如下。

①FTTH（Fiber To The Home，光纤到户）。实现方案指仅利用光纤媒质连接核心网和用户住宅（家庭）的接入方式，即引入光纤由单个家庭独享，是俗称的光纤到户接入方案。

②FTTB（Fiber To The Building，光纤到楼）。实现方案指光纤接入部分到楼宇中心机房，楼内网络采用铜线方案，通常根据接入铜线的种类，又可以分为FTTB + LAN 和 FTTB + ADSL。FTTB + LAN 指在楼内网络采用以太网标准的局域网接入方案，其接入铜线通常是超5类双绞线；FTTB + ADSL 指在楼内网络采用 ADSL 接入方案，接入铜线为1类电话线。

③FTTC（Fiber To The Curb，光纤到路边）。FTTC 实现方案是指光纤仅接入离家庭或办公室1 km 以内的路边交接箱或户外配线架，利用电缆或其他介质把信号从路边交接箱或户外配线架传递到用户住宅或办公室里。

④FTTCab（Fiber To The Cabinet，光纤到交接箱）。即光纤接入部分到本地区域端局，利用本地区域内原有的线缆或其他介质把信号从本地区域端局传递到用户住宅或办公室里。

⑤FTTO（Fiber To，The Office，光纤到办公室）。实现方案指光纤接入部分到办公区域网关，办公区域网内部采用铜线或无线方案的局域网组网方案。

⑥FTTP（Fiber To The Premise，光纤到用户驻地）。

⑦FTTN（Fiber To The Node，光纤到节点）。

目前，应用较多的类型是 FTTH、FTTB、FTTC、FTTN 等。由图2.41所示的光纤接入网的应用类型不难看出，FTTH 是目前唯一的在接入网段全部采用光纤作为传输介质的光纤接入网解决方案，其优势在于接入网段不再需要电－光－电的信号再生过程，降低了设备开通、管理和维护的复杂度。同时，与其他的 FTTx 组网形式相比，FTTH 可以为用户提供更大的独享带宽，为新业务的开展预留了充足的资源。众所周知，评估接入网最为重要的指标就是接入网的接入能力，不仅表现在业务的接入能力上，同时还要满足接入用户数量的能力。故尽管目前光纤接入网的成本仍然太高，但是采用光纤接入网 FTTH 是光纤接入技术发展的必然趋势。

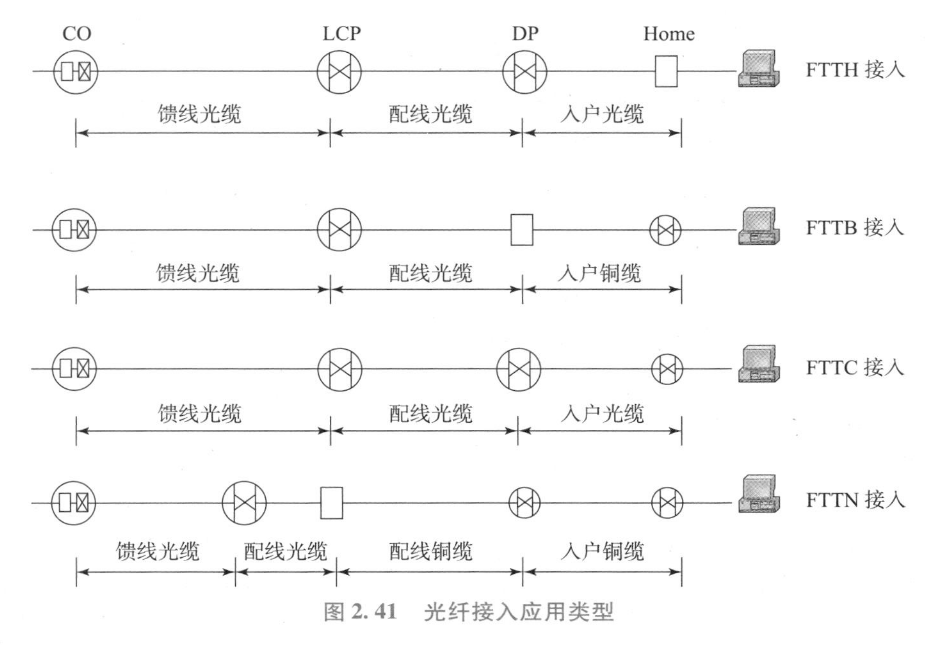

图2.41　光纤接入应用类型

2.2.3　GPON 的工作原理

1. GPON 的上、下行传输

如图2.42所示，下行采用纯广播的方式。OLT 为已注册的 ONU 分配 LLID，由各个

ONU 监测到达帧的 LLID，以决定是否接收该帧，如果该帧所含的 LLID 和自己的 LLID 相同，则接收该帧；反之，则丢弃。

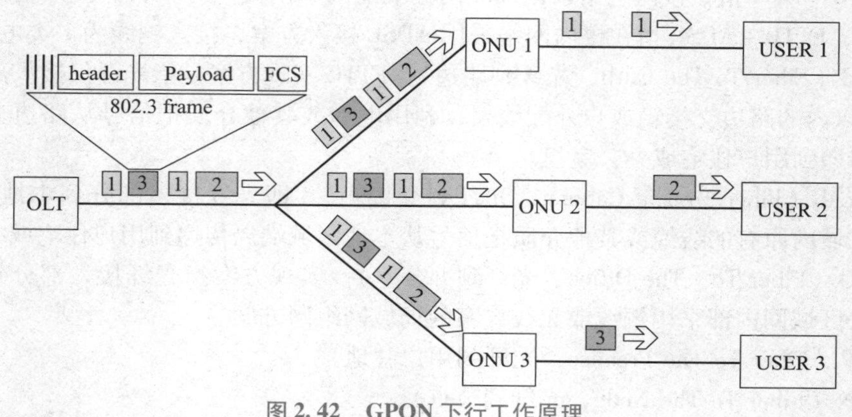

图 2.42　GPON 下行工作原理

如图 2.43 所示，上行采用时分多址接入（TDMA）技术。OLT 接收数据前，比较 LLID 注册列表；每个 ONU 在由局方设备统一分配的时隙中发送数据帧；分配的时隙补偿了各个 ONU 距离的差距，避免了各个 ONU 之间的碰撞。

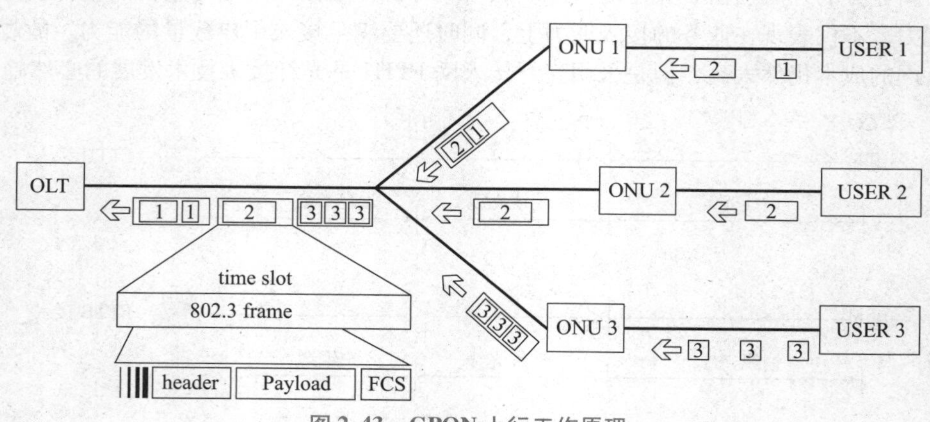

图 2.43　GPON 上行工作原理

2. GPON 的复用机制

GPON 提供了两种复用机制：一种基于异步传递模式（ATM），另一种基于 GEM，在此重点介绍基于 GEM 的复用机制。

GEM 是 GPON 的一种新的数据封装方法，可以封装任何一种业务。GEM 帧由 5 字节的帧头（Header）和可变长度的净荷（Payload）组成（后述）。与 ATM 相同，GEM 也提供面向连接的通信，但是 GEM 的封装效率更高。

（1）基于 GEM 的上行复用

在 GPON 结构的上行方向，采用 GEM 端口（GEMPort）、传输容器（T－CONT）和 ONU 三级复用结构，如图 2.44 所示。

每个 ONU 可以包含一个或多个 T－CONT，每个 T－CONT 可由一个或多个 GEMPort 构成。

GEM Port 的作用类似于 ATM 网中的 VP，是在 TC 适配子层中与特定用户数据流相关联的逻辑连接（逻辑信道）。GEM Port－ID 是 GEM Port 的标识，作用类似于 VPI。

T－CONT 是 PON 接口上包含一组 GEMPort 的流量承载实体，是上行带宽分配 DBA 的单元，只在上行方向上存在。它由 Alloc－ID 来标识，该值由 OLT 分配，在 ONU 去激活后失效。

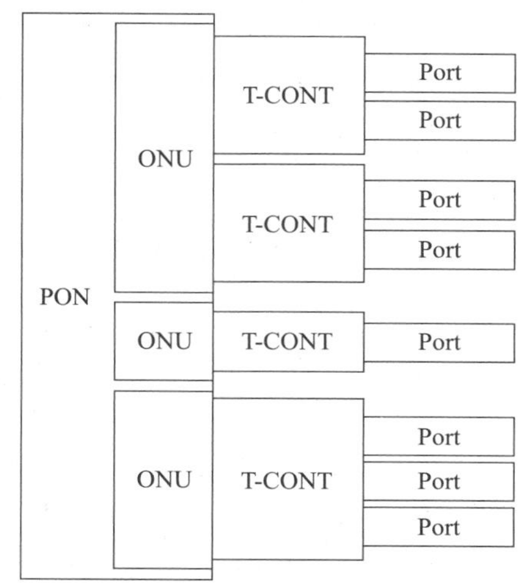

图 2.44　基于 GEM 的 GPON 上行复用结构

GPON 支持的 T－CONT 类型与 ITU－TG. 983. 4 中规定的相同，分为 5 类，不同种类的 T－CONT 拥有不同类型的带宽，因此可以支持不同 QoS 的业务。T－CONT 可分配的带宽有固定带宽、确保带宽、非确保带宽和尽力而为带宽，4 种类型带宽分配的优先级依次下降。

（2）基于 GEM 的下行复用

在 GPON 结构的下行方向，采用 GEMPort 和 ONU 两级复用结构，如图 2. 45 所示。

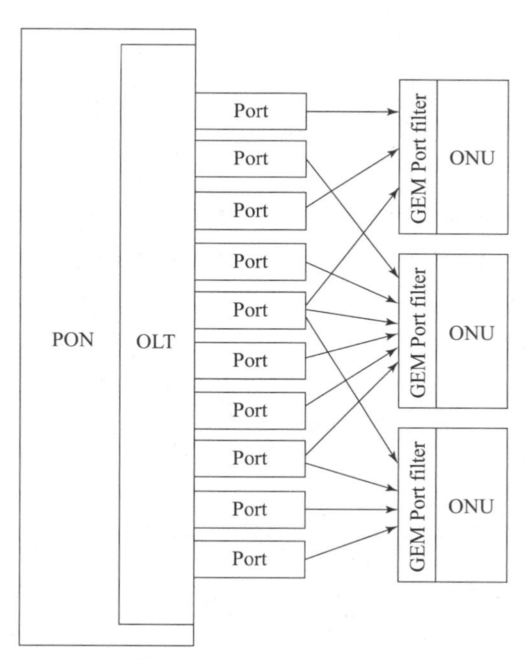

图 2. 45　基于 GEM 的 GPON 下行复用结构

OLT 将数据流封装到不同的 GEMPort 中，ONU 根据 GEMPort 接收属于自己的数据流。

ONU 采用 ONU－ID 来标识，每个 ONU－ID 在 PON 接口上是唯一的，在 ONU 下电或去激活前有效。ONU－ID 是在 ONU 激活过程中由 OLT 通过 PLOAM 消息分配的一个 8 bit 的值，其中，0～253 为可分配的值，254 为保留值，255 用于广播或尚未分配 ID 的 ONU。

（3）GEM 帧

GEM 帧结构如图 2.46 所示。

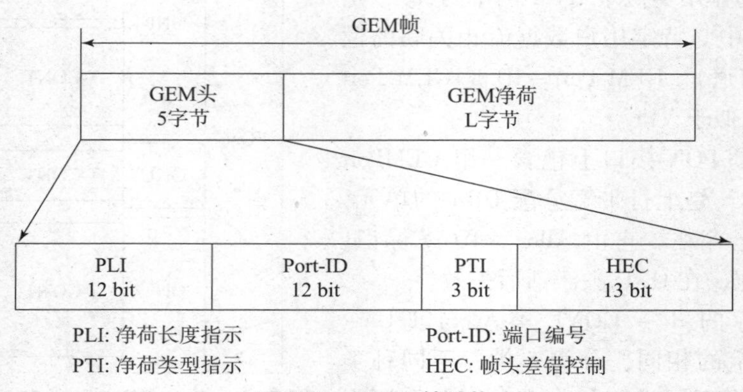

图 2.46　GEM 帧结构

GEM 包括 5 字节的帧头和可变长度的净荷。帧头包括 4 个字段，各字段的作用如下。

1PLI 用于指示净荷长度，共 12 bit，即 GEM 净荷的长度最多是 4 095 字节，超过此长度就需要分片。

2Port－ID 是 GEM 端口的标识，相当于 APON 中的 VPI。12 bit 的 Port－ID 可以提供 4 096 个不同的端口，用于支持多端口复用，由 OLT 分配。

3PTI 为 3 bit，用于指示净荷类型，同时指示在净荷分片时是否为一库中最后一片。

4HEC 为 13 bit，用于帧头的错误检测和纠正。

3. GPON 的帧结构

GPON 采用 125 μs 长度的帧结构，用于更好地适配 TDM 业务，继续沿用 APON 中 PLOAM 信元的概念传送 OAM 信息，并加以补充丰富。帧的净负荷中分为 ATM 信元和 GEM 帧，可以实现综合业务的接入。

（1）GPON 下行帧结构

GPON 下行帧周期为 125 μs，若下行速率为 2.488 Gb/s，则下行帧的长度 38 880 字节。

对于 1.244 Gb/s 的上行速率，上行帧的长度即为 19 440 字节。GPON 下行帧结构如图 2.47 所示。

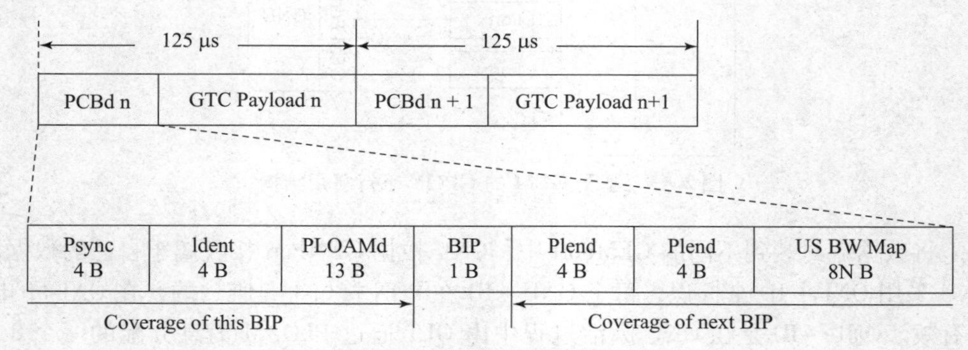

图 2.47　GPON 的下行帧结构

GPON 下行帧包括下行物理层控制块（Physical Control Block downstream，PCBd）和载荷（Payload）两部分。

PCBd 用于提供帧同步、定时及动态带宽分配等 OAM 功能。Payload 用于透明承载 ATM 信元或 GEM 帧。

PCBd 部分各字段的作用如下所述。

①Psync（Physical synchronization，物理层同步）长度为 4 字节，用作 ONU 与 OLT 同步。

②Ident 长度为 2 字节，用作超帧指示，其值为 0 时指示一个超帧的开始。

③PLOAMd（PLOAM downstream）长度为 13 字节，用于承载下行 PLOAM 信息。

④BIP 长度为 1 字节，是比特间插奇偶校验 8 比特码，用作误码监测。

⑤Plend（Payload Length downstram）长度为 4 字节，用于说明 MS BW Map 域的长度及载荷中 ATM 信元的数目。为了增强容错性，Plend 出现两次。

⑥US BW Map 域长度为 NX9 字节，用于上行带宽分配，带宽分配的控制对象是 T－CONT，一个 ONU 可分配多个 T－CONT，每个 T－CONT 可包含多个具有相同 QoS 要求的 VPI/VCI（用来识别 ATM 业务流）或 PortID（用来识别 GEM 业务流），这是 GPON 动态带宽分配技术中引入的概念，提高了动态带宽分配的效率。

ONU 根据 PCBd 获取同步等信息，并依据 ATM 信元头的 VPI/VCI 过滤 ATM 信元，依据 GEM 帧头的 Port ID 过滤 GEM。

（2）GPON 上行帧结构

GPON 上行帧周期为 125 μs，格式的组织由下行帧中的 US BW Map 域字段确定。GPON 上行帧结构如图 2. 48 所示。

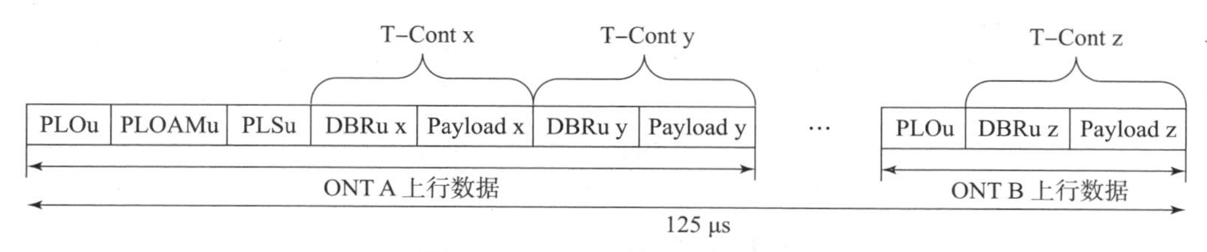

图 2. 48　GPON 的上行帧结构

GPON 上行帧各字段的作用如下。

①PLOu（Physcial Layer Overhead upstream，上行物理层开销）包含前导码、定界符、BIP、PLOAMu 指示及 FEC 指示，其长度由 OLT 在初始化 ONU 时设置。ONU 在占据上行信道后首先发送 PLOu 单元，以使 OLT 能够快速同步，并正确接收 ONU 的数据。

②PLSu 长度为 120 字节，为功率测量序列，用于调整光功率。

③PLOAMu（PLOAM upstream）长度为 13 字节，用于承载上行 PLOAM 信息，包含 ONU ID、Message ID、Message 及 CRC。

④DBRu 长度为 2 字节，包含 DBA 域及 CRC 域，用于申请上行带宽。

⑤Playload 域用于填充 ATM 信元或者 GEM。

2. 2. 4　GPON 的关键技术

GPON 的关键技术主要包括时分多址接入的控制（测距技术）、快速比特同步、突发信号的收发和动态带宽分配等。

1. 多点控制协议

(1) 协议简介

MPCP (Multi – Point Control Protocol，多点控制协议) 是 PON MAC 控制子层的协议。MPCP 定义了 OLT 和 ONU 之间的控制机制，用来协调数据的有效发送和接收。PON 系统通过一条共享光纤将多个 DTE 连接起来，其拓扑结构为不对称的基于无源分光器的树形分支结构。MPCP 就是使这种拓扑结构适用于以太网的一种控制机制。

PON 作为 EFM 讨论标准的一部分，建立在 MPCP 基础上，该协议是 MAC control 子层的一项功能。它使用消息、状态机、定时器来控制访问 P2MP（点到多点）的拓扑结构。在 P2MP 拓扑中的每个 ONU 都包含一个 MPCP 的实体，用于和 OLT 中 MPCP 的一个实体相互通信。作为 PON/MPCP 的基础，EPON 实现了一个 P2P 仿真子层，该子层使得 P2MP 网络拓扑对于高层来说成为多个点对点链路的集合。该子层是通过在每个数据包的前面加上一个 LLID (Logical Link Identification) 逻辑链路标识来实现的。该 LLID 将替换前导码中的两个字节。PON 将拓扑结构中的根结点认为是主设备，即 OLT；将位于边缘部分的多个节点认为是从设备，即 ONU。MPCP 在点对多点的主从设备之间规定了一种控制机制，以协调数据有效地发送和接收。系统运行过程中，上行方向在一个时刻只允许一个 ONU 发送，位于 OLT 的高层负责处理发送的定时、不同 ONU 的拥塞报告，从而优化 PON 系统内部的带宽分配。PON 系统通过 MPCPDU 来实现 OLT 与 ONU 之间的带宽请求、带宽授权、测距等。

MPCP 涉及的内容包括 ONU 发送时隙的分配、ONU 的自动发现和加入、向高层报告拥塞情况以便动态分配带宽。MPCP 多点控制协议位于 MAC Control 子层。MAC Control 向 MAC 子层的操作提供实时的控制和处理。

(2) MPCP 数据单元帧

MPCP 数据单元帧为 64 字节的 MAC 控制帧，帧结构如图 2.49 所示。

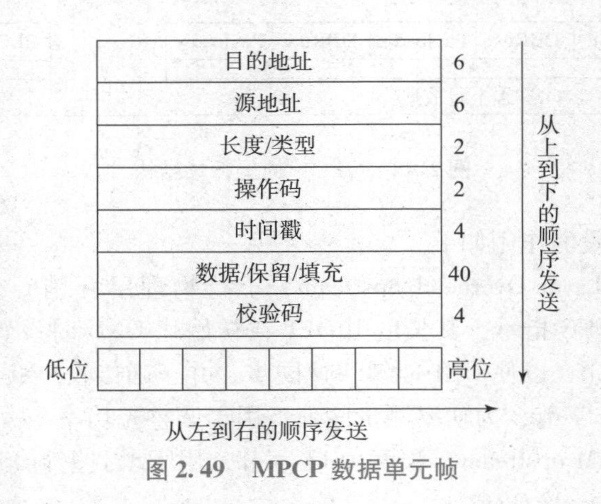

图 2.49　MPCP 数据单元帧

①目的地址 (DA)：MPCPDU 中的 DA 为 MAC 控制组播地址，或者是 MPCPDU 目的端口关联的单独 MAC 地址。

②源地址 (SA)：MPCPDU 中的 SA 是和发送 MPCPDU 的端口相关联的单独的 MAC 地址。

③长度/类型：MPCPDU 都进行类型编码，并且承载 MAC_Control_Type 域值。

④操作码：操作码指示所封装的特定 MPCPDU。

⑤时间戳：在 MPCPDU 发送时刻，时间戳域传递 localTime 寄存器中的内容。

⑥数据/保留/填充：这 40 个 8 字节用于 MPCPDU 的有效载荷。当不使用这些字节时，在发送时填充为 0，并在接收时忽略。

⑦校验码：该域为帧校验序列，一般由下层 MAC 产生，使用 CRC32。

（3）MPCP 控制帧

MPCP 定义了 6 种控制帧，分别是 GATE、REPORT、REGISTER_REQ、REGISTER、REGISTER_ACK、PAMSE，可以用于 OLT 与 ONU 之间的信息交换。

①GATE：选通消息控制帧，由 OLT 发出，接收到 GATE 帧的 ONU 立即或者在指定的时间段发送数据。

②REPORT：报告消息控制库，由 ONU 发出，向 OLT 报告 ONU 的状态，包括该 ONU 同步于哪一个时间戳，以及是否有数据需要发送。

③REGISTER_REQ：注册请求消息控制帧，由 ONU 发出，在注册规程处理过程中请求注册。

④REGISTER：注册消息，由 OLT 发出，在注册规程处理过程中通知 ONU 已经识别了注册请求。

⑤REGISTER_ACK：注册确认消息控制帧，由 ONU 发出，在注册规程处理过程中表示注册确认。

⑥PAMSE：暂停消息控制库，接收方在功能参数标明的时间段停止发送非控制幅的请求。

（4）ONU 自动发现与注册

在 PON 系统中，最开始的也最重要的是解决 ONU 的注册问题。在系统中新增加 ONU 或更换新的 ONU 都需要能自动加入并影响其他正常工作的 ONU。其自动发现与注册过程如图 2.50 所示。

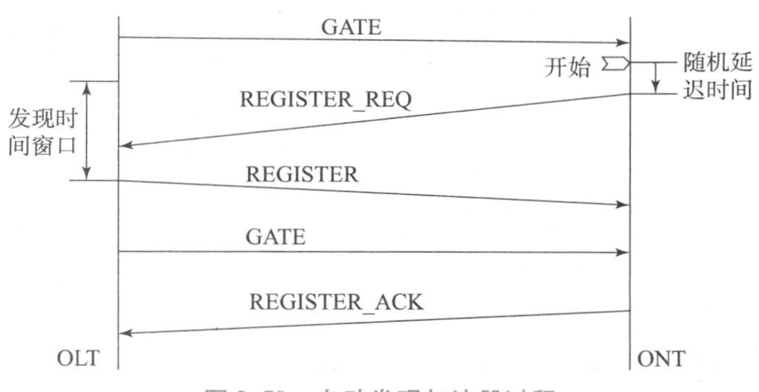

图 2.50　自动发现与注册过程

注册过程的具体步骤如下：

①OLT 通过广播一个发现 GATE 的消息来通知 ONU 发现窗口的周期。

②ONU 发送含 MAC 地址的注册请求消息 REGISTER_REQ。为减少冲突，REGISTER_

REQ 消息要有一段随机延迟时间，该时间段应小于发现时间窗口的长度。

③OLT 接收到有效 REGISTER_REQ 消息后，注册 ONU，分配和指定 LLID，并与相应的 MAC 与 LLID 绑定。

④OLT 向新发现的 ONU 发送注册消息，ONU 发送注册确认消息 REGISTER_ACK。至此，发现进程完成，可以正常发送消息流。

⑤OLT 可以要求 ONU 重新进行发现进程并重新注册。ONU 也可以通知 OLT 请求注销，然后通过发现进程重新注册。

2. 突发控制技术

采用 TDMA 技术进行上行信号的传输。此时面临着上行信号的突发发送和突发接收问题。

(1) 突发发送

ONU 在什么时候发送数据是由 OLT 来指示的，当 ONU 发送数据时，打开激光器，发送数据；当 ONU 不发送数据时，为了避免对其他 ONU 的上行数据造成干扰，必须完全关闭激光器。ONU 上的激光器需要不断地快速（纳秒级）打开和关闭。传统的 APC（自动功率控制）回路是针对连续模块传输设计的，其偏置电流不变，不能适应突发模式快速响应的需求。解决方案之一是采用数字 APC 电路，对每个 ONU 突发发送期间特定时间点对激光器输出的光信号进行采样，并按一定算法对直流偏置调整。采样值在两段数据发送间隔内保存下来，这样就实现了突发模式下的自动功率控制问题。突发发送示意图如图 2.51 所示。

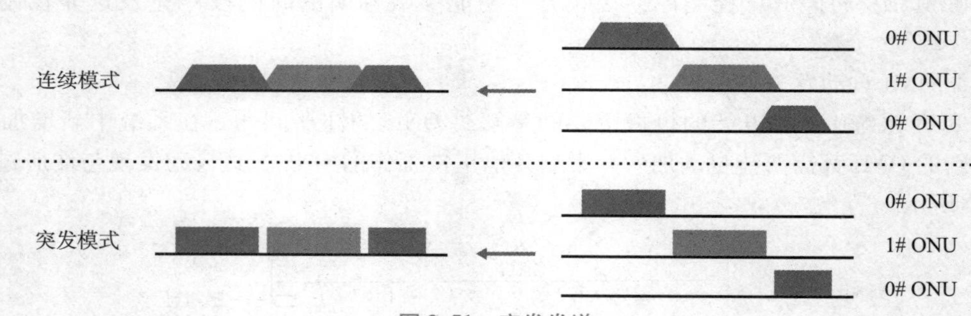

图 2.51　突发发送

(2) 突发接收

上行信号的突发接收包括两个层面：一个是时序，另一个是功率。OLT 要接收来自不同距离的 ONU 数据包，并恢复它们的幅度，但因 ONU 到 OLT 的距离不同，所以它们的数据包到达 OLT 时的功率变化很大，在极限情况下，从最近 ONU 发来的代表 0 信号的光强度甚至比从最远 ONU 传来的代表 1 信号的光强度还要大，为了正确恢复原有数据，必须根据每个 ONU 的信号强度实时调整接收机的判决门限（阈值线）。连续接收与突发接收的比较如图 2.52 所示。

3. 测距与同步技术

(1) 测距的必要性

GPON 的上行方向是一个多点到 1 点的网络，由于各 ONU 与 OLT 之间的物理距离不同，

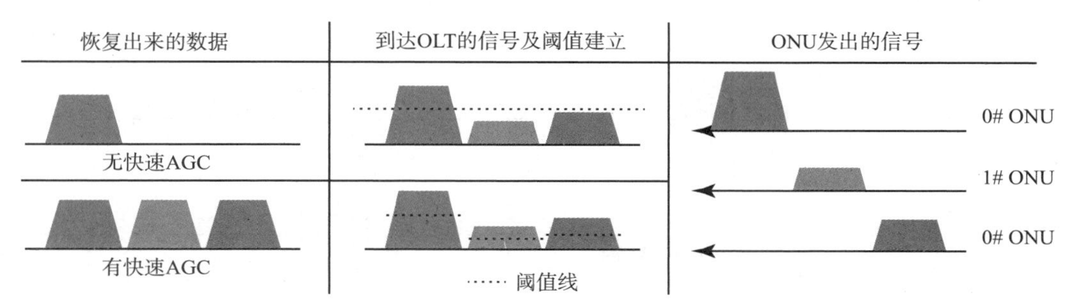

图 2.52　连续接收与突发接收的比较

或环境变化、光器件老化等原因，如果让每个 ONU 自由发送信号，而不考虑 ONU 之间信号传输的时间延迟差异，那么来自不同 ONU 的信号在到达 OLT 时就会发生冲突。采用测距技术可有效避免此种情况，如图 2.53 所示。

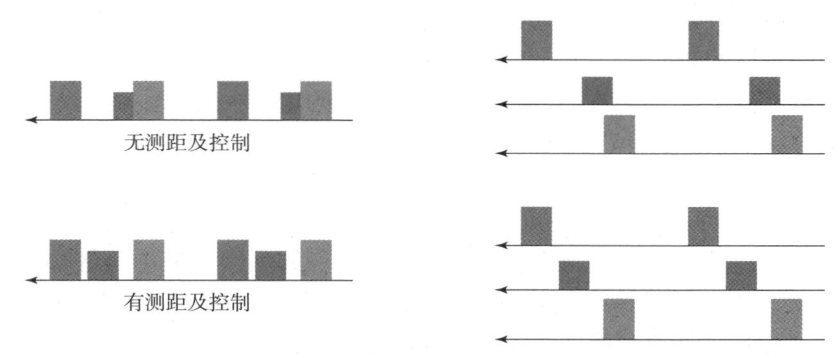

图 2.53　有无测距及控制技术的对比

（2）测距原理

为补偿因 ONU 距离不同而产生的时延差异，首先引入一个变量 RTT（Round Trip Time，往返时延），它代表测量的每一个 ONU 到 OLT 的距离。对测得的 RTT 进行补偿，并通知每个 ONU 调整信号发射时间，以保证该 ONU 的上行信号在规定的时间到达 OLT 而不发生冲突。这种测量 ONU 的逻辑距离，然后将 ONU 都调整到与 OLT 的逻辑距离相同地方的过程就是测距。

测距原理如图 2.54 所示。在注册过程中，OLT 对新加入的 ONU 启动测距过程。OLT 有一个本地时钟，它在 T1 时刻发送携带了时间标签的 GATE 帧，经过一段传输延时到达 ONU 后，ONU 将本地时间计数器更新为 T1，再通过一段时间的等待，在 T2 时刻将携带本地时钟信息的 MPCP 帧发送给 OLT，在 T3 时刻到达 OLT，则 RTT =（T3 – T1）–（T2 – T1）= T3 – T2。

OLT 也可以在任何收到 MPCP PDU 的时候启动测距功能。从 RTT 的计算公式可以看出，OLT 收到 ONU 的 MPCP 时，本地时钟计数器的绝对时标减去 MPCP 时间标签域的值即为该 ONU 的 RTT 值。根据 RTT，可调整 ONU 的发射时间，使不同 ONU 时隙到达 OLT 时，不仅可以一个接着一个，还可以中间留有一保护带。这样不仅能够避免各 ONU 之间的冲突，还可以充分利用上行带宽。这种方法也是 PON 的同步技术。

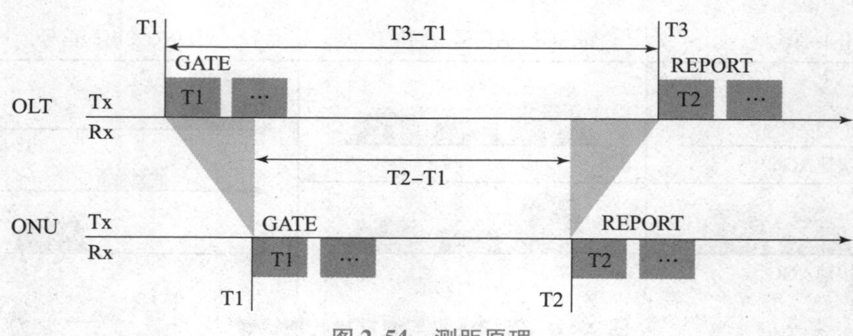

图 2.54　测距原理

4. 动态带宽分配技术

GPON 的上行信道采用 TDMA 方式，多个 ONU 共享带宽，OLT 需按照事实上的规则进行上行带宽的分配。带宽分配有静态分配和动态分配两种方法。静态带宽分配是将上行带宽固定划分为若干份，分配给每一个 ONU，在传统的 TDM 业务中，由于业务需求是恒定的，因此可以采用静态分配的方法。而对于以 IP 业务为主导的现代通信网而言，由于其业务具有突发性，流量不再恒定，静态分配会导致网络带宽利用率的下降。

动态带宽分配（Dynamically Bandwidth Assignment，DBA）是一种能在微秒或毫秒级的时间间隔内完成对上行带宽动态分配的机制。

DBA 有两种机制：一种为报告机制，另一种为不需要报告的机制。报告机制是根据 ONU 上报给 OLT 的带宽需求信息来分配带宽。其机制原理如图 2.55 所示，首先由 OLT 发起命令，要求 ONU 上报队列状态，接着 ONU 上报带宽需求，然后 OLT 根据 ONU 需求和 DBA 算法分配带宽，ONU 根据分配的带宽在指定时隙内发送数据。

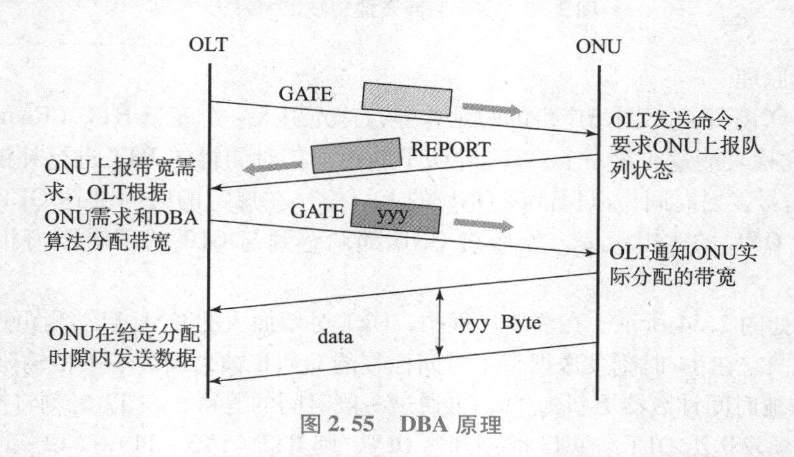

图 2.55　DBA 原理

不需要报告的 DBA 机制中，OLT 不要求 ONU 上报，而是通过监测 ONU 在一定时间内 ONU 上行数据的波动情况，根据一定算法预测出带宽需求，换算成时隙分配给 ONU。实际应用中，由于不需要报告的 DBA 机制需要复杂的流量统计和预测，因此较少采用。

通信网中的主要业务包括语音、数据和视频等。由于不同业务的特点不同，可划分不同的优先级，分配不同的带宽。一般语音业务的优先级最高，视频业务的优先级次之，数据业务的优先级最低。常见的带宽类型主要有最大带宽、最小带宽、固定带宽、保证带宽、尽力而为带宽等以及它们的组合。最大带宽和最小带宽是对每个 ONU 的带宽进行极限限制，保证带宽根据业务优先级的不同而不同；固定带宽主要用于 TDM 业务或高优先级业务，通常采用静态带宽分配的方法来保证 QoS；保证带宽是在系统上行流量发生拥塞的情况下仍然可以保证 ONU 获得的带宽，它不是恒定不变地分配给某一 ONU，会根据实际业务需求，把剩余带宽分配给其他有需求的 ONU；尽力而为带宽是 OLT 根据在线 ONU 报告信息将总的剩余带宽分配给 ONU，通常分配给优先级较低的业务。

2.2.5 GPON 的技术特点

GPON 是 ITU－T 提出的一种灵活的吉比特光纤接入网，它以 ATM 信元和 GEM 帧承载多业务，支持商业和居民业务的宽带全业务接入。它不仅具有名字上反映出的吉比特传输能力，而且是一种与已有 PON 系统有本质区别的新的 PON 技术。

GPON 支持更高的速率和对称/非对称工作分式，同时还有很强的支持多业务和 OAM 的能力。它能够支持当前已知的所有业务和讨论中的适用于商业和住宅用户的新业务。标准中已明确规定要求支持的业务类型包括数据业务（Ethernet 业务，包括 IP 业务和 MPEG 视频流）、PSTN 业务（POTS、ISDN 业务）、专用线（T1、EI、DS3、E3 和 ATM 业务）和视频业务（数字视频）。GPON 中的多业务映射到 ATM 信元或 GEM 帧中进行传送，对各种业务类型都能提供相应的 QoS 保证。运营商应根据各自的市场潜力、特定的管制环境和成本来有效地提供所需要的特定业务，这些业务的提供不仅与成本有关，还与运营商的现存电信基础结构、用户的地理分布、商业和居民的混合情况有很大关系。

作为一种新的 PON 技术，GPON 有如下特点：

①前所未有的高带宽，GPON 速率高达 2.5 Gb/s，能提供足够大的带宽以满足未来网络日益增长的对高带宽的需求，同时，非对称特性更能适应宽带数据业务市场。

②QoS 保证的全业务接入。GPON 能够同时承载 AIM 信元和（或）GEM 帧，有很好的提供服务等级、支持 QoS 保证和全业务接入的能力。目前，ATM 承载话音、PDH、Ethernet 等多业务的技术已经非常成熟；使用 GEM 承载各种用户业务的技术也得到大家的一致认可，已经开始广泛应用和发展。

③很好地支持 TDM 业务，GFON 具有标准的 8 kHz（125 μs），能够直接支持 TDM 业务。与 EPON 承载 TDM 业务难以保证其 QoS 指标相比，GPON 在这一点上有很大的优势。

④简单、高效的适配封装。采用 GEM 对多业务流实现简单、高效的通用适配封装。

⑤强大的 OAM 功能。针对 EPON 在网络管理和性能监测上的不足，GPON 从消费者需求和运营商运行维护管理的角度出发，提供了三种 OAM 通道：嵌入的 OAM 通道、PLOAM 和 OMCI。它们承担不同的 OAM 任务，形成 C/M Plane（控制/管理平面），平面中的不同信息对各自的 OAM 功能进行管理。GPON 还继承了 G. 983 中规定 OAM 的相关要求，具有丰富的业务管理和电信级的网络监测能力。

⑥技术、设备相对复杂。GPON 承载有 QoS 保障的多业务和强大的 OAM 能力等优势很大程度上是以技术和设备的复杂性为代表换来的，从而使得相关设备成本较高。随着 GPON 技术的发展和大规模应用，GPON 设备的成本将会有相应的下降。

操作部分

任务一（6） OTN 设备间的多路信号光传输

<table>
<tr><td>任务描述</td><td>万绿市新增“中心”和“南城区汇聚”两个机房，两个机房具备数据汇聚功能，并且这两个机房距离较远，两机房之间已架设好通信光缆，要求两机房内的 OTN 设备之间可以进行多路信号的光传输。</td></tr>
<tr><td>任务分析</td><td>1. 确定 OTN 设备的传输带宽及多个板卡的连接。
2. 多路光信号的频率设置。
3. ODF 之间的连接。</td></tr>
<tr><td colspan="2">任务实施</td></tr>
<tr><td>步骤 1</td><td>根据任务描述，拓扑图及数据规划如图 2. 56 和表 2. 5 所示。
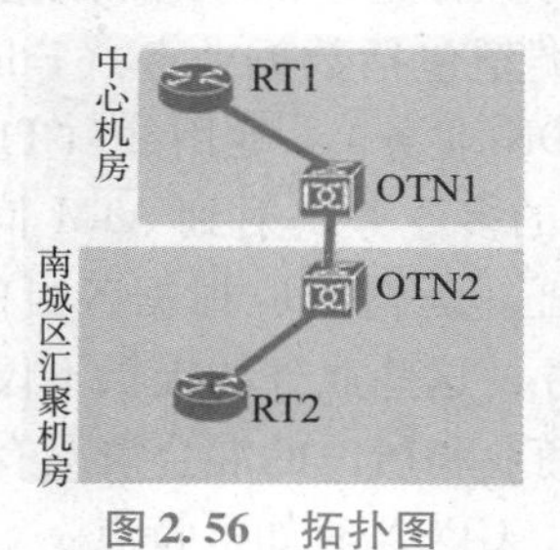

图 2. 56 拓扑图
表 2. 5 数据规划表
<table><tr><th>本端设备</th><th>本端接口</th><th>端口网络</th><th>对端设备</th><th>对端接口</th></tr><tr><td>中心机房 RT1</td><td>40GE－1/1</td><td>40. 0. 0. 0/30</td><td>南城区汇聚机房 RT2</td><td>40GE－1/1</td></tr></table></td></tr>
<tr><td>步骤 2</td><td>单击“设备配置”，进入中心机房后，根据传输带宽的需求，在设备池内选择一台中型路由器及一台中型 OTN 设备，最大接口类型为 40GE。将两台设备由设备池拖拽至机柜内安放。安放完成后，设备指示图处有显示，如图 2. 57 所示。

图 2. 57 机柜图</td></tr>
</table>

续表

<table>
<tr>
<td>步骤 3</td>
<td>
在南城区汇聚机房内进行同样的操作，添加中型路由器及中型 OTN 设备，如图 2. 58 所示。

图 2. 58　机柜图
</td>
</tr>
<tr>
<td>步骤 4</td>
<td>
接下来，要把中心机房的 RT 与 OTN 进行连接。在线缆池内选择“成对 LC－LC 光纤”，光纤的一端连接到路由器 RT1 的 40GE－1/1 端口上，另一端连接到 OTN15 号槽位的 OTU40G_C1TC1R 端口上，如图 2. 59 所示。

图 2. 59　OTN 端口图
</td>
</tr>
<tr>
<td>步骤 5</td>
<td>
OTN 设备内部配置了 OTU、OMU、OBA、OPA、ODU 等类型的功能单元（板卡）。它们的主要作用为：
①OTU（光转发单元）用于转发客户侧数据业务到线路侧的光口。
②OMU（光合波单元）用于将多个波长的光信号进行合并。
③OBA（光功率放大器）用于发射端光信号的放大。
④OPA（光前置放大器）用于接收端光信号的放大。
⑤ODU（光分波单元）用于将多个波长的光信号进行分开。
下行链路使用到的功能单元依次为上层设备→OTU→OMU→OBA→下层设备。上行链路使用到的功能单元依次为下层设备→OPA→ODU→OTU→上层设备。此处的上层设备为中心机房的 RT1 设备，下层设备为南城区汇聚机房的 OTN 设备。
</td>
</tr>
</table>

续表

<table>
<tr><td>步骤 6</td><td>先按照下行链路的顺序依次连接功能单元。
在右侧线缆池内选取单根 LC－LC 光纤 LC-LC光纤，一端连接到 15 号槽位的 OTU40G_L1T 端口上，另一端连接到 12 号槽位的 OMU10C_CH1 端口上，如图 2.60 所示。

图 2.60　OTN 端口图</td></tr>
<tr><td>步骤 7</td><td>在右侧线缆池内重新选取单根 LC－LC 光纤，一端连接到 12 号槽位的 OMU10C_OUT 端口上，另一端连接到 11 号槽位的 OBA_IN 端口上，如图 2.61 所示。

图 2.61　OTN 端口图</td></tr>
<tr><td>步骤 8</td><td>在右侧线缆池内重新选取单根 LC－FC 光纤 LC-FC光纤，一端连接在 11 号槽位的 OBA_OUT 端口上，然后在设备指示图中单击 ODF 图标，将光纤的另一端连接在 ODF_4T 端口上，如图 2.62 和图 2.63 所示。
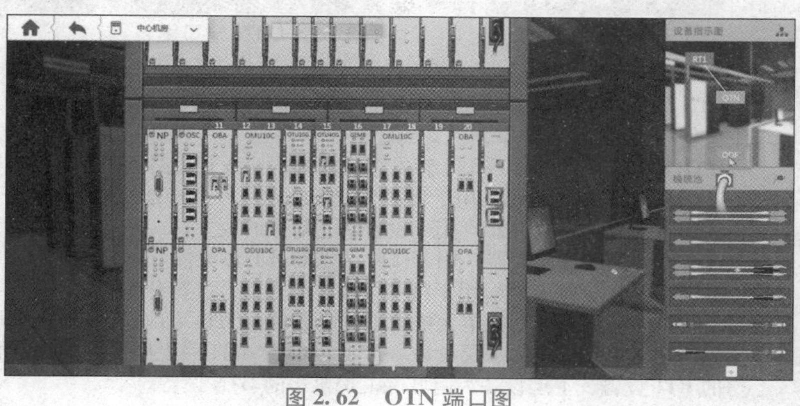
图 2.62　OTN 端口图</td></tr>
</table>

续表

步骤 8	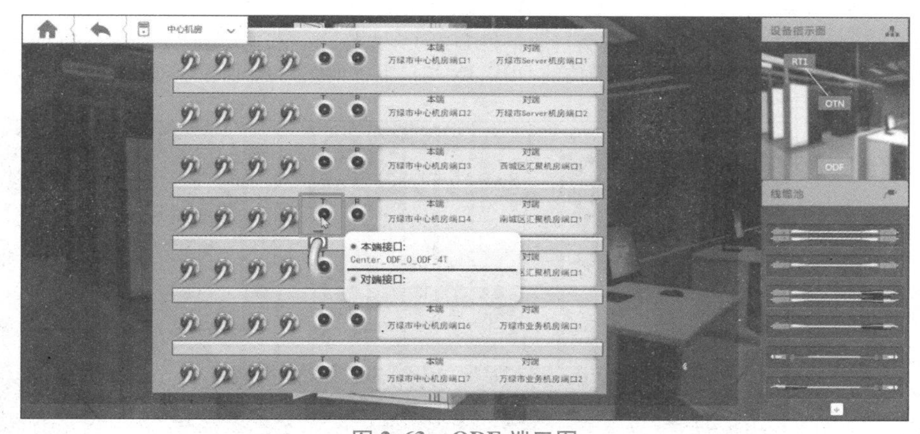 图 2.63　ODF 端口图
步骤 9	接下来，先按照上行链路的顺序依次连接功能单元。 在右侧线缆池内选取单根 LC－FC 光纤，一端连接在 ODF_4R 端口上，然后在设备指示图中单击 OTN 图标，将光纤的另一端连接在 OTN 设备 21 号槽位的 OPA_IN 端口上，如图 2.64 和图 2.65 所示。 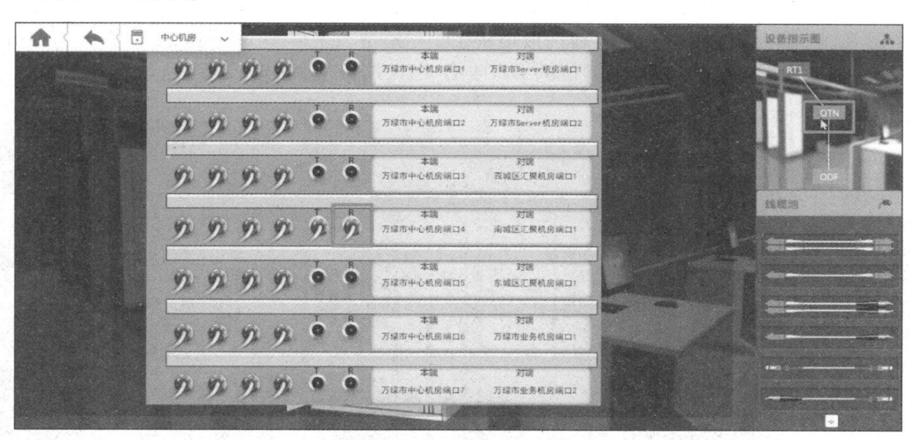 图 2.64　ODF 端口图 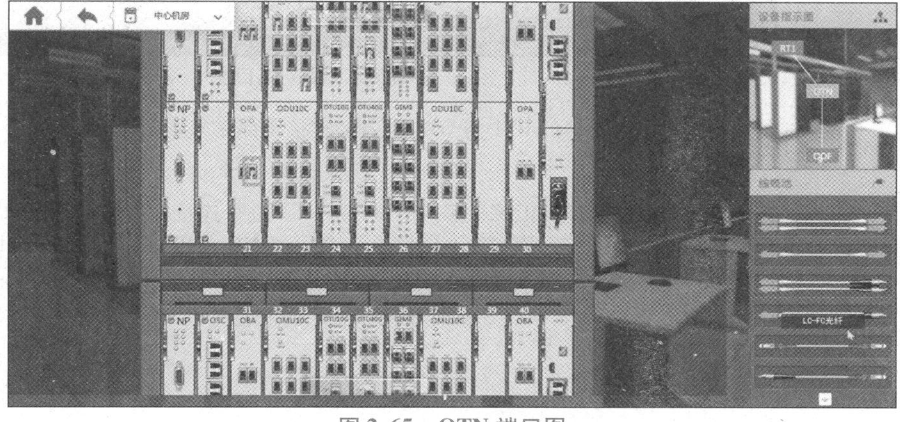 图 2.65　OTN 端口图

续表

<table>
<tr>
<td>步骤 10</td>
<td>

在右侧线缆池内重新选取单根 LC－LC 光纤，一端连接到 21 号槽位的 OPA_OUT 端口上，另一端连接到 22 号槽位的 ODU_IN 端口上，如图 2.66 所示。

图 2.66　OTN 端口图

</td>
</tr>
<tr>
<td>步骤 11</td>
<td>

在右侧线缆池内重新选取单根 LC－LC 光纤，一端连接到 22 号槽位的 ODU_CH1 端口上，另一端连接到 15 号槽位的 OTU40G_L1R 端口上，如图 2.67 所示。

图 2.67　OTN 端口图

到此为止，中心机房的 RT1 与 OTN 设备的连接全部完成。

</td>
</tr>
<tr>
<td>步骤 12</td>
<td>

接下来，需要对南城区汇聚机房内的 RT 和 OTN 进行连接。南城区汇聚机房 OTN 的下行链路上使用到的功能单元依次为上层设备→OTU→OMU→OBA→下层设备。上行链路使用到的功能单元依次为下层设备→OPA→ODU→OTU→上层设备。此处的上层设备为中心机房的 OTN 设备，下层设备为南城区汇聚机房的 RT 设备。

</td>
</tr>
</table>

续表

<table>
<tr><td>步骤 13</td><td>先按照下行链路的顺序依次连接功能单元。
在右侧线缆池内选取单根 LC－LC 光纤，一端连接到 15 号槽位的 OTU40G_L1T 端口上，另一端连接到 12 号槽位的 OMU10C_CH1 端口上，如图 2.68 所示。
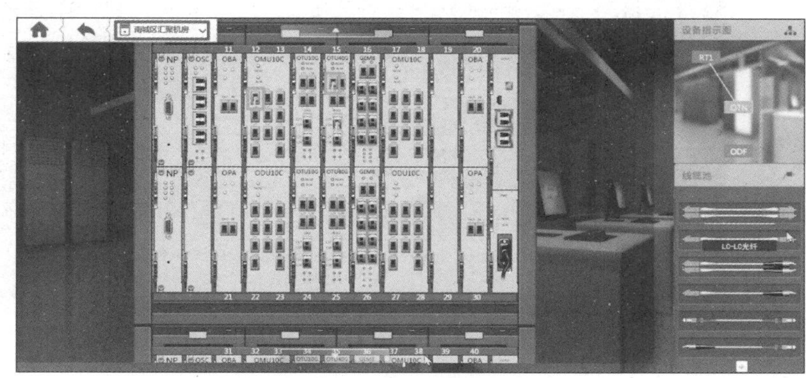
图 2.68　OTN 端口图</td></tr>
<tr><td>步骤 14</td><td>在右侧线缆池内重新选取单根 LC－LC 光纤，一端连接到 12 号槽位的 OMU10C_OUT 端口上，另一端连接到 11 号槽位的 OBA_IN 端口上，如图 2.69 所示。

图 2.69　OTN 端口图</td></tr>
<tr><td>步骤 15</td><td>在右侧线缆池内重新选取单根 LC－FC 光纤，一端连接在 11 号槽位的 OBA_OUT 端口上，然后在设备指示图中单击 ODF 图标，将光纤的另一端连接在 ODF_1T 端口上，如图 2.70 和图 2.71 所示。

图 2.70　OTN 端口图</td></tr>
</table>

续表

<table>
<tr>
<td>步骤 15</td>
<td>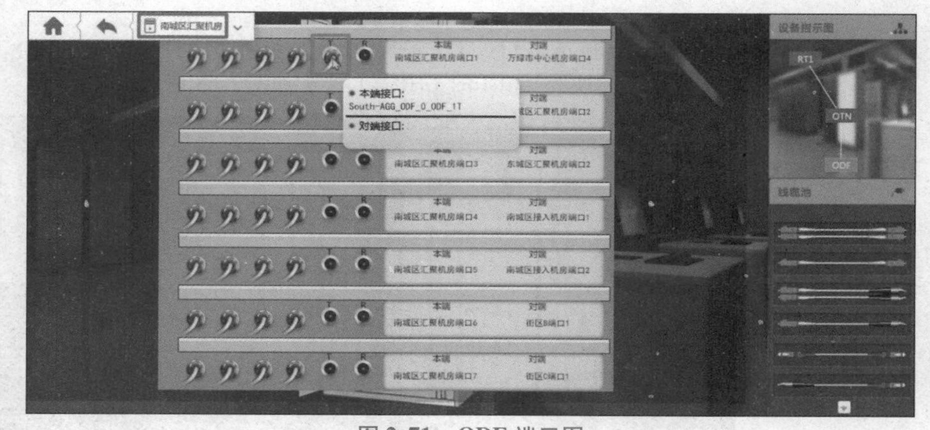

图 2.71　ODF 端口图</td>
</tr>
<tr>
<td>步骤 16</td>
<td>接下来，先按照上行链路的顺序依次连接功能单元。
在右侧线缆池内选取单根 LC－FC 光纤，一端连接在 ODF_1R 端口上，然后在设备指示图中单击 OTN 图标，将光纤的另一端连接在 OTN 设备 21 号槽位的 OPA_IN 端口上，如图 2.72 和图 2.73 所示。
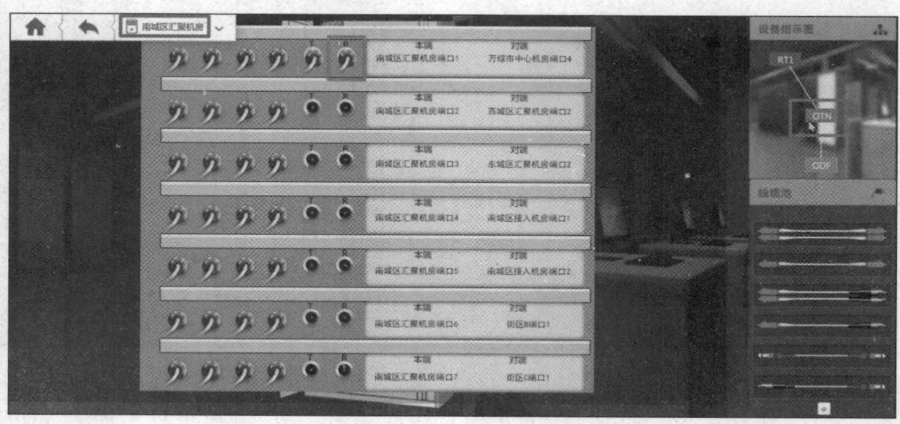

图 2.72　ODF 端口图
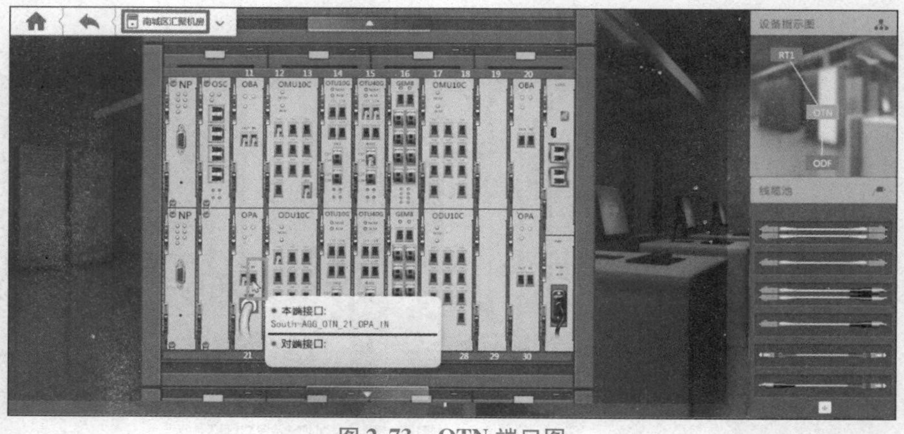

图 2.73　OTN 端口图</td>
</tr>
</table>

续表

<table>
<tr><td>步骤 17</td><td>在右侧线缆池内重新选取单根 LC－LC 光纤，一端连接到 21 号槽位的 OPA_OUT 端口上，另一端连接到 22 号槽位的 ODU_IN 端口上，如图 2.74 所示。
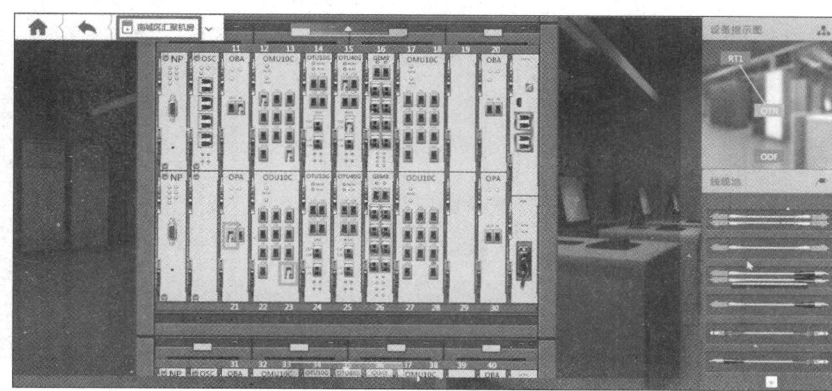

图 2.74　OTN 端口图</td></tr>
<tr><td>步骤 18</td><td>在右侧线缆池内重新选取单根 LC－LC 光纤，一端连接到 22 号槽位的 ODU_CH1 端口上，另一端连接到 15 号槽位的 OTU40G_L1R 端口上，如图 2.75 所示。
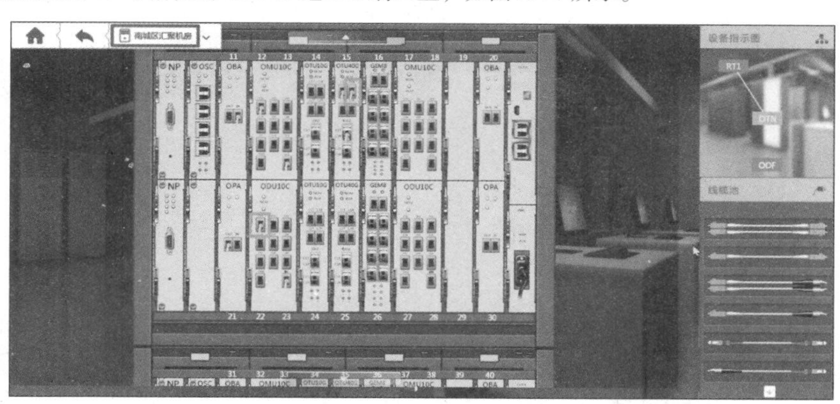

图 2.75　OTN 端口图</td></tr>
<tr><td>步骤 19</td><td>接下来，把南城区汇聚机房的 RT 与 OTN 进行链接。在线缆池内选择成对 LC－LC 光纤，光纤的一端连接到路由器 RT1 的 40GE－1/1 端口上，另一端连接到 OTN15 号槽位的 OTU40G_C1TC1R 端口上，如图 2.76 和图 2.77 所示。
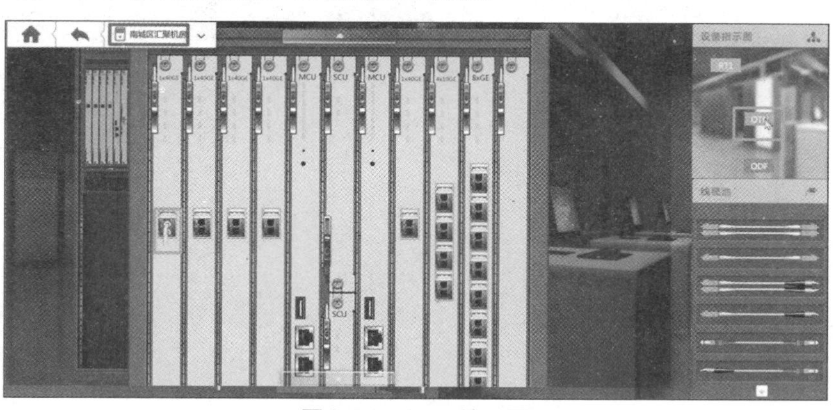

图 2.76　OTN 端口图</td></tr>
</table>

续表

<table>
<tr>
<td>步骤 19</td>
<td>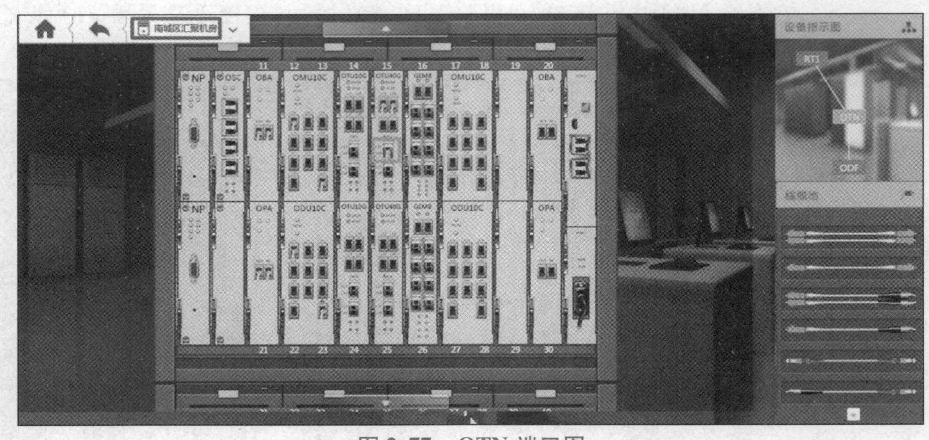

图 2.77　OTN 端口图
到此为止，光纤的连接已经全部完成。</td>
</tr>
<tr>
<td>步骤 20</td>
<td>接下来还需要对两台 OTN 设备进行频率配置，如图 2.78 和图 2.79 所示。
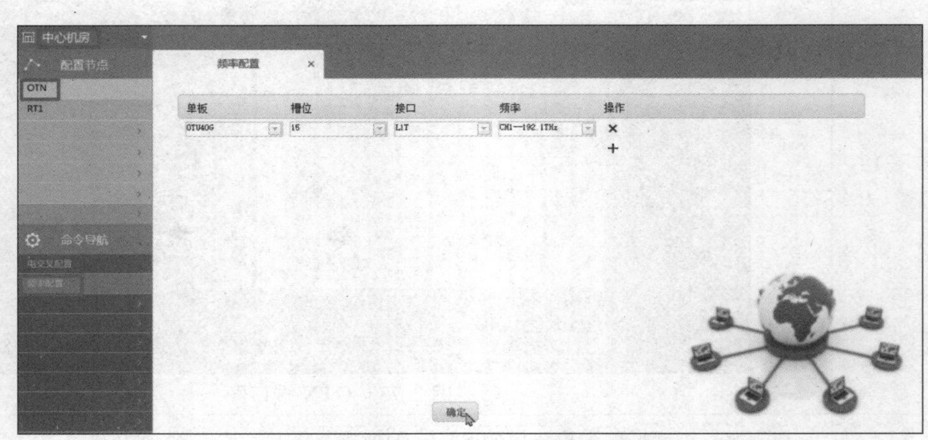

图 2.78　中心机房 OTN 频率
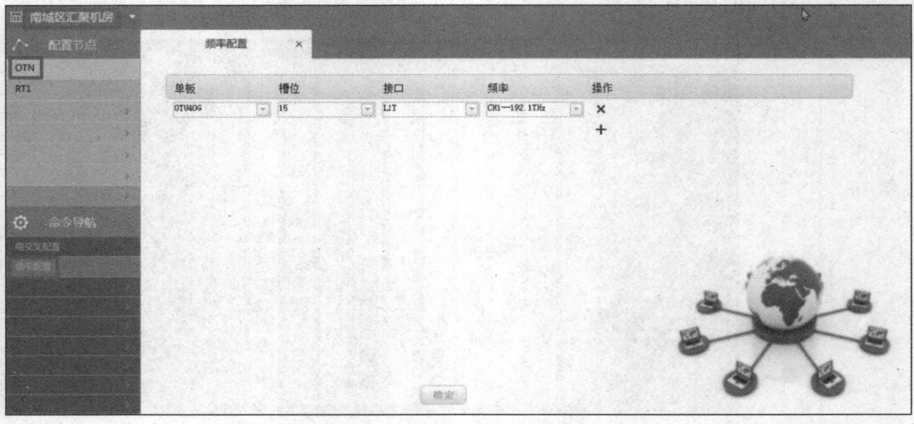

图 2.79　南城区汇聚机房 OTN 频率</td>
</tr>
</table>

续表

步骤 21

单击业务调测内的“光路检查”按钮 光路检查，分别设置两台 OTN 的光转发单元为源地址及目的地址，如图 2.80 和图 2.81 所示。

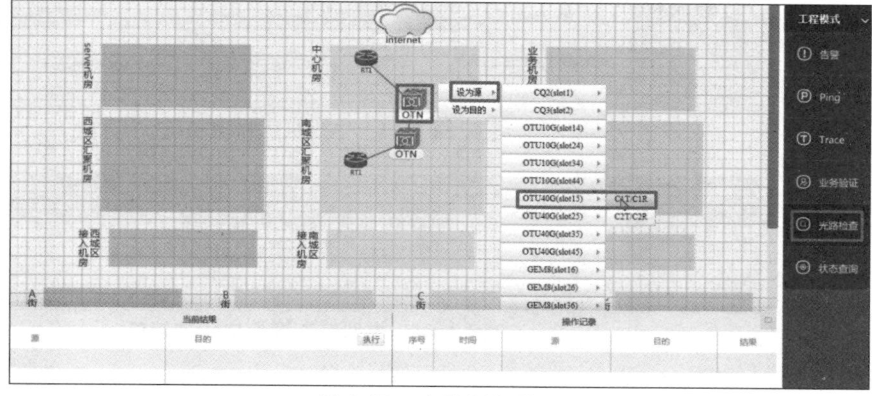

图 2.80　光路设备端口

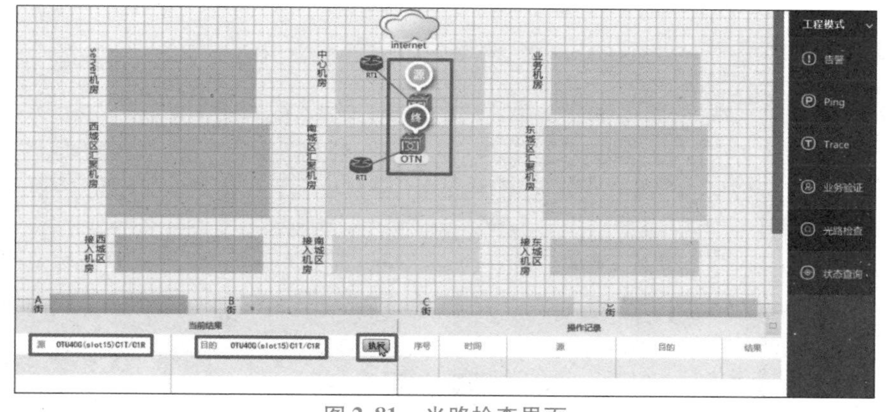

图 2.81　光路检查界面

步骤 22

单击“执行”按钮，显示结果为“光路检测成功”，如图 2.82 所示。

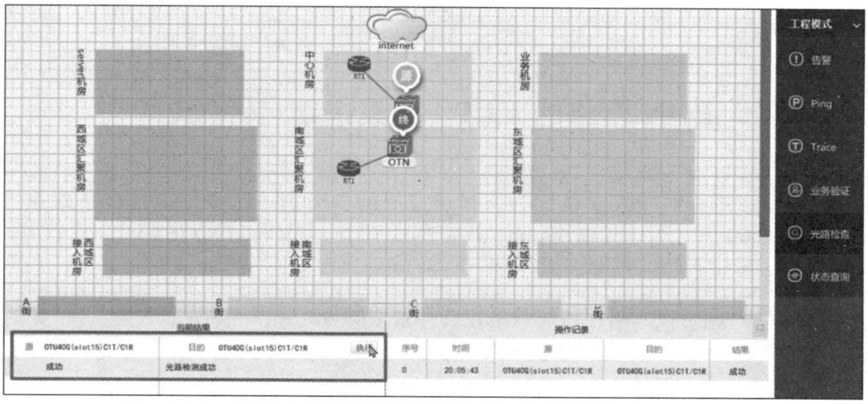

图 2.82　光路检查结果

续表

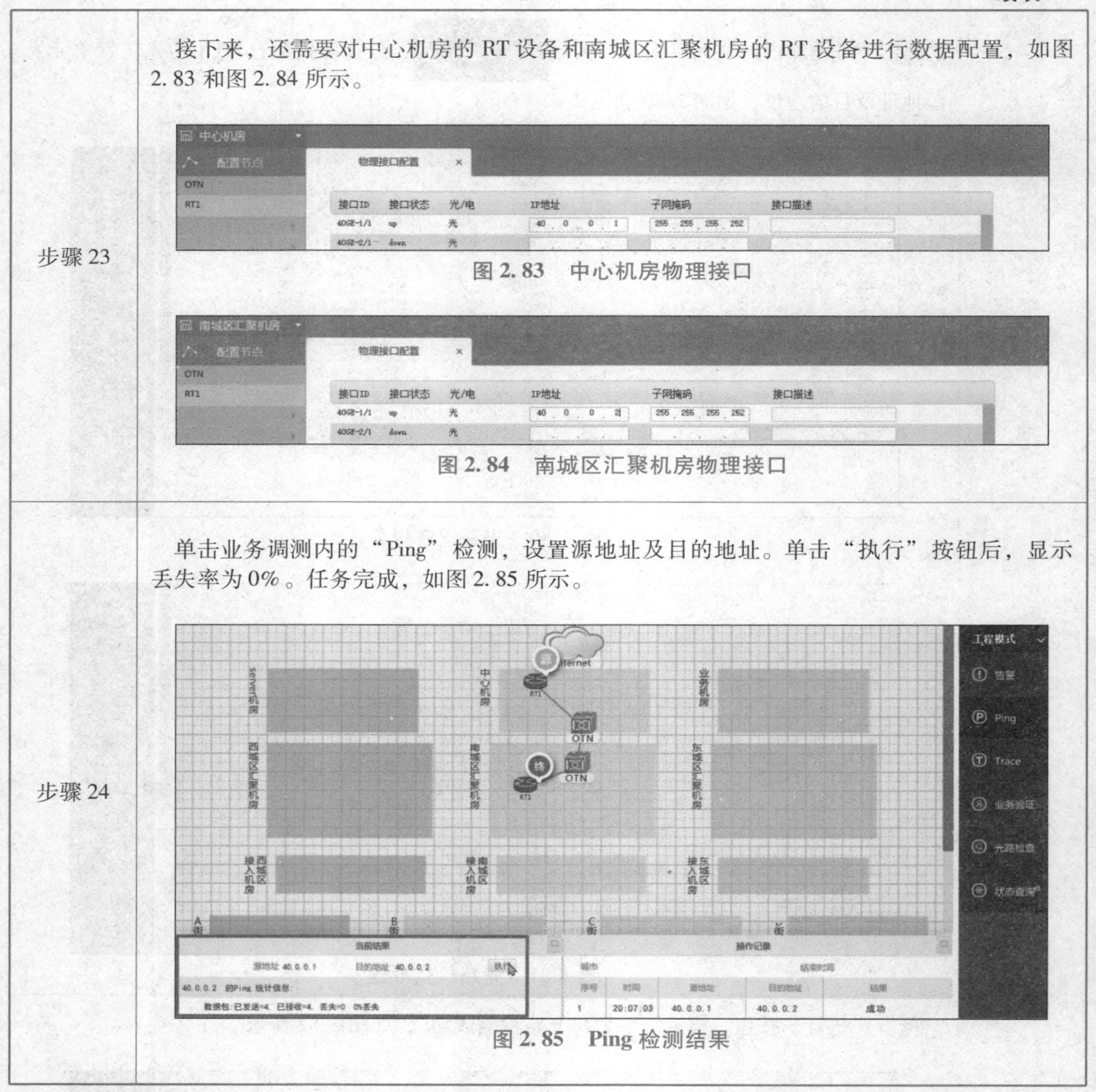

步骤 23	接下来，还需要对中心机房的 RT 设备和南城区汇聚机房的 RT 设备进行数据配置，如图 2.83 和图 2.84 所示。 图 2.83　中心机房物理接口 图 2.84　南城区汇聚机房物理接口
步骤 24	单击业务调测内的“Ping”检测，设置源地址及目的地址。单击“执行”按钮后，显示丢失率为 0%。任务完成，如图 2.85 所示。 图 2.85　Ping 检测结果

任务二（7）　PON 网络的 FTTB 场景搭建

任务描述	万绿市西城区 A 街区为新建设完成的步行街。此步行街是繁华商业中心，总用户数为 1 500 人，街道长度 400 m，街道宽度 20 m，无线传输带宽需求会比较大，所以要求接入机房采用 PON + FTTB 的场景模式。
任务分析	1. 确定接入端用户的数量，选择合适的分光器及 ONU。 2. 选择好 ONU 设备放置区域。

续表

<table>
<tr><th colspan="2">任务实施</th></tr>
<tr><td>步骤 1</td><td>根据任务描述规划的拓扑结构如图 2.86 所示。
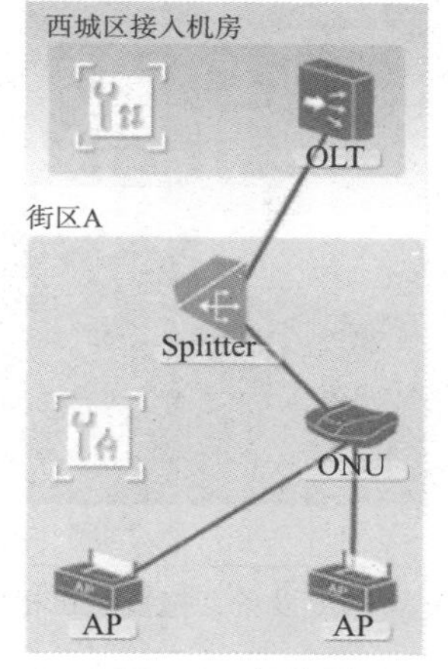

图 2.86　拓扑图</td></tr>
<tr><td>步骤 2</td><td>单击“容量计算”模块，修改西城区街区 A 为步行街场景，然后单击“确定”按钮，如图 2.87 所示。
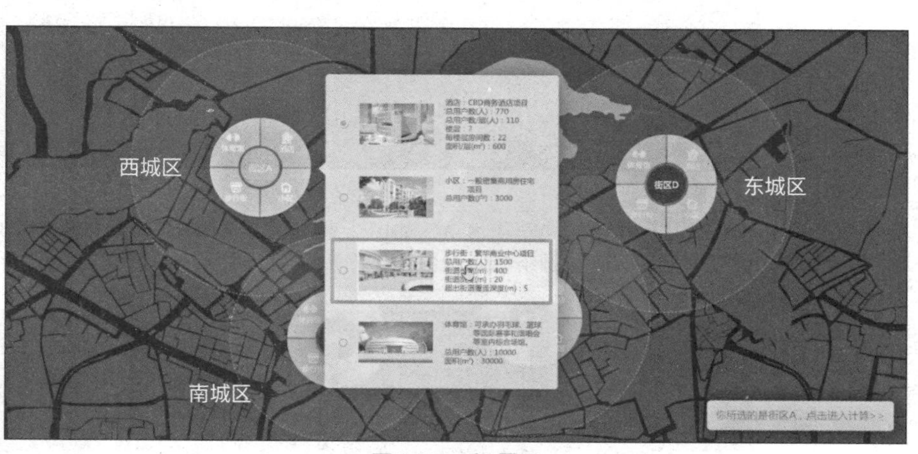

图 2.87　场景图</td></tr>
</table>

续表

<table>
<tr><td>步骤 3</td><td>单击“设备配置”模块，进入西城区接入机房，选择空置机柜，如图 2. 88 所示。

图 2. 88　机房布置图</td></tr>
<tr><td>步骤 4</td><td>在设备池中选取大型 OLT 设备，拖拽至机柜中，如图 2. 89 所示。
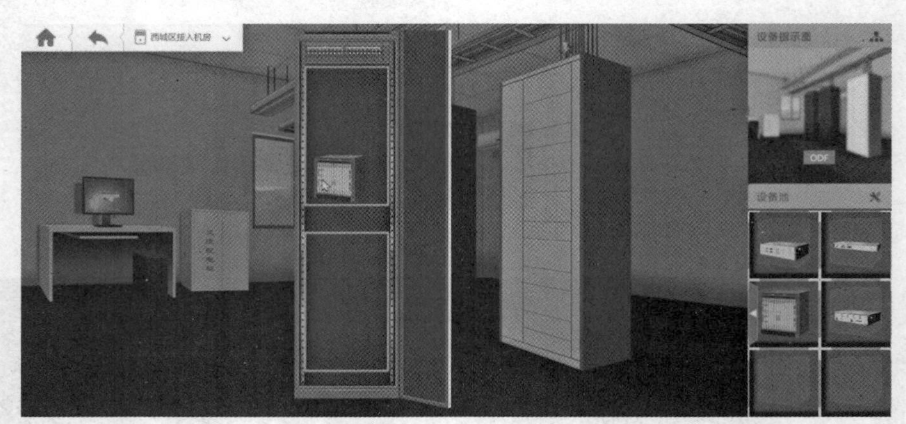

图 2. 89　机柜图</td></tr>
<tr><td>步骤 5</td><td>由西城区接入机房转换至街区 A，如图 2. 90 所示，根据任务要求的 FTTB 场景，选择楼宇内的光交接箱放置光网络单元设备（ONU）。

图 2. 90　街区图</td></tr>
</table>

续表

<table>
<tr><td>步骤 6</td><td>首先在设备池内选择分光比为 1∶32 的分光器，放置在左侧的光交接箱内，如图 2. 91 所示。
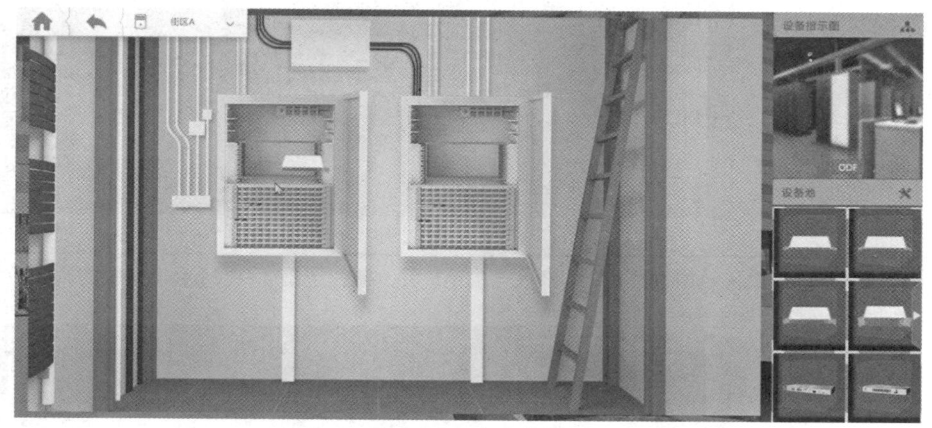
图 2. 91　光交接箱</td></tr>
<tr><td>步骤 7</td><td>接下来在设备池内选择 24 端口的大型 ONU，放置在右侧的光交接箱内，如图 2. 92 所示。

图 2. 92　光交接箱</td></tr>
</table>

续表

步骤 8	返回街区 A，单击图 2.93 所示中间一层建筑物位置，进入步行街。  图 2.93　步行街场景
步骤 9	在设备池内选择定向 AP 或全向 AP 后，拖拽至图 2.94 所示半空中的圆圈位置。 图 2.94　AP 位置图
步骤 10	接下来，要把各个设备进行连接，顺序依次为 OLT→分光器→ONU→AP。
步骤 11	在线缆池内选择单根 SC－FC 光纤 SC-FC光纤 ，光纤的一端连接在 OLT 设备的 3 号槽位的 GPON_1 端口上，另一端连接在 ODF 的 3T 端口上，如图 2.95 和图 2.96 所示。 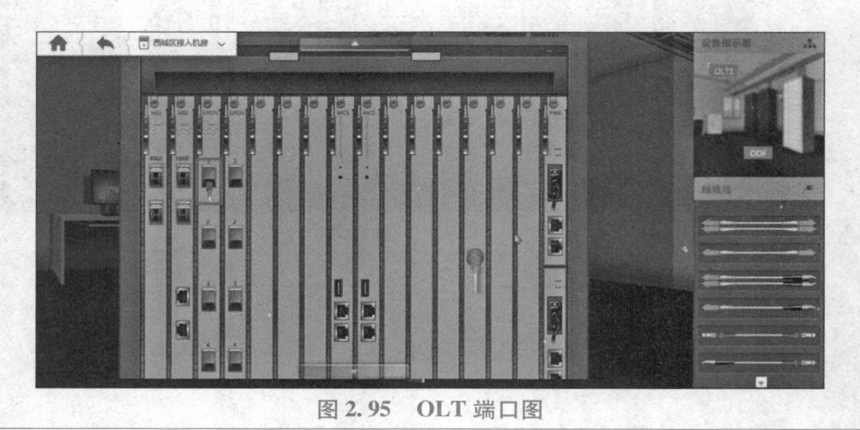 图 2.95　OLT 端口图

续表

步骤 11	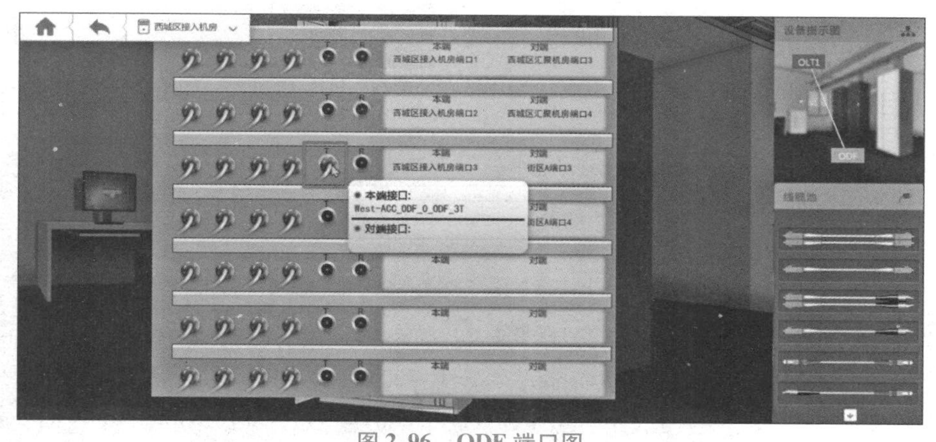 图 2.96　ODF 端口图
步骤 12	切换至街区 A，在线缆池内选择单根 SC－FC 光纤，光纤的一端连接在 ODF 的 3R 端口上。另一端连接至分光器的 IN 端口上，如图 2.97 和图 2.98 所示。 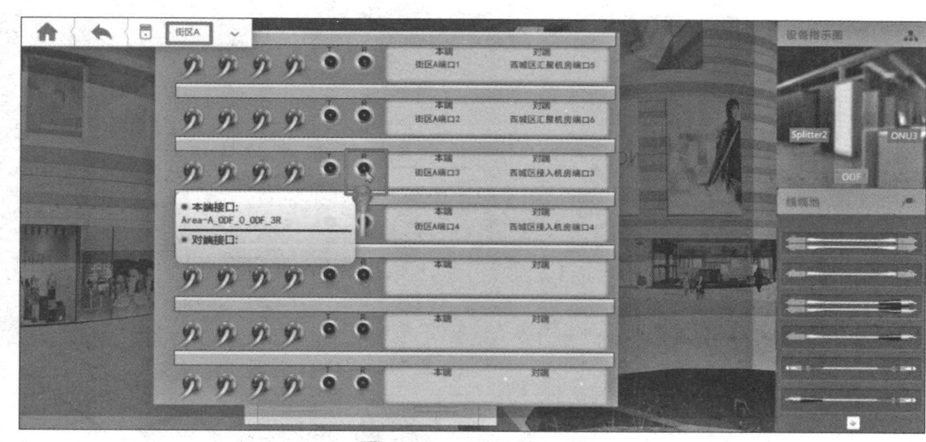 图 2.97　ODF 端口图  图 2.98　分光器端口图

续表

<table>
<tr><td>步骤 13</td><td>在设备池内选择单根 SC - SC 光纤 ，一端连接在分光器输出端的 1 号端口上，另一端连接在 ONU 的 PON 端口上，如图 2.99 和图 2.100 所示。
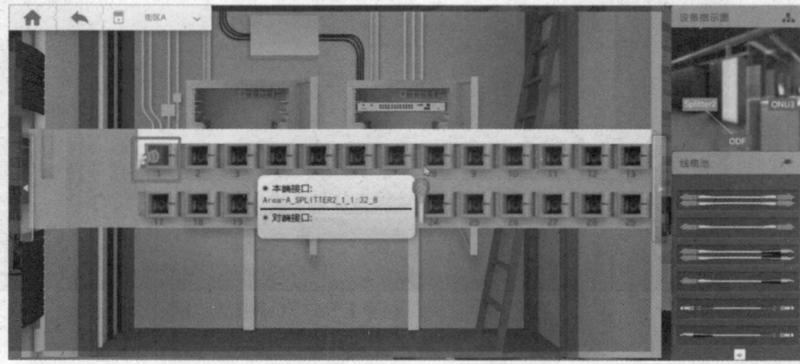
图 2.99　分光器端口图
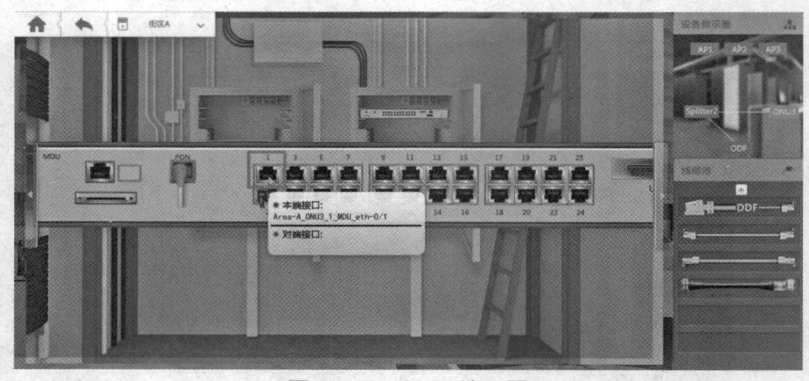
图 2.100　ONU 端口图</td></tr>
<tr><td>步骤 14</td><td>在设备池内选择“以太网线” ，一端连接在 ONU 的 eth_0/1 端口上，另一端连接在 AP 的以太网口上，如图 2.101 和图 2.102 所示。

图 2.101　ONU 端口图</td></tr>
</table>

续表

<table>
<tr><td>步骤 14</td><td>

图 2.102　AP 与天线端口图</td></tr>
<tr><td>步骤 15</td><td>接下来，要通过天线跳线

把 AP 与天线相连。连接时要注意 AP 与天线的频段及端口一一对应，一共需要 4 条天线跳线。以 2.4 GHz 频段的 A 端口为例，如图 2.103 所示。

图 2.103　AP 与天线端口图</td></tr>
<tr><td>步骤 16</td><td>重复操作步骤 14 的内容，将余下的 2 个 AP 与 ONU 相连，分别连接至 ONU 的 eth_0/2 和 eth_0/3 端口上，如图 2.104 所示。

图 2.104　ONU 端口图</td></tr>
</table>

续表

步骤 17	重复操作步骤 15 的内容，将余下的 2 个 AP 与天线相连。
步骤 18	在业务调测模块内可以观察到西城区接入机房和 A 街区的连接，如图 2. 105 所示。 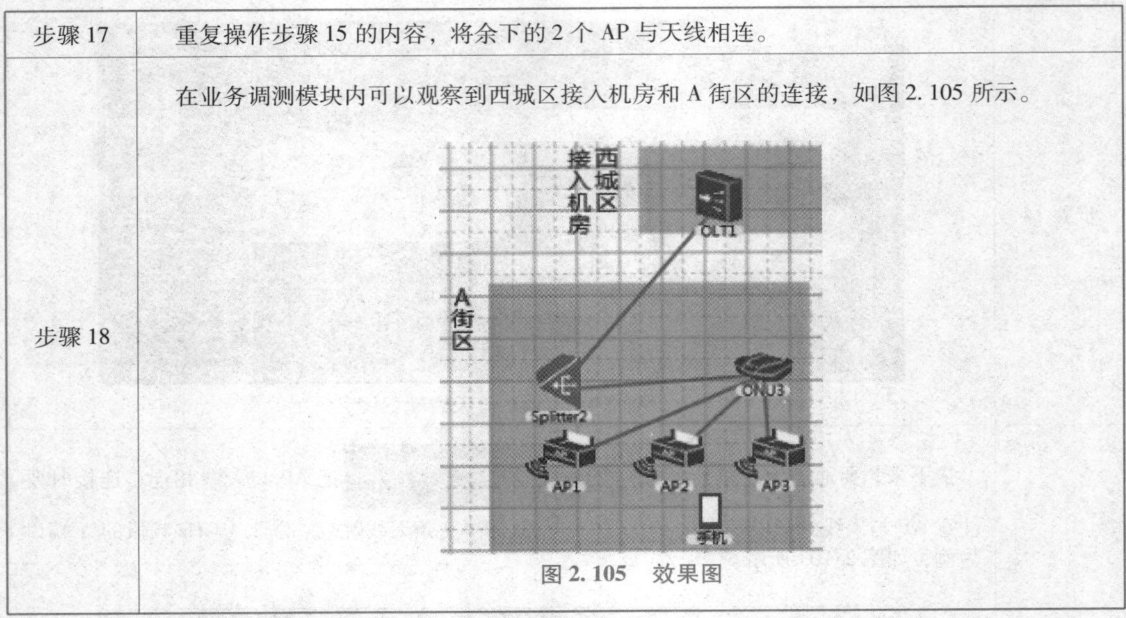 图 2. 105　效果图

任务三（8） PON 网络的 FTTH 场景搭建

任务描述	万绿市南城区 B 街区为新建设完成的住宅小区。此小区是密集商品房住宅，总用户数为 3 000 人，所以要求接入机房采用 PON + FTTH 的场景模式。
任务分析	1. 确定接入端用户的数量，选择合适的分光器及 ONU。 2. 选择好 ONU 设备放置区域。
任务实施	
步骤 1	根据任务描述规划的拓扑结构如图 2. 106 所示。 图 2. 106　拓扑图

续表

步骤 2	单击“容量计算”模块，修改南城区街区 B 为小区场景，然后单击“确定”按钮，如图 2.107 所示。 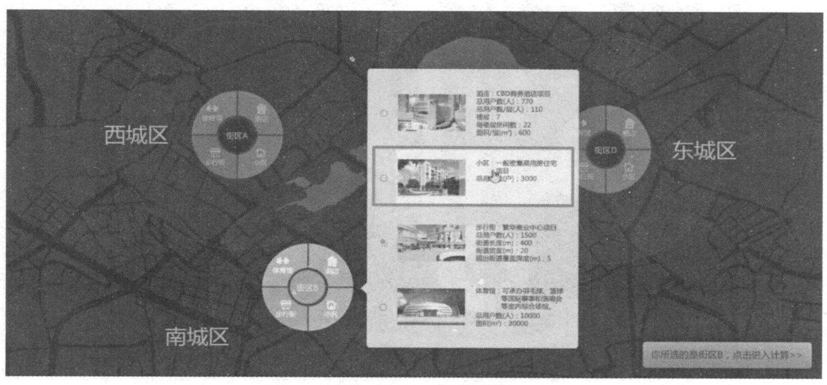 图 2.107　场景图
步骤 3	单击“设备配置”模块，进入南城区接入机房，选择空置机柜，如图 2.108 所示。  图 2.108　机房布置图
步骤 4	在设备池中选取大型 OLT 设备，拖拽至机柜中，如图 2.109 所示。  图 2.109　机柜图

续表

<table>
<tr><td>步骤 5</td><td>由南城区接入机房转换至街区 B，如图 2.110 所示，根据任务要求的 FTTH 场景，选择在楼宇内的光交接箱放置分光器。

图 2.110　小区场景</td></tr>
<tr><td>步骤 6</td><td>首先在设备池内选择分光比为 1∶16 的分光器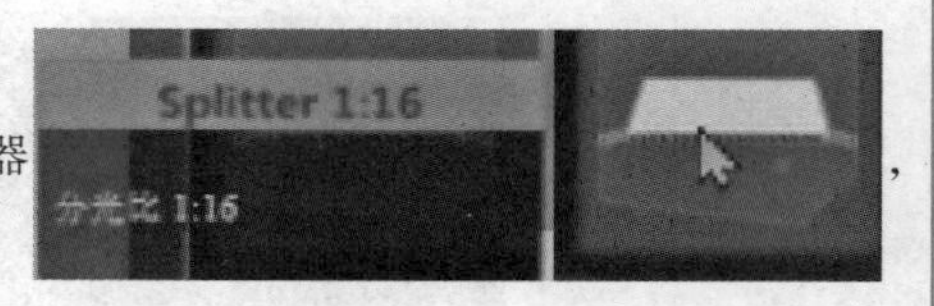，放置在左侧的光交接箱内，如图 2.111 所示。
图 2.111　光交接箱</td></tr>
</table>

续表

步骤 7	接下来需要把 ONU 放置在房间内完成 FTTH 场景。在设备池内选择小型 ONU，放置在房间的书桌上，如图 2. 112 和图 2. 113 所示。  图 2. 112　小区场景 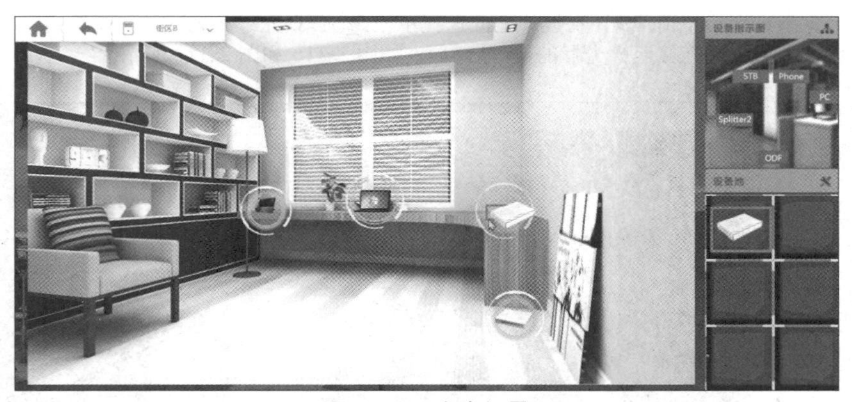 图 2. 113　室内场景
步骤 8	把各个设备进行连接，顺序依次为 OLT→分光器→ONU→用户终端设备。
步骤 9	在线缆池内选择单根 SC－FC 光纤 SC-FC光纤，光纤的一端连接在 OLT 设备的 3 号槽位的 GPON_1 端口上，另一端连接在 ODF 的 3T 端口上，如图 2. 114 和图 2. 115 所示。 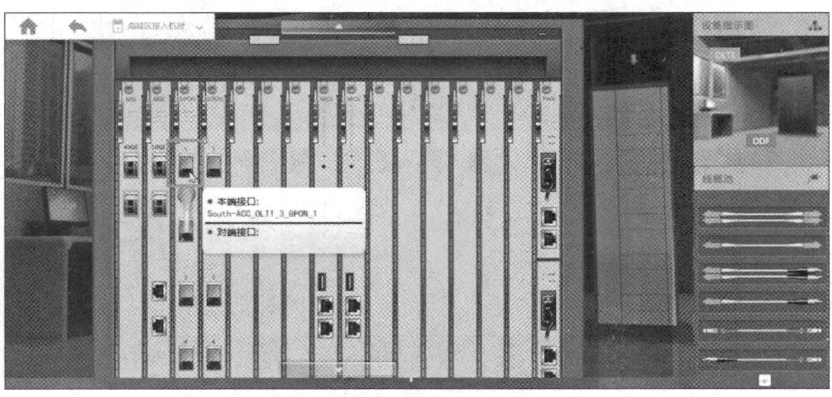 图 2. 114　OLT 端口图

续表

步骤 9	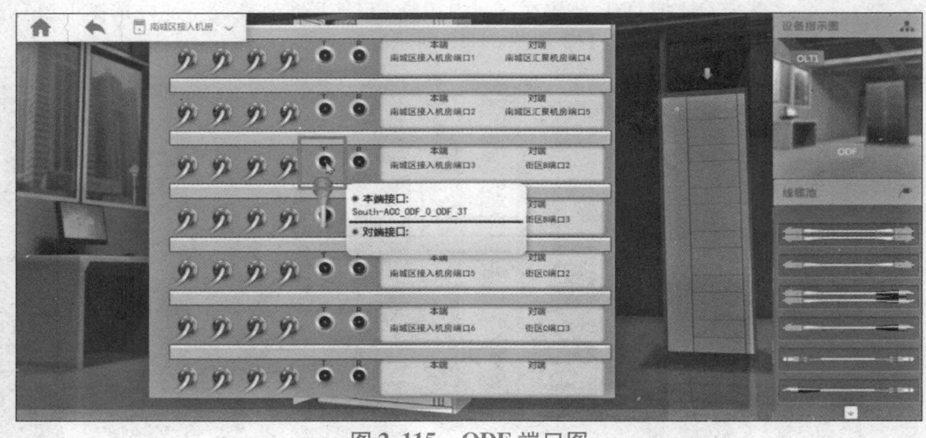 图 2.115　ODF 端口图
步骤 10	切换至街区 B，在线缆池内选择单根 SC－FC 光纤，光纤的一端连接在 ODF 的 2R 端口上，另一端连接至分光器的 IN 端口上，如图 2.116 和图 2.117 所示。 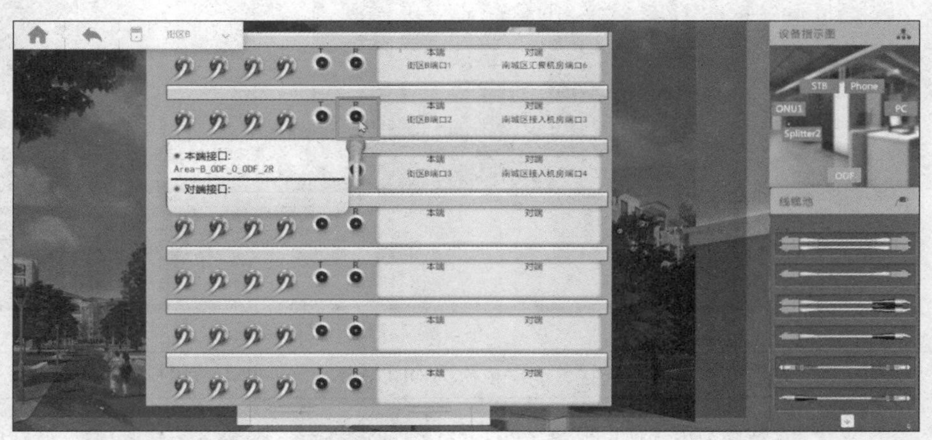 图 2.116　ODF 端口图  图 2.117　分光器端口图

续表

步骤 11	在设备池内选择单根 SC - SC 光纤，一端连接在分光器输出端的 1 号端口上，另一端连接在 ONU 的 PON 端口上，如图 2.118 和图 2.119 所示。 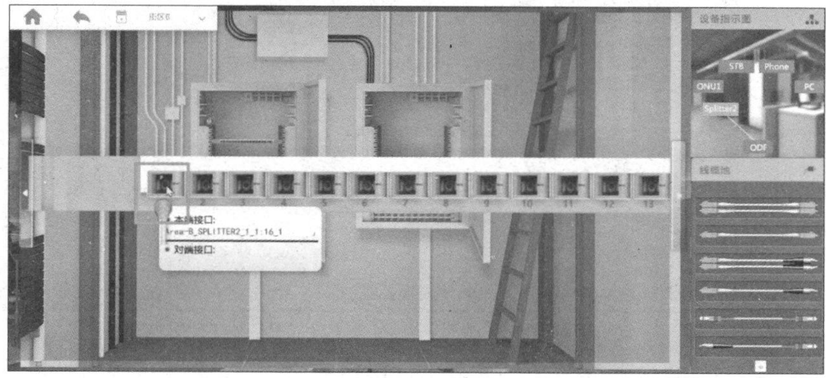 图 2.118　分光器端口图 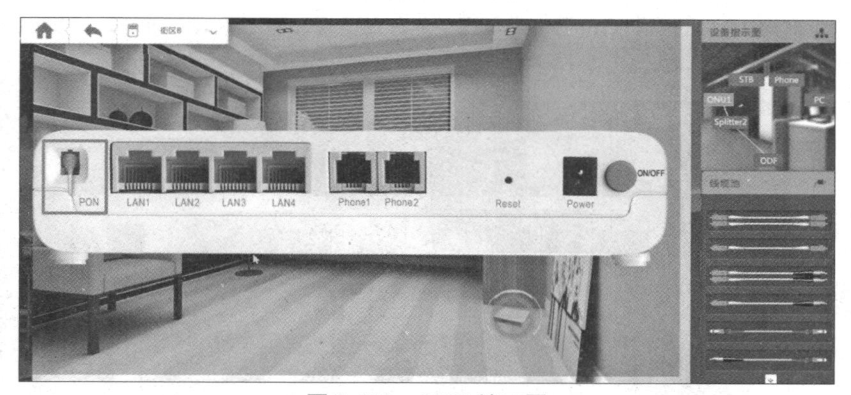 图 2.119　ONU 端口图
步骤 12	在设备池内选择以太网线，一端连接在 ONU 的 LAN1 端口上，另一端连接在电脑（PC）的以太网口上，满足宽带上网业务的需求，如图 2.120 和图 2.121 所示。 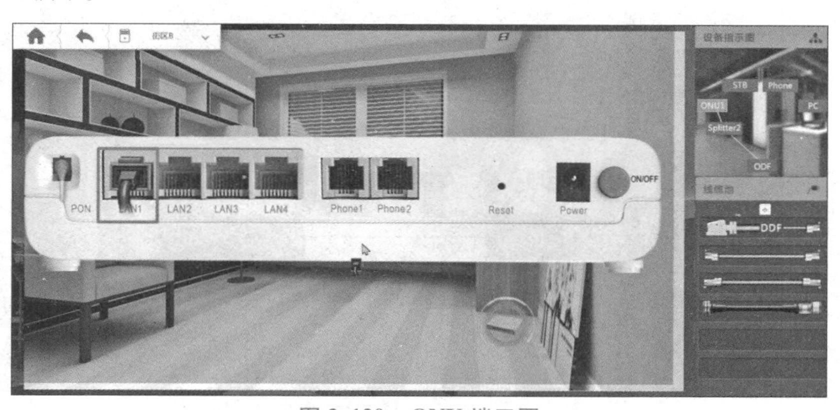 图 2.120　ONU 端口图

续表

<table>
<tr><td>步骤 12</td><td>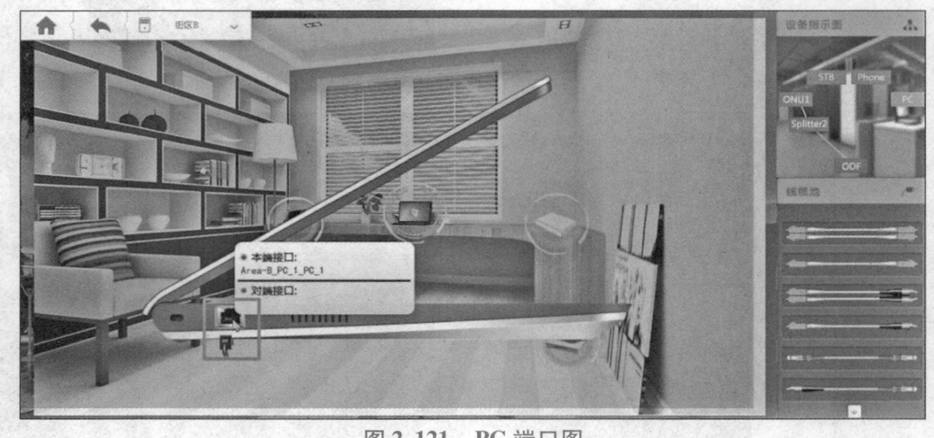

图 2.121　PC 端口图</td></tr>
<tr><td>步骤 13</td><td>在设备池内选择以太网线，一端连接在 ONU 的 LAN2 端口上，另一端连接在机顶盒（STB）的以太网口上，满足视频业务的实现，如图 2.122 和图 2.123 所示。
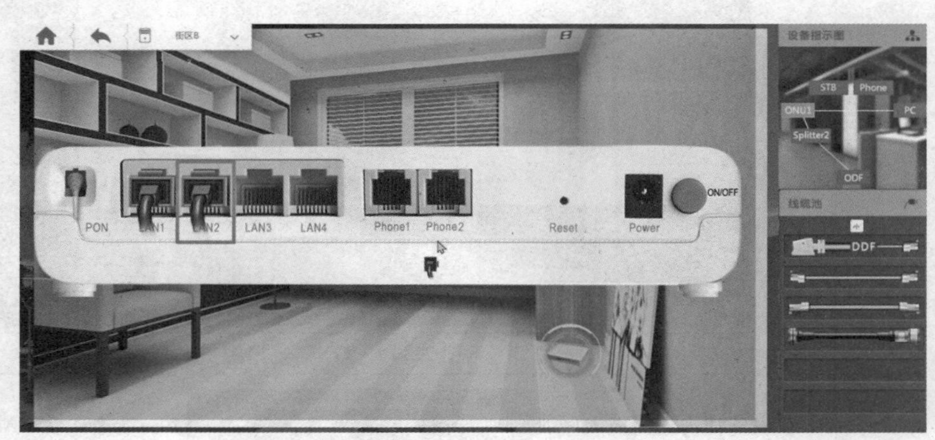

图 2.122　ONU 端口图
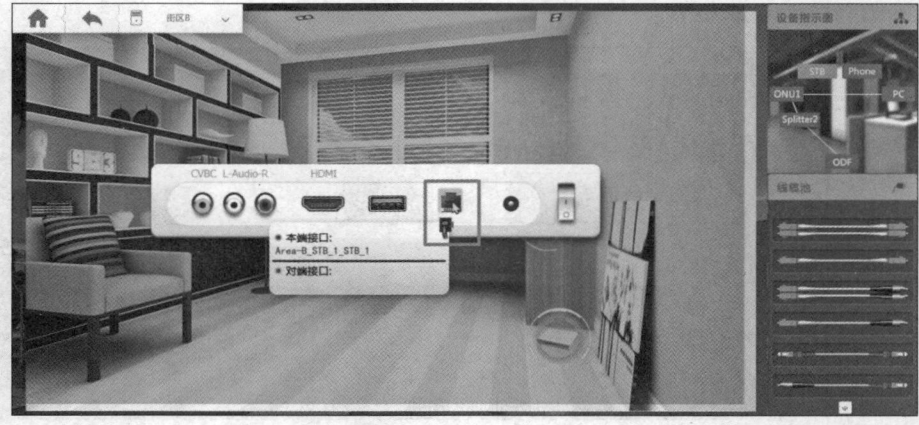

图 2.123　STB 端口图</td></tr>
</table>

续表

<table>
<tr><td>步骤 14</td><td>在设备池内选择 RJ11 电话线 ，一端连接在 ONU 的 Phone1 端口上，另一端连接在电话的 Phone1 端口上，满足语音业务的实现，如图 2.124 和图 2.125 所示。

图 2.124　ONU 端口图

图 2.125　电话端口图</td></tr>
<tr><td>步骤 15</td><td>在业务调测模块内可以观察到南城区接入机房和 B 街区的连接，如图 2.126 所示。
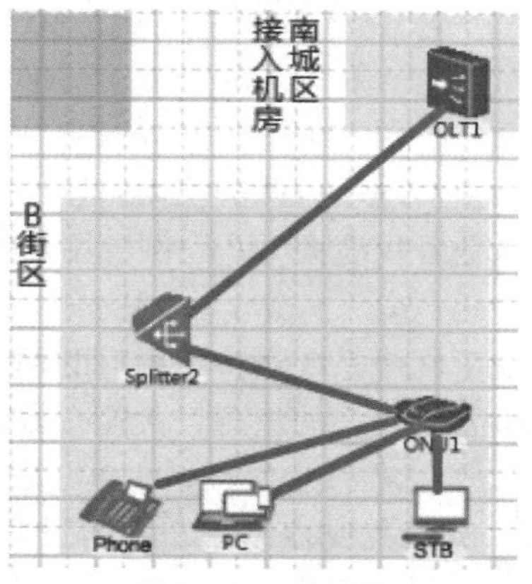
图 2.126　效果图</td></tr>
</table>

项目三 AAA 原理

理论部分

3.1 AAA 概述

3.1.1 背景

随着 Internet 的发展，越来越多的应用通过网络得以实现，拨号用户、专线用户以及各种商用业务的发展使 Internet 面临许多挑战。如何安全、有效、可靠地保证计算机网络信息资源存取及用户如何以合法身份登录、怎样授予相应的权限，又怎样记录用户做过什么的过程成为任何网络服务提供者需要考虑和解决的问题。正是基于此需求，AAA 协议逐渐发展完善起来，成为很多网络设备解决该类问题的标准。

3.1.2 概念介绍

AAA 指的是 Authentication（认证）、Authorization（授权）、Accounting（计费）。自网络诞生以来，认证、授权以及计费体制（AAA）就成为其运营的基础。网络中各类资源的使用，需要由认证、授权和计费进行管理。

1. 认证（Authenicatin）

用户在使用网络系统中的资源时对用户身份的确认。这一过程通过与用户的交互获得身份信息（例如：用户名 - 口令组合、生物特征获得等），然后提交给认证服务器；后者对身份信息与存储在数据库里的用户信息进行核对处理，然后根据处理结果确认用户身份是否正确。例如：网络接入服务器（NAS）能够识别接入的宽带用户。

2. 授权（Authorization）

网络系统授权用户以特定的方式使用其资源。这过程指定了被认证的用户在接入网络后能够使用的业务和拥有的权限，如授予的 IP 地址等。以 GSM 移动通信系统为例，认证通过的合法用户，其业务权限（是否开通国际电话主叫业务等）则是用户和运营商在事前已经协议确立的。

3. 计费（Accounting）

网络系统收集、记录用户对网络资源的使用，以便向用户收取资源使用费用，或者用于审计等目的。以互联网接入业务供应商 ISP 为例，用户的网络接入使用情况可以按流量或者时间被准确记录下来。

认证、授权和计费实现了网络系统对特定用户的网络资源使用情况的准确记录。这样既在一定程度上有效地保障了合法用户的权益，又能有效保障网络系统安全、可靠地运行。

3.1.3 通用框架

AAA 通过认证、授权、计费集成控制用户在自己特定角色、特点所遵循的原则与在该原则下如何访问多个网络及特定网络下的某个平台或某种应用服务。通常意义上的 AAA 服务器都具有用户认证、授权以及收集用户使用情况的相关数据的功能。对一个服务提供商来说，这样的AAA服务器应该有一个应用型的特定模式的应用界面（接口），通过这个界面（接口）的服务必须获得授权。在实际使用中，AAA服务器都带有一个用户数据库（可以是某系统用户数据库或独立的数据库系统），这个数据库中含有用户的初始化信息，它可以反映合法的属性值以及每个用户所享有的权限。通过它和客户端软件的数据交流来实施相关操作。

认证通过终端用户的识别属性来判定它是否有进入网络的权限。终端用户一般需要提供一个用户名（该用户名在这个认证系统中应该是唯一的）和对应该用户名的口令。AAA服务器将用户提交的信息和储存在数据库的与用户相关联的信息进行比较，如果匹配成功，此次登录生效，否则拒绝用户请求。

当用户通过认证以后，授权就决定了该用户访问网络的权限范围及所享有的服务。包括为用户提供一个IP地址及支持一些应用与协议。在AAA管理模式下，认证和授权通常可以一起执行。

计费提供了收集用户使用网络资源情况信息的方法。通过该类数据的收集，可以提供网络审查、发展以及结构调整的一些依据。

图2.127显示AAA解决方案的各个组成部分。多个服务器可以共同被用来作为一个存储中心进行存储和分发信息。

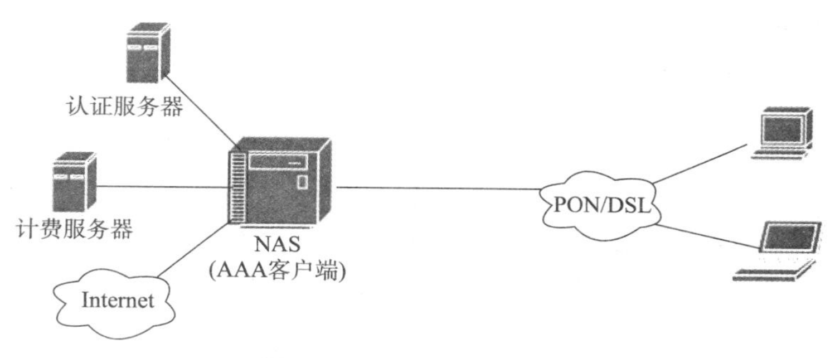

图2.127　AAA通用框架图

NAS（网络访问服务器）有时可能是一台路由器，或一台终端服务器，或是另一台的主机。它主要作为一个网络的入口，在AAA服务器模式下承担客户端的功能。一个AAA的工作过程可以分为如下几步。

①终端用户给AAA客户端（即NAS）设备发出需要和网络连接的请求。

②AAA客户端提示用户输入用户名和口令并收集与转发该信息给AAA服务器。

③AAA服务器执行程序（和数据库信息匹配）后，将结果返回给NAS，结果可能是接收、拒绝或其他相关信息。

④AAA客户端将通知结果发送给终端用户。

⑤如果认证通过，用户就可以获得上网权限。

3.1.4　AAA实现技术

目前有多种AAA实现技术，每种技术都有其优缺点和不同的使用场景。比较流行的AAA技术有Kerberos、TACACS+、Radius、Diameter。

其中Diameter系列协议是新一代的AAA技术，由于其强大的可扩展性和安全保证，正在得到越来越多的关注。Diameter 协议的实现和 Radius 类似，也是采用 AVP，属性值采用三元组形式来实现，Diameter 协议中详细规定了错误处理、failover 机制，采用 TCP，支持分布式计费，克服了 Radius 的许多缺点，是最适合未来移动通信系统的 AAA 协议。但目前还没有被广泛应用。

Kerberos 是一种网络认证协议，其设计目标是通过密钥系统为客户机/服务器应用程序提供强大的认证服务。该认证过程的实现不依赖于主机操作系统的认证，无须基于主机地址的信任，不要求网络上所有主机的物理安全，并假定网络上传送的数据包可以被任意地读取、修改和插入数据。在以上情况下，Kerberos 作为一种可信任的第三方认证服务，是通过传统的密码技术（如共享密钥）执行认证服务的。但 Kerberos 只支持认证，应用得不是很多。

TACACS + 和 Radius 都支持 AAA，而 TACACS + 协议除了提供 Radius 认证协议提供的集中认证功能外，还能完成集中的授权功能。用户在网络设备上每执行一条命令，网络设备都将向指定的 TACACS + 服务器发送命令授权请求，只有接收授权成功的响应报文才执行用户输入的命令。TACACS + 服务器也可以在用户成功登录网络设备后，将该用户可执行的命令集下发给网络设备，由网络设备自己来判断用户输入的命令是否在可执行的命令集中。不过 TACACS + 是 CISCO 专有协议，所以没有被广泛使用。

3.2 BRAS 原理

3.2.1 概述

由于 Internet 用户爆炸性增长和多媒体业务应用的不断深入，使得整个通信行业发生了翻天覆地的变化，出现了各种宽带接入技术，同时，网络业务也由简单的窄带话音业务发展到宽带的数据业务。Internet 带宽的增加及广泛应用使得 IP 通信量在不远的将来会远远超过话音业务收入。

在这种情况下，保障用户的带宽、提高网络安全、达到电信网所要求的故障检测和性能检测能力是宽带接入设备需要迫切解决的问题。用户对网络带宽、服务和计费方式提出了比以往更高的要求。为了适应整个社会因特网经济发展的趋势，满足用户的需求，网络运营商在使用新的技术提高网络带宽的同时，更需要提高对网络的管理，使网上运行设备具有快速的业务投放和灵活的用户管理能力。此时，服务运营商选择网上宽带运行设备的具体要求为：用户所需业务的提供方式要简单、高效；用户业务汇聚容易；对于用户群拓展和业务投放策略能够进行有效的控制。

BRAS 设备主要提供对 DSL 用户的计费、后台管理等功能（BRAS 连接 Radius 服务器、用户数据库服务器）；具有路由功能的 BRAS 设备位于骨干网的边缘层或城域网的汇聚层；提供大量宽带用户的接入，易于快速扩容和增加新功能，可支持 ADSL、LAN、无线接入等多种接入方式，满足各种不同类型的运营商和服务提供商的需要；具有简单、高效、统一的用户管理模式，提供灵活的多种认证、计费和管理方法。此外，BRAS 设备支持 IPVPN 服务、构建企业内部 Internet、支持 ISP 向用户批发业务等应用。

3.2.2 BRAS 业务类型

对于一个 BRAS 设备，它关键的功能特性包含以下几项：

①动态用户接入（动态分配地址）。

②静态用户接入（静态分配地址）。

③用户的认证、计费和授权。

④动态 VLAN 接入。

1. 动态用户接入

动态用户即地址是动态分配的用户。当前 BRAS 业务支持的动态用户主要有 IPoE 用户（DHCP 接入）、PPPoE 用户、VPDN 用户。

2. 静态用户接入

静态用户即使用固定 IP 地址的用户，其地址不是动态分配的，而是用户手动配置的，用户通过认证上线后即可进行各类网络活动。用户下线后，该 IP 地址为之保留，待下次上线后继续使用。BRAS 业务中的静态用户称为 IP－HOST 用户。

用户的认证、计费和授权针对动态用户和静态用户的认证、计费和授权主要有 LOCAL 和 RADIUS 两种方式。

3. 动态 VLAN 接入

由于业务应用的多样化，运营商对于二层以太接入网的 VLAN 规划也越来越复杂，所以，以往的手工静态配置下发接口（VLAN 信息）的方式就显得非常不灵活。而且对于设备本身来说，静态配置也大大浪费了设备的内存空间，所以考虑实现用户侧接口动态下发接口（VLAN 信息），以方便配置和管理。

3.3 Radius 协议

3.3.1 Radius 协议概述

Radius 是英文 Remote Authentication Dial in User Service 的缩写，是网络接入服务器（NAS）、客户以及包含用户认证与配置信息的服务器之间信息交换的标准客户机/服务器模式。Radius 是一种 C/S 结构的协议，它的客户端最初就是 NAS，现在任何运行 Radius 客户端软件的计算机都可以成为 Radius 的客户端。Radius 协议认证机制灵活，可以采用 PAP、CHAP 或者 UNIX 登录认证等多种方式。Radius 是一种可扩展的协议，它进行的全部工作都是基于 Attribute－Length－Value 的向量进行的。Radius 的基本工作原理是：Radius 客户端将认证等信息按照协议的格式通过 UDP 包送到服务器，同时，对服务器返回的信息解释处理，将处理结果通知用户，如图 2.128 所示。

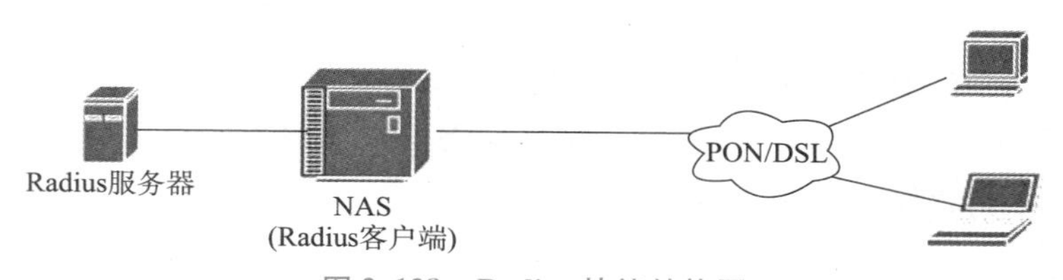

图 2.128 Radius 协议结构图

3.3.2 Radius 协议主要特性

Radius 是一种流行的 AAA 协议，同时，其采用的是 UDP 传输模式。Radius 协议在协议栈中位置如图 2. 129 所示。

Radius	
UDP	TCP
IP	
PPP	Ether

图 2. 129　Radius 协议位置图示

Radius 协议选择 UDP 作为传输层协议出于如下考虑。

①NAS 和 Radius 服务器之间传递的一般是几十至上百个字节长度的数据，用户可以容忍几秒到十几秒的验证等待时间。当处理大量用户时，服务器端采用多线程，UDP 简化了服务器端的实现过程。

②TCP 必须在成功建立连接后才能进行数据传输，这种方式在有大量用户使用的情况下实时性不好。

③当向主用服务器发送请求失败后，还必须向备用的服务器发送请求。于是 Radius 要有重传机制和备用服务器机制，而 TCP 不能满足 Radius 协议的定时要求。

1. 客户机/服务器模式

Radius 采用客户机/服务器（Client/Server）结构。

①Radius 的客户端通常运行于网络接入服务器（NAS）上，Radius 服务器通常运行于一台工作站上，一个 Radius 服务器可以同时支持多个 Radius 客户（NAS）。

②Radius 的服务器上存储着大量的信息，接入服务器（NAS）无须保存这些信息，而是通过 Radius 协议对这些信息进行访问。这些信息的集中统一的保存，使得管理更加方便，而且更加安全。

Radius 服务器可以作为一个代理，以客户的身份同其他的 Radius 服务器或者其他类型的验证服务器进行通信。用户的漫游通常就是通过 Radius 代理实现的。

2. 网络安全

Radius 协议的加密是使用 MD5 加密算法进行的，在 Radius 的客户端（NAS）和服务器端（Radius Server）保存了一个密钥（key），Radius 协议利用这个密钥使用 MD5 算法对 Radius 中的数据进行加密处理。密钥不会在网络上传送。Radius 的加密主要体现在两方面。

①包加密：在 Radius 包中，有 16 字节的验证字（authenticator）用于对包进行签名，收到 Radius 包的一方要查看该签名的正确性。如果包的签名不正确，那么该包将被丢弃，对包进行签名时，使用的也是 MD5 算法（利用密钥），没有密钥的人是不能构造出该签名的。

②口令加密：在认证用户时，用户的口令不会在网上明文传送，而是使用了 MD5 算法对口令进行加密。没有密钥的人是无法正确加密口令的，也无法正确地对加密过的口令进行解密。

3. 灵活认证机制

Radius 协议允许服务器支持多种验证方式，例如 PPP 的 PAP 和 CHAP、UNIX 登录以及其他认证机制。通常的 Radius 服务器都支持 PAP，但有些 Radius 服务器不支持 CHAP，原因在于有些 Radiuis 服务器在保存用户的口令时是加密保存的。而要验证一个 CHAP 用户的合法性，必须能够获得该用户的明文口令才行。

4. 协议可扩展性

Radius 协议具有很好的扩展性。Radius 包是由包头和一定数目的属性构成的。新属性的增加不会影响到现有协议的实现。通常的 NAS 厂家在生产 NAS 时，还同时开发与之配套的 Radius 服务器。为了提供一些功能，常常要定义一些非标准的（RFC 上没有定义过的）属性。关于各个厂家有哪些扩展的属性，一般可以从相应的 Radius 服务器的字典（dictionary）文件中找到。

3.3.3　Radius 工作流程

Radius 是一个典型的 C/S 结构，采用请求应答的方式进行交互。图 2.130 所示是 Radius 的认证计费处理流程图。

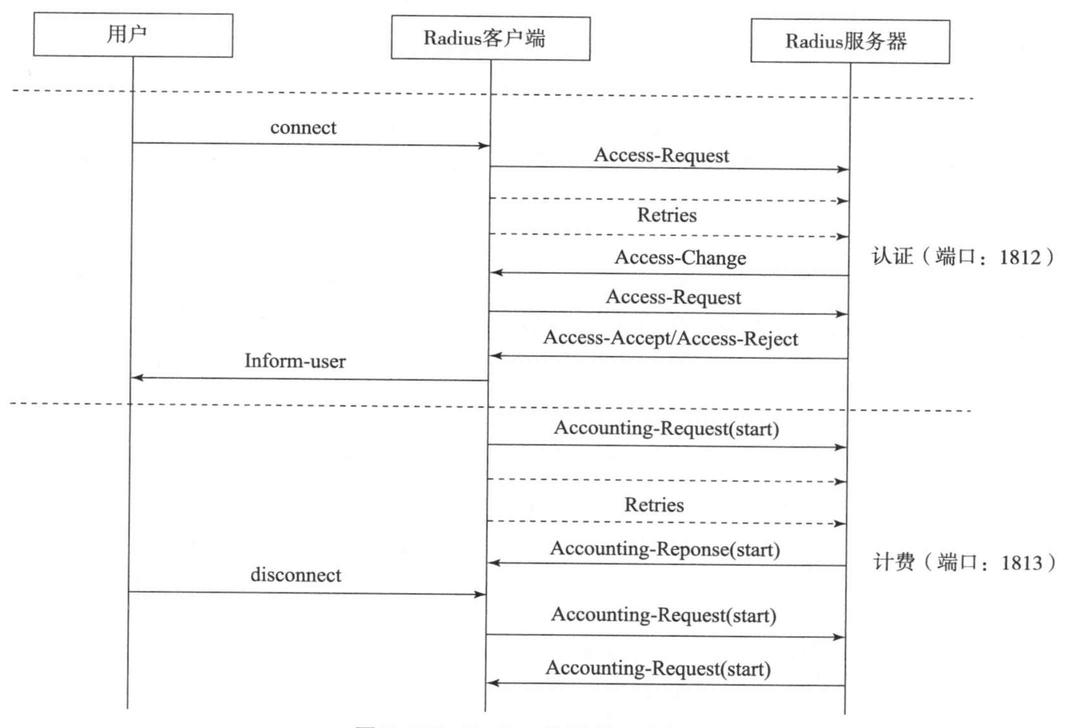

图 2.130　Radius 协议处理流程图

①网络用户登录网络时，访问服务器（Radius 客户机）会有一个客户定义的 Login 提示符要求用户直接输入用户信息（用户名和口令），或者通过 PPP 要求远程的登录用户输入用户信息，发起接入请求。

②采用 Radius 验证的接入服务器在得到用户信息后，将根据 Radius 标准规定的格式，向 Radius 服务器发出 Access－Request 访问请求包。包中包括以下 Radius 属性值：用户名、用户口令、接入服务器的 ID、访问端口的 ID。其中的用户口令采用 MD5 加密处理。

③接入服务器在发出 Access－Request 包之后，会引发计时器和计数器。当超过重发时间间隔时，计时器会激发接入服务器重发 Access－Request 包。当超过重发次数时，计数器会激发接入服务器向网络中的其他备份 Radius 服务器发出 Access－Request 包。（注：具体的重发机制，各家厂商的 Radius 服务器的处理方法不同。）

④当 Radius 服务器收到 Access－Request 包后，首先验证接入服务器的 Secret 与 Radius 服务器中预先设定的 Secret 是否一致，以确认是所属的 Radius 客户（接入服务器）送来的 Access－Request 包。在查验了包的正确性之后，Radius 服务器会依据包中的用户名在用户数据库中查询是否有此用户记录。若有此用户的数据库记录，Radius 服务器会根据数据库中

用户记录的相应验证属性对用户的登录请求做进一步的验证。其中包括用户口令、用户登录访问服务器的 IP、用户登录的物理端口号等。

⑤若以上提到的各类验证条件不满足，Radius 服务器会向接入服务器发出 Access – Reject 访问拒绝包。接入服务器在收到拒绝包后，会立即停止用户连接端口的服务要求，用户被强制 Log – Out。

⑥当所有的验证条件和握手会话均通过后，Radius 服务器会将数据库中的用户配置信息放在 Access – Accept 包中送回给访问服务器，后者会根据包中的配置信息限定用户的具体网络访问能力。包括服务类型 SLIP、PPP、Login User、Rlogin、Framed、Callback 等，还包括与服务类型相关的配置信息 IP 地址、电话号码、时间限制等。

⑦如果用户可以访问网络，Radius 客户要向 Radius 服务器发送一个计费开始请求包，表明对该用户已经开始计费，Radius 服务器收到并成功记录该请求包后要给予响应。

⑧当用户断开连接时（连接也可以由接入服务器断开），Radius 客户向 Radius 服务器发送一个计费停止请求包，其中包含用户上网所使用网络资源的统计信息（上网时长、进出的字节包数等），Radius 服务器收到并成功记录该请求包后要给予响应。

操作部分

任务一（9） AAA 系统的搭建

任务描述	万绿市南城区建设完成后，需要架设 AAA 系统，具备授权、计费、认证的功能。
任务分析	1. 核心层需要架设 AAA 服务器和 Portal 服务器。 2. 传输层需要架设 BRAS 服务器。
任务实施	
步骤 1	根据任务描述，设计拓扑图如图 2.131 和表 2.6 所示。在核心层 Server 机房内放置 AAA 服务器和 Portal 服务器，在传输层南城区汇聚机房内放置 BRAS 服务器。 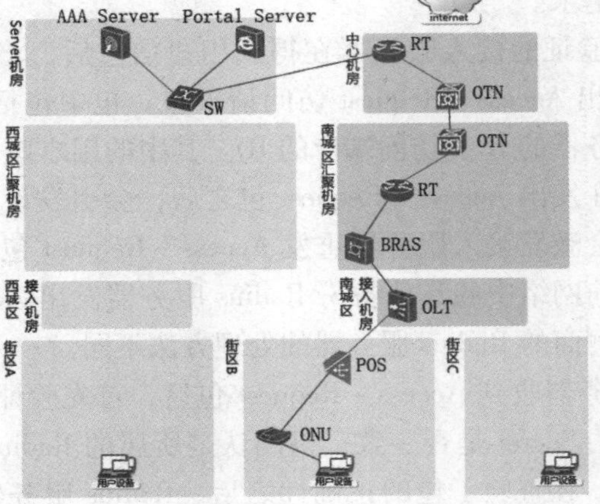 图 2.131　拓扑图

续表

<table>
<tr><td>步骤 1</td><td>

表 2.6　数据规划表

<table>
<tr><th>本端设备</th><th>端口</th><th>对端设备</th><th>端口</th></tr>
<tr><td>AAA 服务器</td><td>10GE－1/1</td><td rowspan="3">Server 机房 SW（小）</td><td>10GE－1/1</td></tr>
<tr><td>Portal 服务器</td><td>10GE－1/1</td><td>10GE－1/2</td></tr>
<tr><td rowspan="2">中心机房 RT（中）</td><td>10GE－6/1</td><td>10GE－1/3</td></tr>
<tr><td>40GE－1/1</td><td rowspan="2">南城区汇聚 RT（中）</td><td>40GE－1/1</td></tr>
<tr><td>南城区汇聚</td><td>40GE－1/1</td><td>40GE－2/1</td></tr>
<tr><td>BRAS（大）</td><td>40GE－2/1</td><td>南接入 OLT（大）</td><td>40GE－1/1</td></tr>
</table>

</td></tr>
<tr><td>步骤 2</td><td>

单击“设备配置”模块，进入 Server 机房，在设备池内选取 AAA 服务器 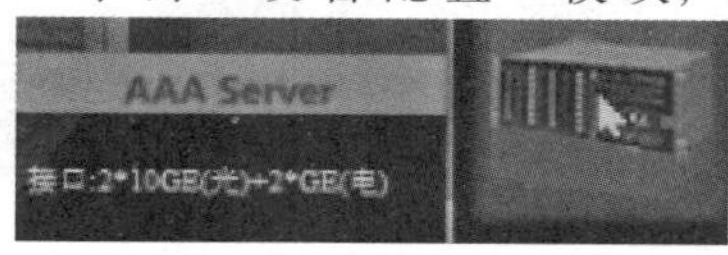

放入机柜内，如图 2. 132 所示。

图 2. 132　机柜图

</td></tr>
<tr><td>步骤 3 </td><td>

再次从设备池内选取 Portal 服务器 

放入机柜内，如图 2. 133 所示。

图 2. 133　机柜图

</td></tr>
</table>

续表

<table>
<tr>
<td>步骤 4</td>
<td>从设备池内选取小型交换机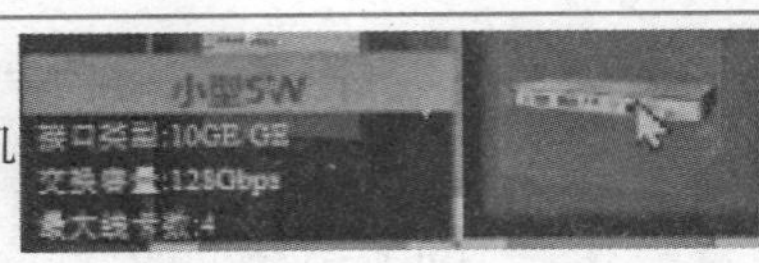放置在另一个机柜中，如图 2. 134 所示。

图 2. 134　机柜图</td>
</tr>
<tr>
<td>步骤 5</td>
<td>由 Server 机房退出，进入中心机房放置路由器和 OTN 设备。根据传输带宽的需求，在设备池内选择一台中型路由器及一台中型 OTN 设备，最大接口类型为 40GE。将两台设备由设备池拖拽至机柜内安放。安放完成后，设备指示图处有显示，如图 2. 135 所示。

图 2. 135　机柜图</td>
</tr>
<tr>
<td>步骤 6</td>
<td>由中心机房退出，进入南城区汇聚机房后，进行步骤 5 同样的操作，添加中型路由器及中型 OTN 设备，如图 2. 136 所示。

图 2. 136　机柜图</td>
</tr>
</table>

续表

<table>
<tr><td>
步骤 7</td><td>继续在设备池内选取大型 BRAS 设备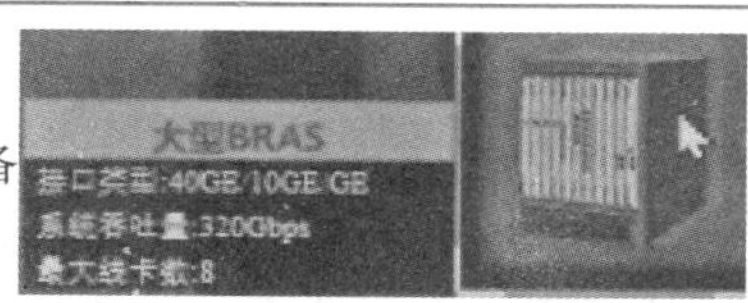，并将 BRAS 设备放置在机柜内，如图 2.137 所示。

图 2.137　机柜图</td></tr>
<tr><td>步骤 8</td><td>由南城区汇聚机房退出，进入南城区接入机房，选择空置机柜，如图 2.138 所示。

图 2.138　机房布置图</td></tr>
<tr><td>步骤 9</td><td>在设备池中选取大型 OLT 设备，拖拽至机柜中，如图 2.139 所示。

图 2.139　机柜图</td></tr>
</table>

续表

步骤 10	由南城区接入机房转换至街区 B，在设备池内选择分光比为 1∶16 的分光器，放置在楼宇内左侧的光交接箱内，如图 2. 140 所示。  图 2. 140　光交接箱
步骤 11	在设备池内选择小型 ONU，放置在房间的书桌上，如图 2. 141 所示。 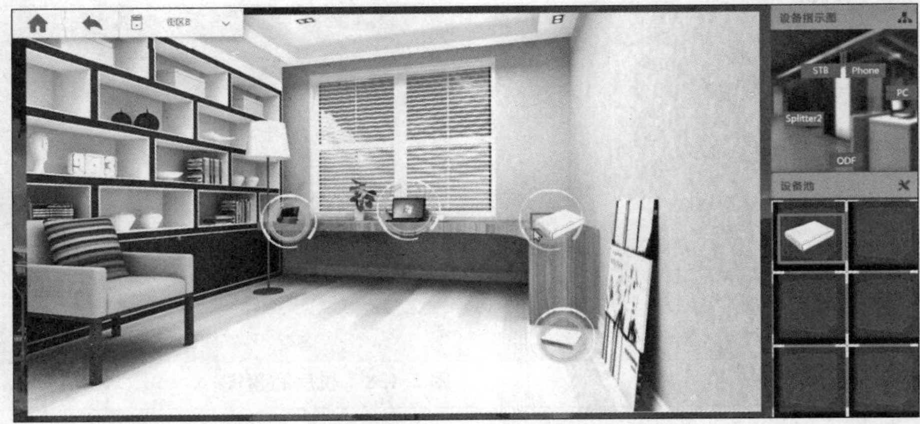 图 2. 141　房间布置图
步骤 12	到此为止，所需的设备均放置在拓扑图内的指定位置上。接下来，需要把设备之间的线缆连接上。连接的顺序依次为：Server 机房的 AAA 服务器/Portal 服务器→Server 机房的交换机（SW）→中心机房的路由器（RT）→中心机房的 OTN→南城区汇聚机房的 OTN→南城区汇聚机房的路由器（RT）→南城区汇聚机房的 BRAS→南城区接入机房的 OLT→街区 B 的分光器→街区 B 的 ONU→电脑。

续表

步骤 13	单击“设备配置”模块，进入 Server 机房，从线缆池选取成对 LC－LC 光纤，一端连接在 AAA 服务器的 10GE_1 号端口上，另一端连接在小型交换机 SW 的 10GE_1 端口上，如图 2.142 和图 2.143 所示。 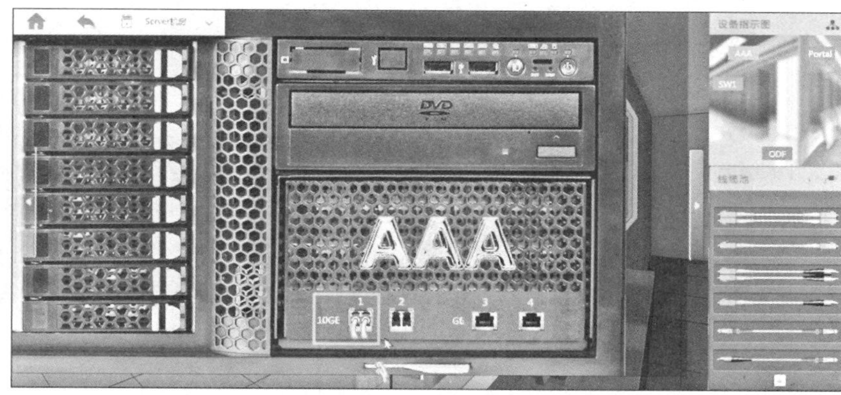 图 2.142　AAA 端口图  图 2.143　交换机端口图
步骤 14	从线缆池选取成对 LC－LC 光纤，一端连接在 Portal 服务器的 10GE_1 号端口上，另一端连接在小型交换机 SW 的 10GE_2 端口上，如图 2.144 和图 2.145 所示。  图 2.144　Portal 端口图

续表

<table>
<tr><td>步骤 14</td><td>
图 2.145　交换机端口图</td></tr>
<tr><td>步骤 15</td><td>从线缆池选取成对 LC－FC 光纤，一端连接在小型交换机 SW 的 10GE_3 端口上，另一端连接在 ODF 的 1T1R 端口上，如图 2.146 和图 2.147 所示。

图 2.146　交换机端口图

图 2.147　ODF 端口图</td></tr>
</table>

续表

<table>
<tr>
<td>步骤 16</td>
<td>进入中心机房，从线缆池选取成对 LC－FC 光纤，一端连接在 ODF 的 1T1R 端口上，另一端连接在中型路由器 RT6 号槽位的 10GE_6/1 端口上，如图 2.148 和图 2.149 所示。
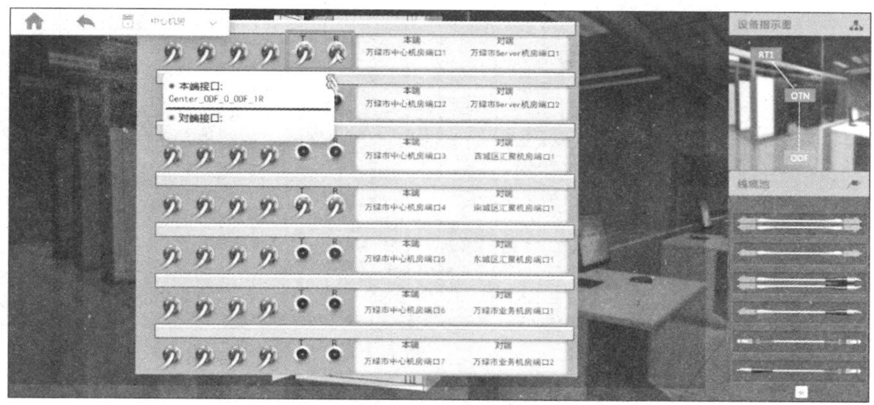

图 2.148　ODF 端口图

图 2.149　路由器端口图</td>
</tr>
<tr>
<td>步骤 17</td>
<td>在线缆池内选择成对 LC－LC 光纤，光纤的一端连接到路由器 RT1 的 40GE_1/1 端口上，另一端连接到 OTN15 号槽位的 OTU40G_C1TC1R 端口上，如图 2.150 和图 2.151 所示。
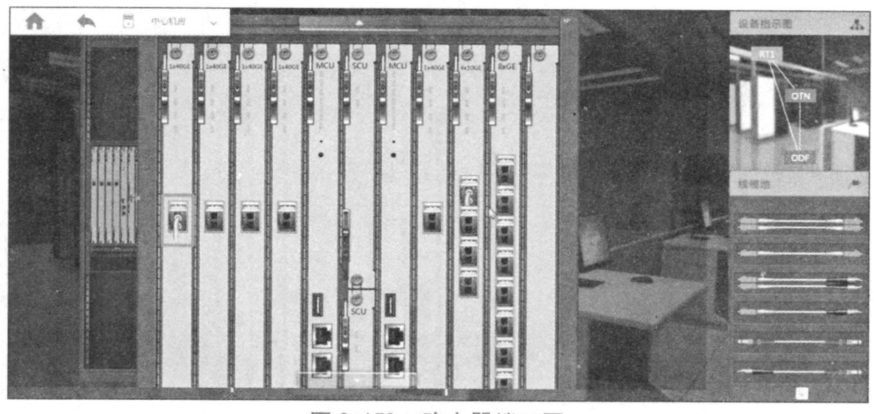

图 2.150　路由器端口图</td>
</tr>
</table>

续表

步骤 17	 图 2.151　OTN 端口图
步骤 18	在右侧线缆池内选取单根 LC－LC 光纤，一端连接到 OTN 设备 15 号槽位的 OTU40G_L1T 端口上，另一端连接到 OTN12 号槽位的 OMU10C_CH1 端口上，如图 2.152 所示。  图 2.152　OTN 端口图
步骤 19	在右侧线缆池内重新选取单根 LC－LC 光纤，一端连接到 OTN12 号槽位的 OMU10C_OUT 端口上，另一端连接到 OTN11 号槽位的 OBA_IN 端口上，如图 2.153 所示。  图 2.153　OTN 端口图

续表

步骤 20	在右侧线缆池内重新选取单根 LC－FC 光纤，一端连接在 OTN11 号槽位的 OBA_OUT 端口上，然后在设备指示图中单击 ODF 图标，将光纤的另一端连接在 ODF_4T 端口上，如图 2.154 和图 2.155 所示。  图 2.154　OTN 端口图 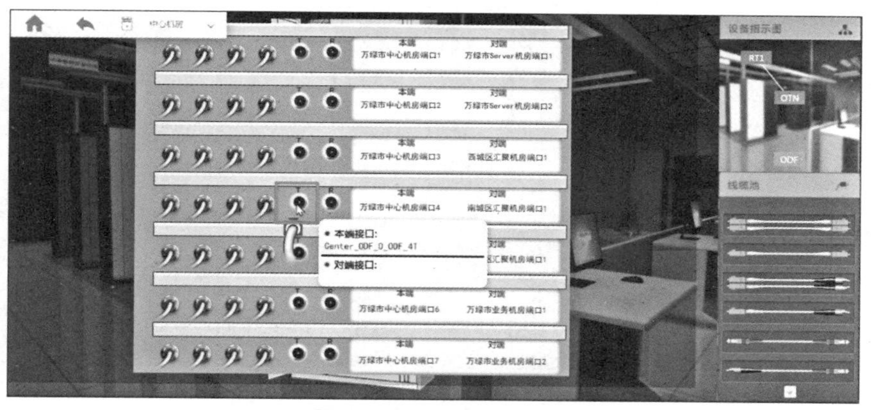 图 2.155　ODF 端口图
步骤 21	在右侧线缆池内选取单根 LC－FC 光纤，一端连接在 ODF_4R 端口上，另一端连接在 OTN 设备 21 号槽位的 OPA_IN 端口上，如图 2.156 和图 2.157 所示。 图 2.156　ODF 端口图

续表

步骤 21	 图 2.157 **OTN** 端口图
步骤 22	在右侧线缆池内重新选取单根 LC－LC 光纤，一端连接到 OTN21 号槽位的 OPA_OUT 端口上，另一端连接到 OTN22 号槽位的 ODU_IN 端口上，如图 2.158 所示。 图 2.158 **OTN** 端口图
步骤 23	在右侧线缆池内重新选取单根 LC－LC 光纤，一端连接到 OTN22 号槽位的 ODU_CH1 端口上，另一端连接到 OTN15 号槽位的 OTU40G_L1R 端口上，如图 2.159 所示。 图 2.159 **OTN** 端口图 到此为止，中心机房的 RT1 与 OTN 设备的连接全部完成。

续表

<table>
<tr><td>步骤 24</td><td>接下来，由中心机房退出，进入南城区汇聚机房，对 RT 和 OTN 设备进行连接。
在右侧线缆池内选取单根 LC－LC 光纤，一端连接到 15 号槽位的 OTU40G_L1T 端口上，另一端连接到 12 号槽位的 OMU10C_CH1 端口上，如图 2.160 所示。
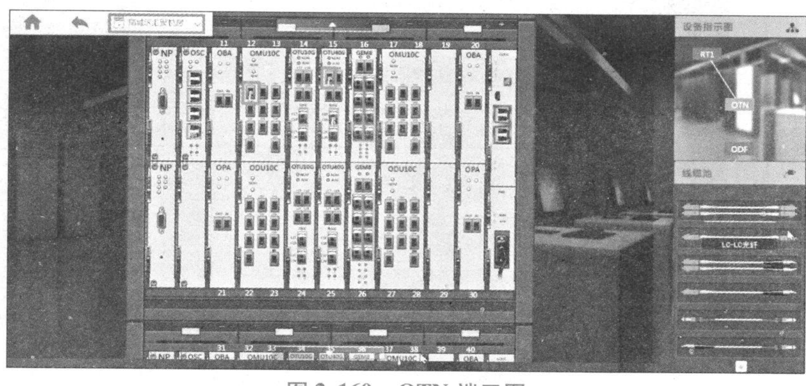
图 2.160　OTN 端口图</td></tr>
<tr><td>步骤 25</td><td>在右侧线缆池内重新选取单根 LC－LC 光纤，一端连接到 12 号槽位的 OMU10C_OUT 端口上，另一端连接到 11 号槽位的 OBA_IN 端口上，如图 2.161 所示。
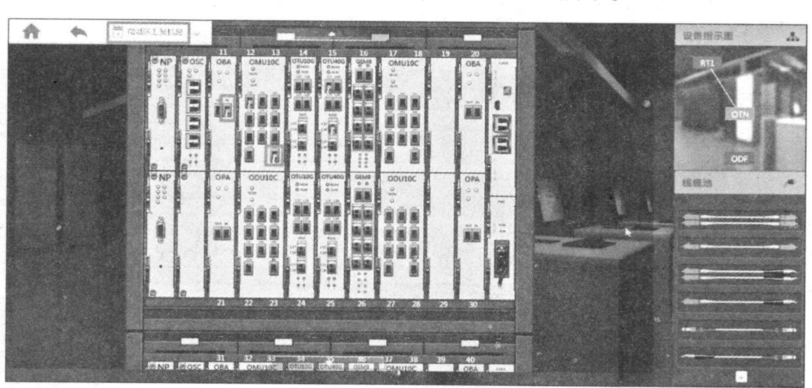
图 2.161　OTN 端口图</td></tr>
<tr><td>步骤 26</td><td>在右侧线缆池内重新选取单根 LC－FC 光纤，一端连接在 11 号槽位的 OBA_OUT 端口上，然后在设备指示图中单击 ODF 图标，将光纤的另一端连接在 ODF_1T 端口上，如图 2.162 和图 2.163 所示。
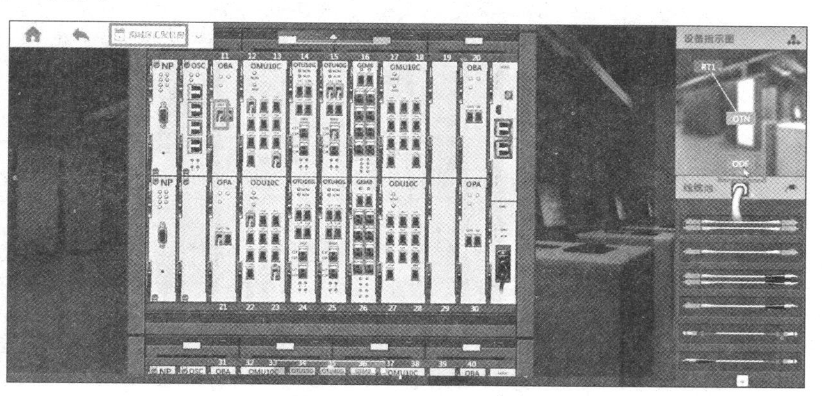
图 2.162　OTN 端口图</td></tr>
</table>

续表

<table>
<tr>
<td>步骤 26</td>
<td>
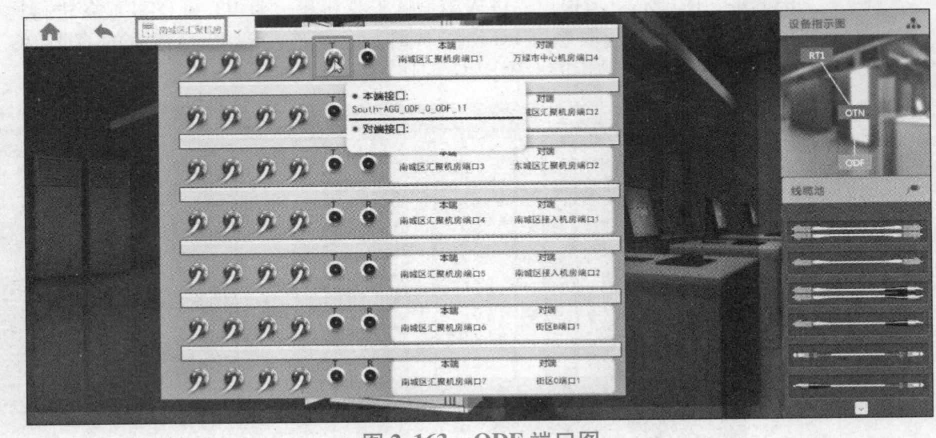

图 2.163　ODF 端口图
</td>
</tr>
<tr>
<td>步骤 27</td>
<td>
在右侧线缆池内选取单根 LC－FC 光纤，一端连接在 ODF_1R 端口上，然后在设备指示图中单击 OTN 图标，将光纤的另一端连接在 OTN 设备 21 号槽位的 OPA_IN 端口上，如图 2.164 和图 2.165 所示。

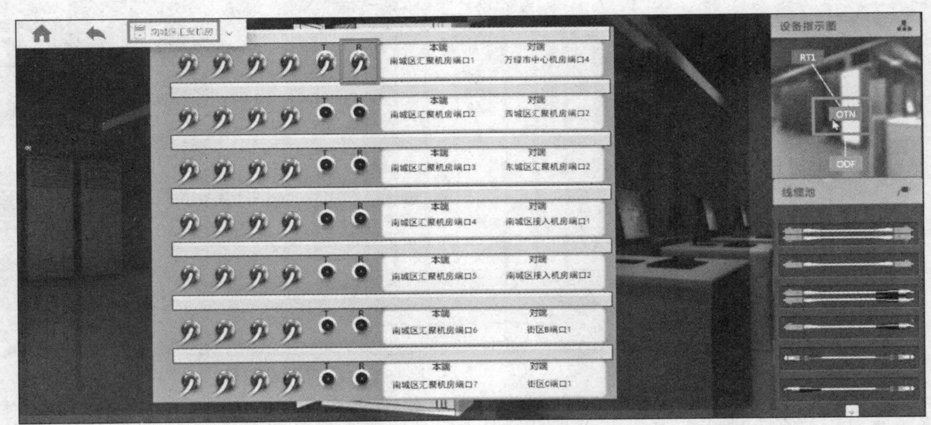

图 2.164　ODF 端口图

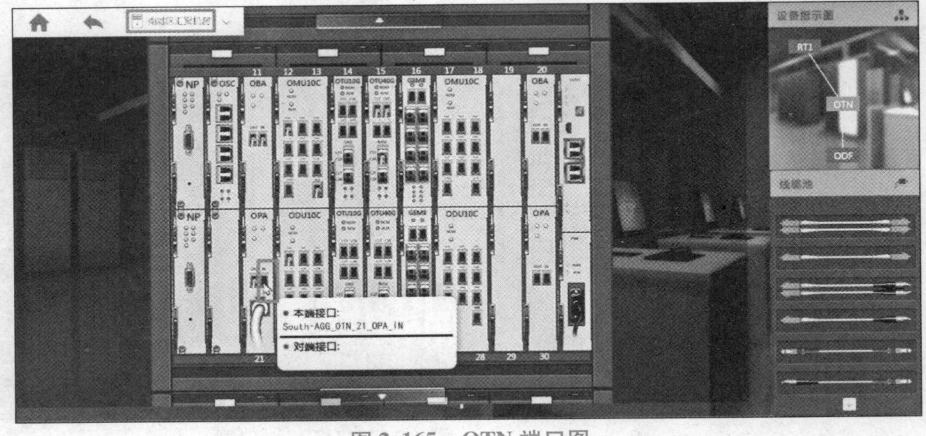

图 2.165　OTN 端口图
</td>
</tr>
</table>

续表

步骤 28	在右侧线缆池内重新选取单根 LC－LC 光纤，一端连接到 21 号槽位的 OPA_OUT 端口上，另一端连接到 22 号槽位的 ODU_IN 端口上，如图 2.166 所示。 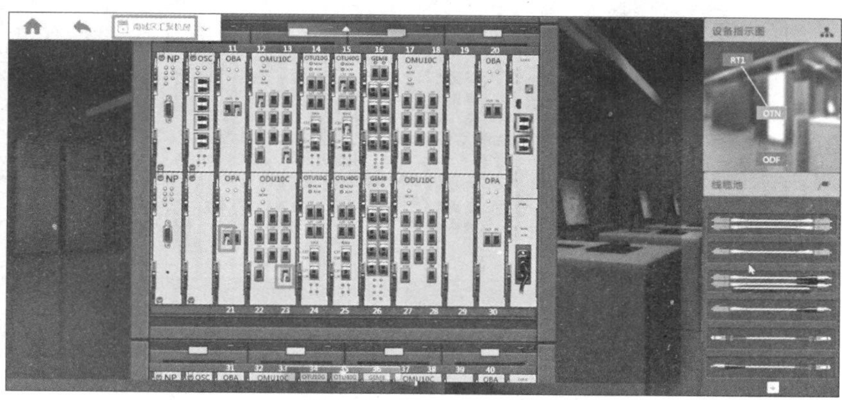 图 2.166　OTN 端口图
步骤 29	在右侧线缆池内重新选取单根 LC－LC 光纤，一端连接到 22 号槽位的 ODU_CH1 端口上，另一端连接到 15 号槽位的 OTU40G_L1R 端口上，如图 2.167 所示。 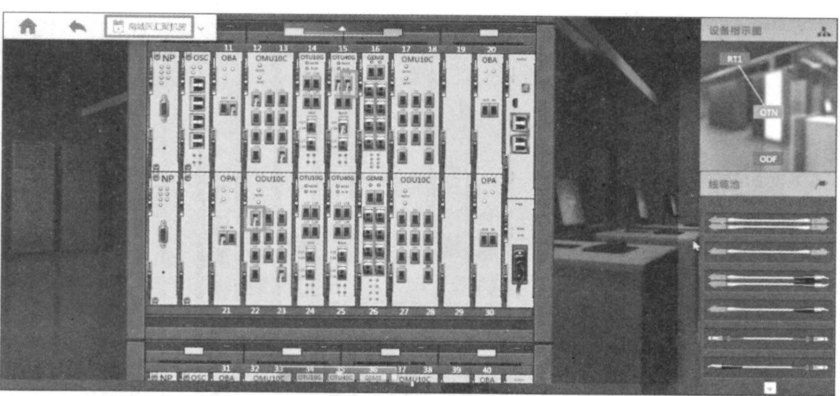 图 2.167　OTN 端口图
步骤 30	接下来，要把南城区汇聚机房的 RT 与 OTN 进行链接。在线缆池内选择成对 LC－LC 光纤，光纤的一端连接到路由器 RT1 的 40GE－1/1 端口上，另一端连接到 OTN 15 号槽位的 OTU40G_C1TC1R 端口上，如图 2.168 和图 2.169 所示。 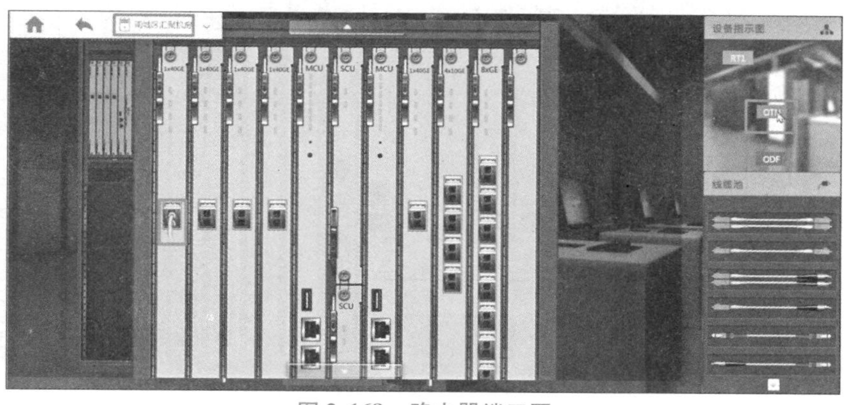 图 2.168　路由器端口图

续表

<table>
<tr><td>步骤 30</td><td>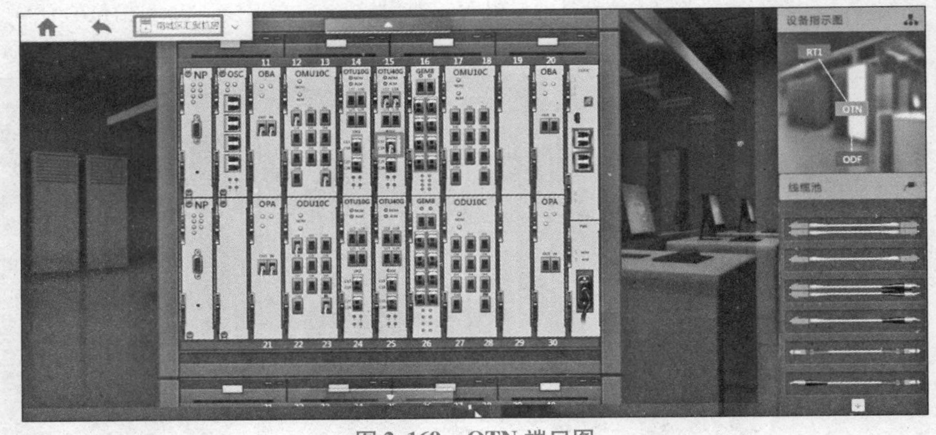

图 2.169　OTN 端口图</td></tr>
<tr><td>步骤 31</td><td>在线缆池内选取成对 LC－LC 光纤，一端连接在路由器 RT 的 40GE_2/1 端口上，另一端连接在 BRAS 的 40GE_1/1 端口上，如图 2.170 和图 2.171 所示。

图 2.170　路由器端口图

图 2.171　BRAS 端口图</td></tr>
</table>

续表

步骤 32	在线缆池内选取成对 LC－FC 光纤，一端连接在 BRAS 的 40GE_2/1 端口上，另一端连接在 ODF 的 4T4R 端口上，如图 2.172 和图 2.173 所示。  图 2.172 BRAS 端口图 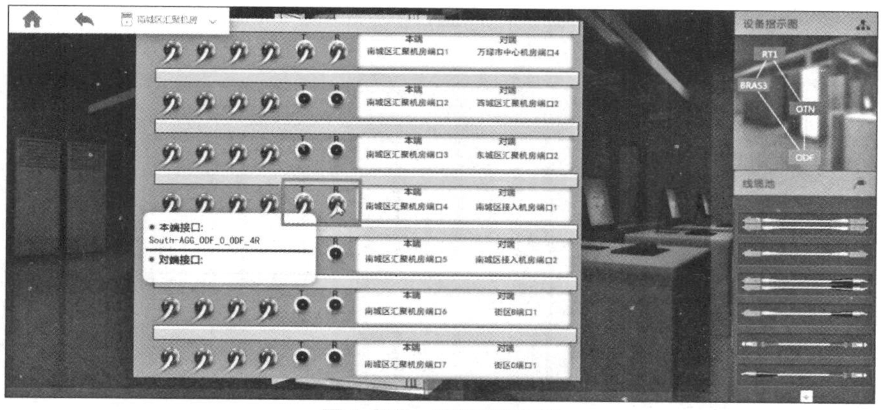 图 2.173 ODF 端口图
步骤 33	由南城区汇聚机房退出，进入南城区接入机房。在线缆池内选取成对 LC－FC 光纤，一端连接在 ODF 的 1T1R 端口上，另一端连接在 OLT 设备 1 号槽位的 40GE_1/1 端口上，如图 2.174 和图 2.175 所示。 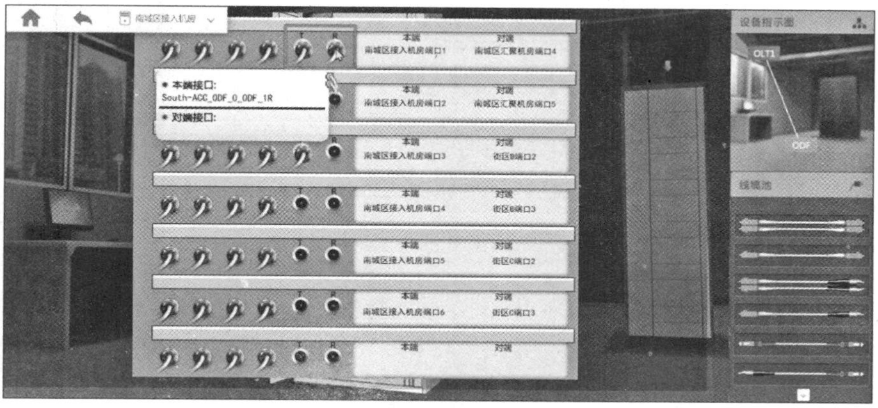 图 2.174 ODF 端口图

续表

<table>
<tr>
<td>步骤 33</td>
<td>

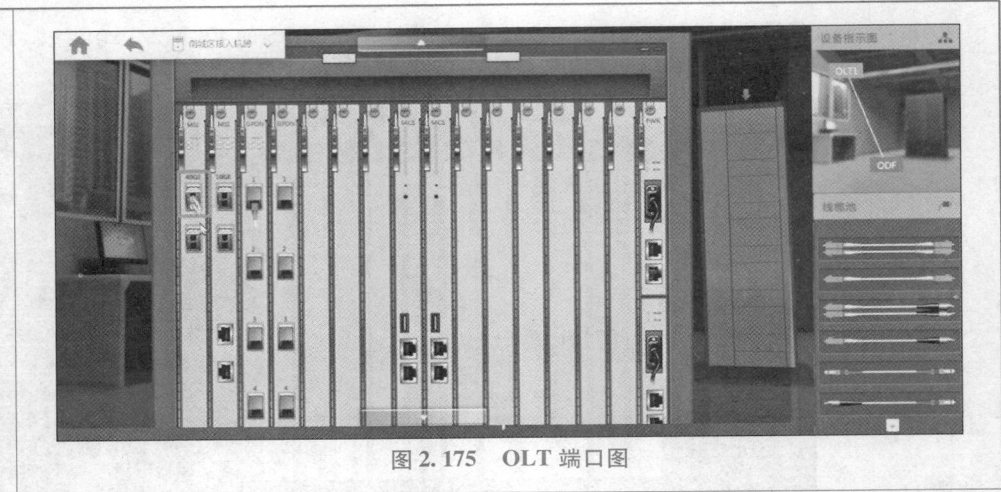

图 2.175　OLT 端口图

</td>
</tr>
<tr>
<td>步骤 34</td>
<td>

在线缆池内选择单根 SC－FC 光纤，光纤的一端连接在 OLT 设备的 3 号槽位的 GPON_1 端口上，另一端连接在 ODF 的 3T 端口上，如图 2.176 和图 2.177 所示。

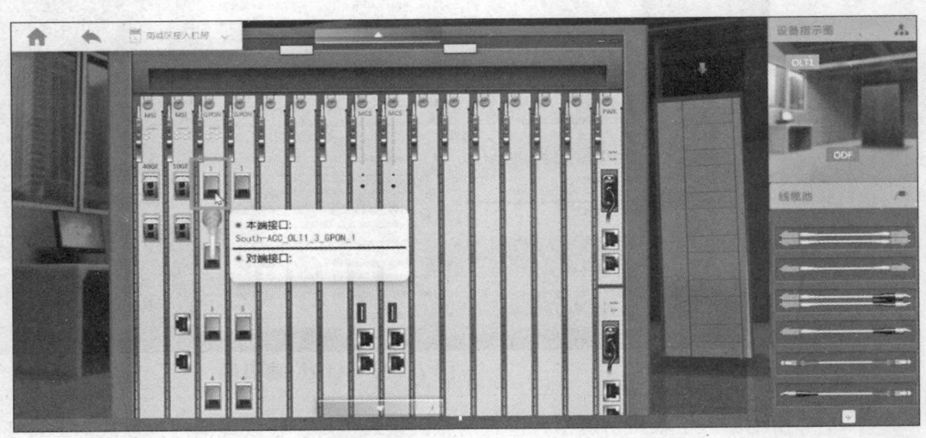

图 2.176　OLT 端口图

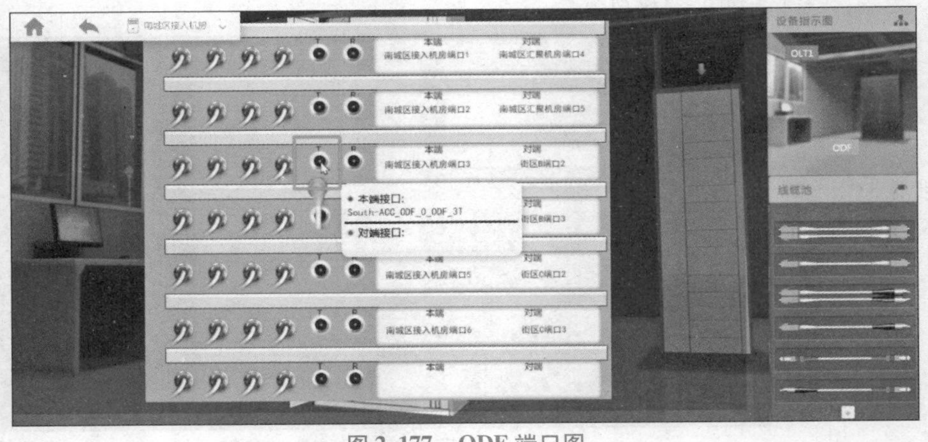

图 2.177　ODF 端口图

</td>
</tr>
</table>

续表

步骤 35	切换至街区 B，在线缆池内选择单根 SC－FC 光纤，光纤的一端连接在 ODF 的 2R 端口上，另一端连接至分光器的 IN 端口上，如图 2.178 和图 2.179 所示。 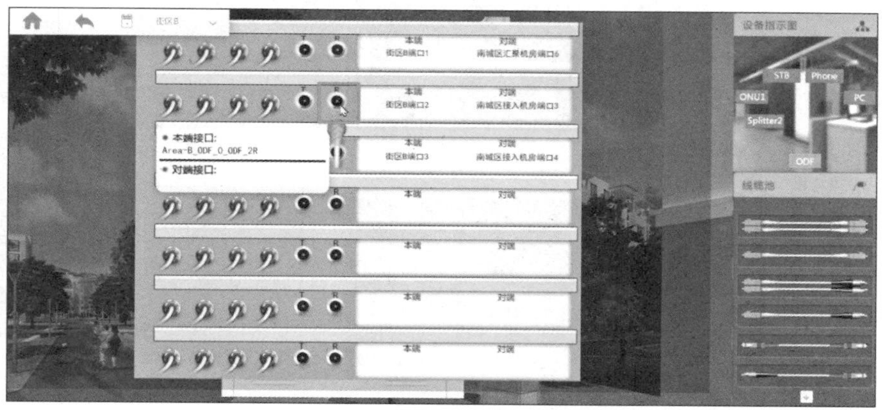 图 2.178　ODF 端口图 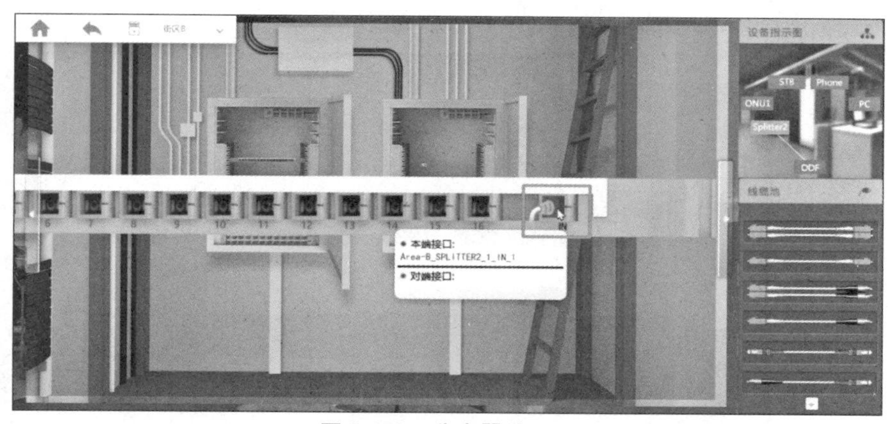 图 2.179　分光器端口图
步骤 36	在设备池内选择单根 SC－SC 光纤，一端连接在分光器输出端的 1 号端口上，另一端连接在 ONU 的 PON 端口上，如图 2.180 和图 2.181 所示。 图 2.180　分光器端口图

续表

<table>
<tr>
<td>步骤 36</td>
<td>
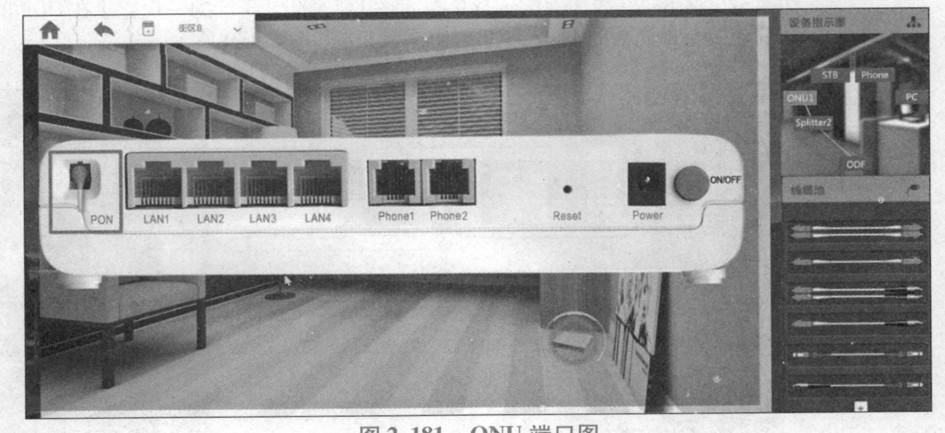

图 2.181　ONU 端口图
</td>
</tr>
<tr>
<td>步骤 37</td>
<td>
在设备池内选择以太网线，一端连接在 ONU 的 LAN1 端口上，另一端连接在电脑（PC）的以太网口上，满足宽带上网业务的需求，如图 2.182 和图 2.183 所示。
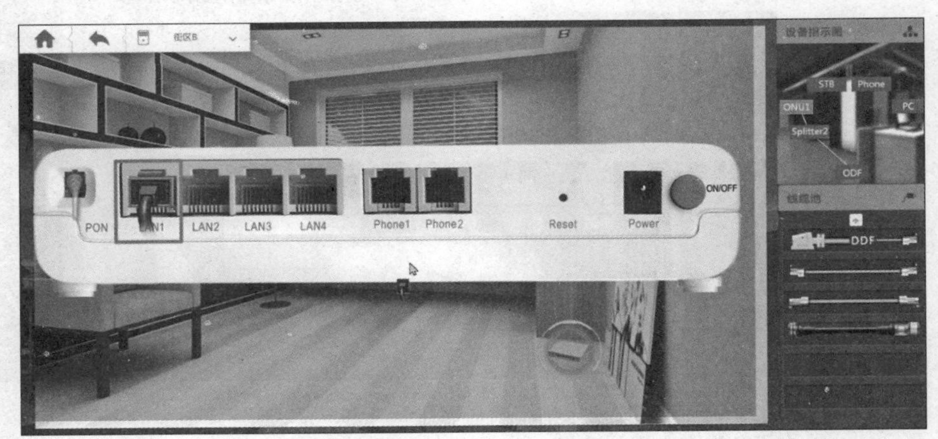

图 2.182　ONU 端口图
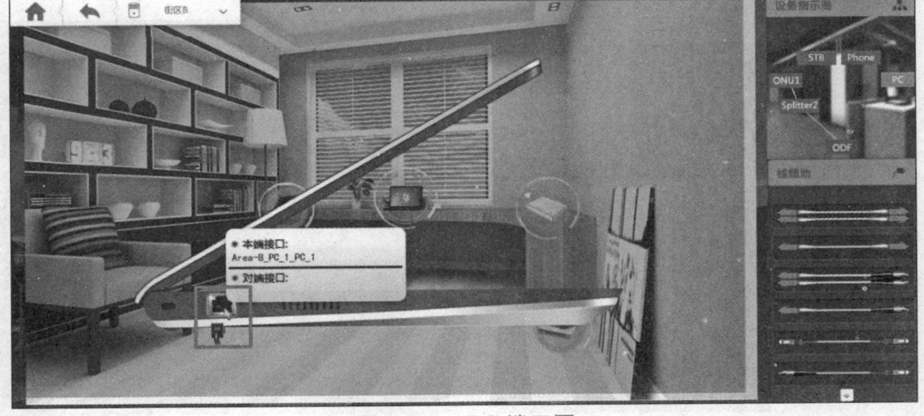

图 2.183　PC 端口图
</td>
</tr>
</table>

续表

<table>
<tr>
<td>步骤 38</td>
<td>在业务调测模块内，可以观察到图 2.184 所示的连接情况。
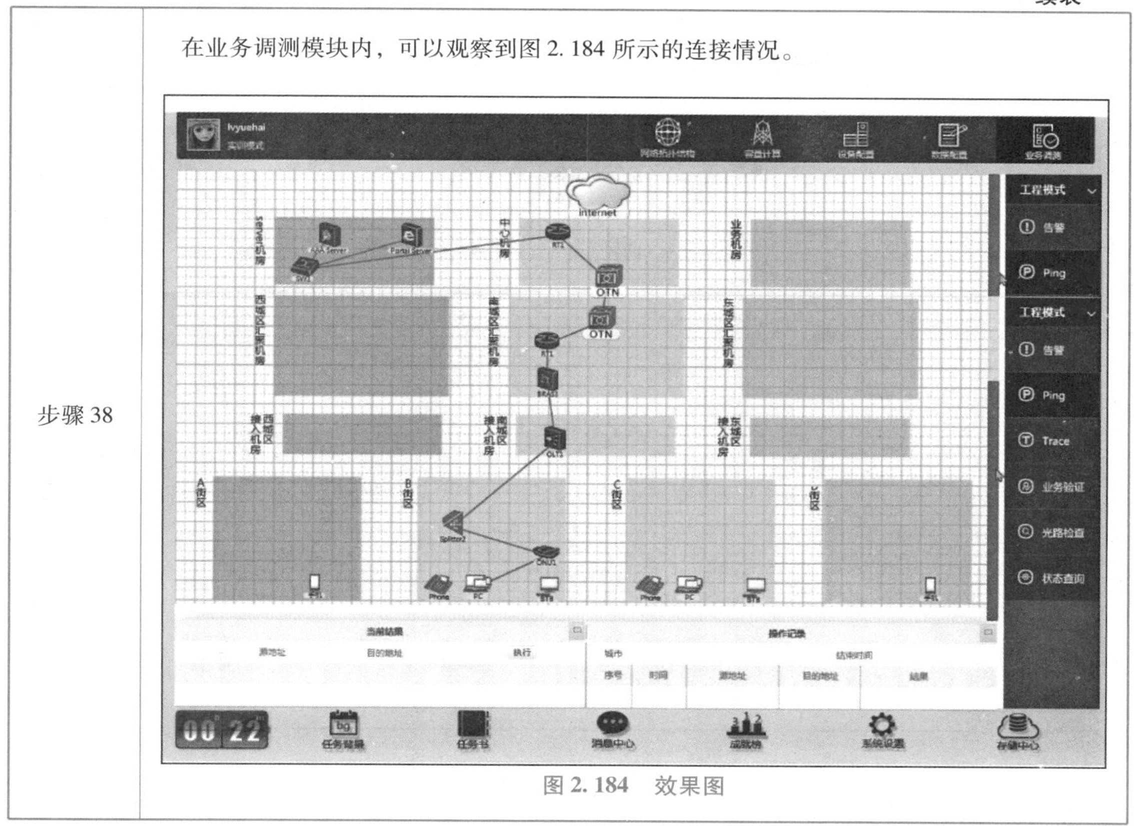

图 2.184　效果图</td>
</tr>
</table>

项目四　互联网业务的开通

操作部分

任务一（10）　拓扑规划

任务描述	万绿市南城区建设完成后，街区 B 需要实现宽带上网功能。根据实际情况规划出网络拓扑结构。
任务分析	1. 核心层需要架设 AAA 服务器和 Portal 服务器。 2. 传输层需要架设 BRAS 服务器。 3. 接入层采用 PON 传输。

续表

<table>
<tr><th colspan="2">任务实施</th></tr>
<tr><td>步骤 1</td><td>拓扑规划如图 2.185 所示。
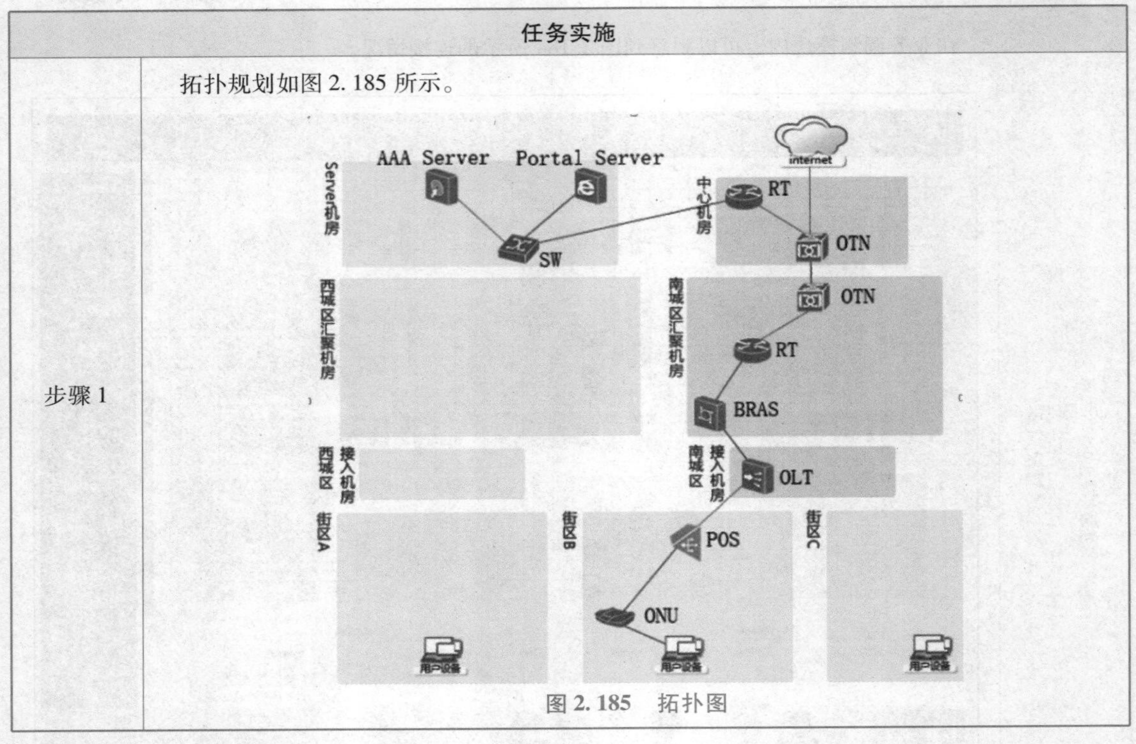

图 2.185　拓扑图</td></tr>
</table>

任务二（11）　数据规划

<table>
<tr><td>任务描述</td><td>万绿市南城区建设完成后，街区 B 需要实现宽带上网功能。根据接入用户数量及带宽进行数据规划。</td></tr>
<tr><td>任务分析</td><td>1. 核心层需要架设 AAA 服务器和 Portal 服务器。
2. 传输层需要架设 BRAS 服务器。
3. 接入层采用 PON 传输。</td></tr>
<tr><th colspan="2">任务实施</th></tr>
<tr><td>步骤 1</td><td>路由数据规划见表 2.7。</td></tr>
</table>

表 2.7　路由数据规划

<table>
<tr><th>本端设备</th><th>端口</th><th>端口网络</th><th>对端设备</th><th>端口</th></tr>
<tr><td>AAA 服务器</td><td>10GE - 1/1</td><td>10.0.0.0/30</td><td rowspan="3">Server 机房 SW（小型）</td><td>10GE - 1/1</td></tr>
<tr><td>Portal 服务器</td><td>10GE - 1/1</td><td>20.0.0.0/30</td><td>10GE - 1/2</td></tr>
<tr><td rowspan="2">中心机房 RT（中型）</td><td>10GE - 6/1</td><td>30.0.0.0/30</td><td>10GE - 1/3</td></tr>
<tr><td>40GE - 1/1</td><td>40.0.0.0/30</td><td rowspan="2">南城区汇聚机房 RT（中型）</td><td>40GE - 1/1</td></tr>
<tr><td rowspan="2">南城区汇聚机房 BRAS（大型）</td><td>40GE - 1/1</td><td>50.0.0.0/30</td><td>40GE - 2/1</td></tr>
<tr><td>40GE - 2/1</td><td>无</td><td>南接入 OLT（大）</td><td>40GE - 1/1</td></tr>
</table>

续表

步骤 2

业务数据规划见表 2.8。

表 2.8　业务数据规划

设备	业务类型		参数
ONU	—	用户端口	Eth_0/1
OLT	PPPoE/DHCP/DHCP + Web	上联端口 VLAN 配置	42
	专线业务		18
	PPPoE/DHCP/DHCP + Web/专线业务	上行速率配置	确保 1 000 kb/s
		下行速率配置	承诺 5 000 kb/s
BRAS	PPPoE/DHCP/DHCP + Web	域别名	ABCD
		网关	200. 0. 0. 1
		地址池分配	200. 0. 0. 2 ~ 200. 0. 0. 254
	PPPoE 业务	宽带虚接口 1	40GE – 2/1. 1 PPPoB 封装
	DHCP/DHCP + Web		40GE – 2/1. 1 IPoE 封装
	专线业务		40GE – 2/1. 2
AAA 服务器	PPPOE 业务/DHCP 业务/DHCP + Web	认证端口	1812
		认证秘钥	123456
		计费端口	1813
		计费秘钥	123456
	PPPoE 业务	账号/密码	hello/123
Protal 服务器	DHCP 业务/DHCP + Web	服务器端口	50100
		BRAS 侦听端口	2000

任务三（12）　业务配置——PPPoE 业务

任务描述	万绿市南城区建设完成后，根据任务一（10）的拓扑规划和任务二（11）的数据规划，使街区 B 实现 PPPoE 业务的宽带上网功能。
任务分析	1. 核心层需要架设 AAA 服务器和 Portal 服务器。 2. 传输层需要架设 BRAS 服务器。 3. 接入层采用 PON 传输。 4. 街区 B 采用 PPPoE 业务。
任务实施	
步骤 1	根据任务一（10）和任务二（11）以及本部分任务的描述，先单击“容量计算”模块，设置街区 B 为小区场景。

续表

<table>
<tr><td>步骤 2</td><td>根据任务一（10）和任务二（11）的描述，首先把符合要求的网元设备放置在指定位置。按照从核心层到接入层的顺序，具体操作步骤可参照任务一（9）的步骤 2 ~ 步骤 37。</td></tr>
<tr><td>步骤 3</td><td>所有网元设备的物理连接完成后，就要进行数据配置了。首先进入 Server 机房，配置 AAA 服务器的物理接口及静态路由，如图 2.186 和图 2.187 所示。
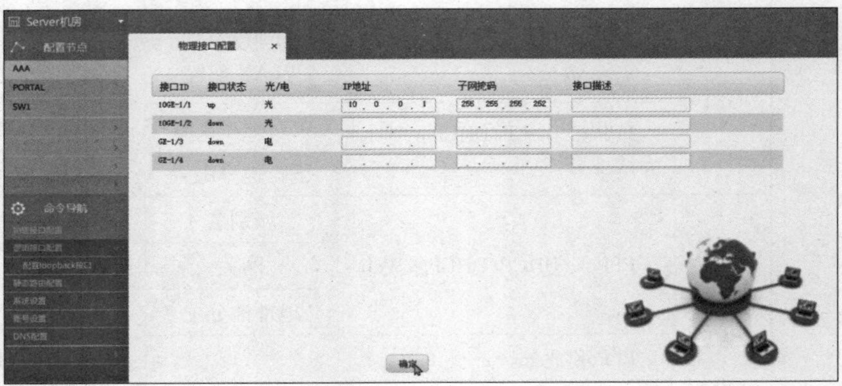

图 2.186　物理接口
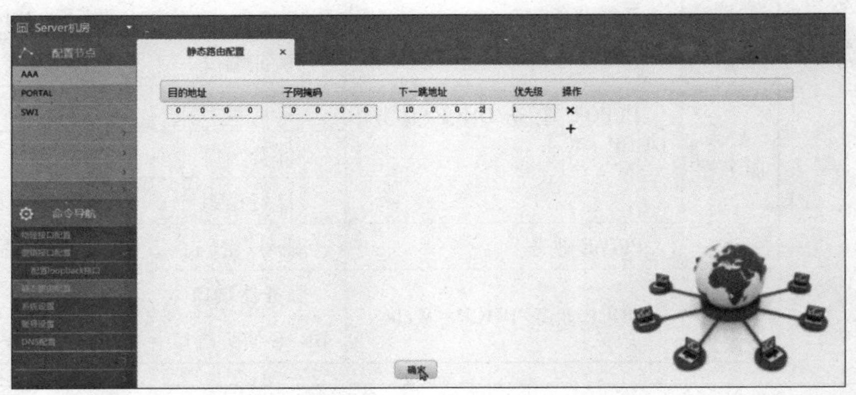

图 2.187　静态路由</td></tr>
<tr><td>步骤 4</td><td>配置与 AAA 服务器相连的 SW 的接口及 VLAN，如图 2.188 和图 2.189 所示。
图 2.188　物理接口</td></tr>
</table>

续表

<table>
<tr>
<td>步骤 4</td>
<td>
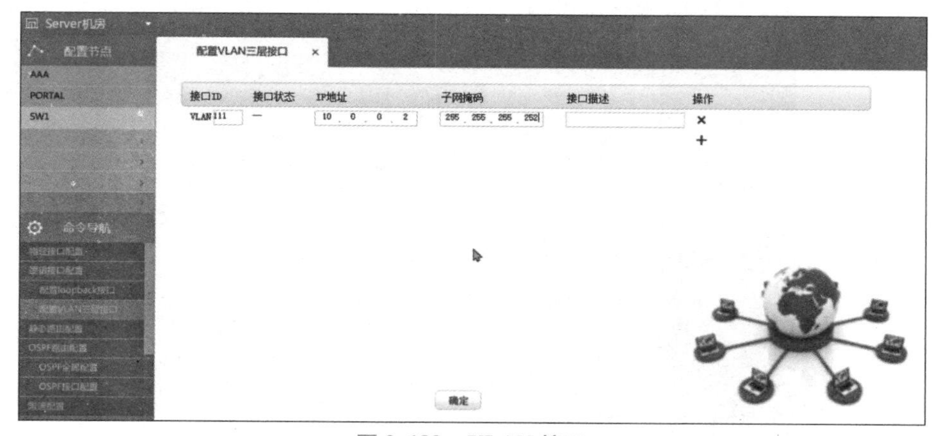

图 2.189　VLAN 接口
</td>
</tr>
<tr>
<td>步骤 5</td>
<td>
配置 Portal 服务器的物理接口及静态路由，如图 2.190 和图 2.191 所示。

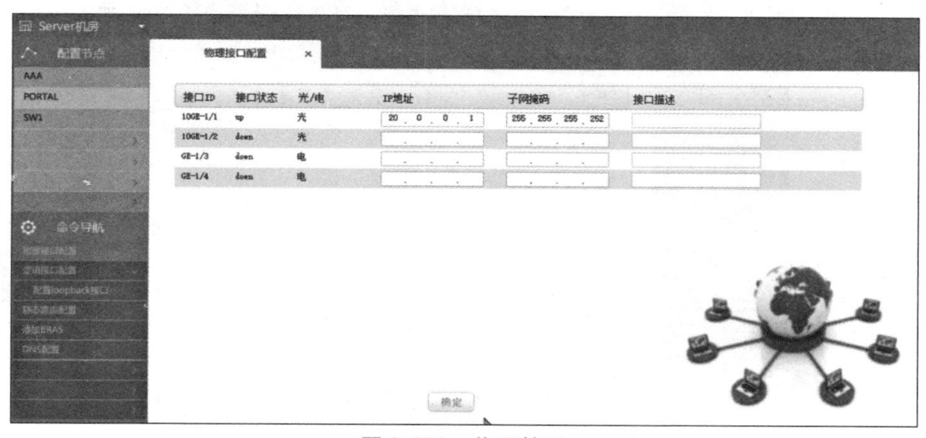

图 2.190　物理接口

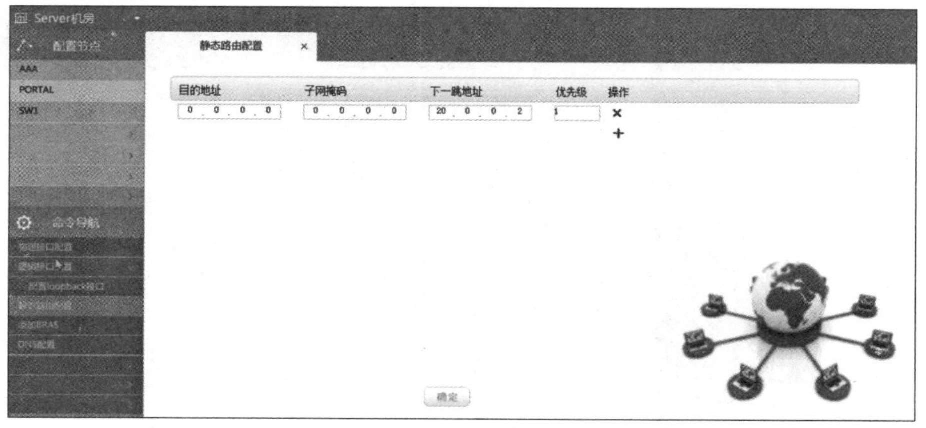

图 2.191　静态路由
</td>
</tr>
</table>

续表

步骤 6	配置与 Portal 服务器相连的 SW 的接口及 VLAN，如图 2. 192 和图 2. 193 所示。 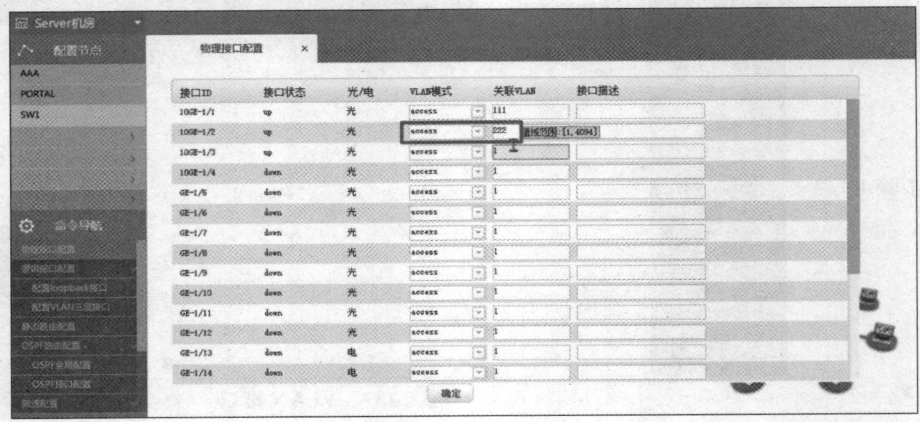 图 2. 192　物理接口 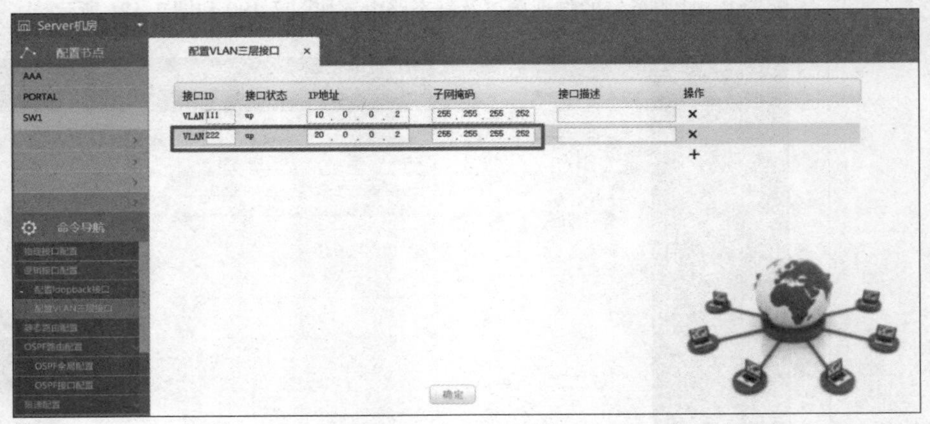 图 2. 193　VLAN 接口
步骤 7	配置与中心机房 RT 相连的 SW 的接口及 VLAN，如图 2. 194 和图 2. 195 所示。 图 2. 194　物理接口

续表

<table>
<tr>
<td>步骤 7</td>
<td>
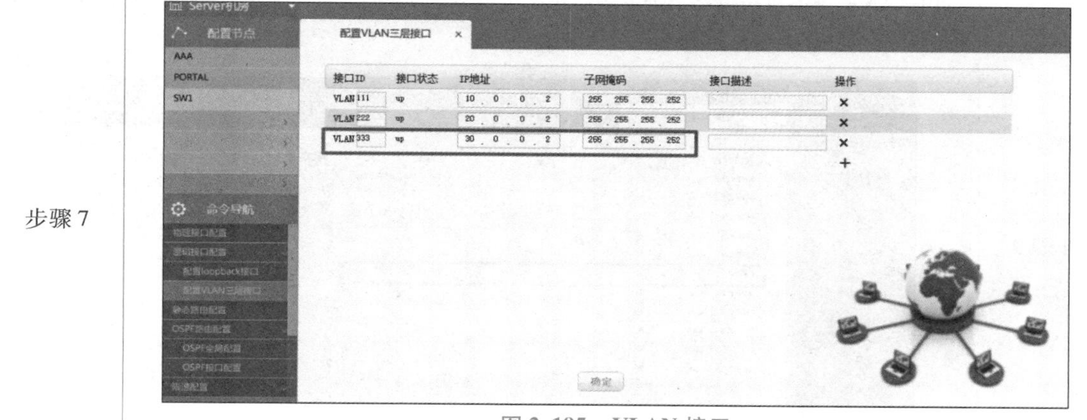

图 2.195　VLAN 接口
</td>
</tr>
<tr>
<td>步骤 8</td>
<td>
设置 SW 的动态路由，如图 2.196 和图 2.197 所示。
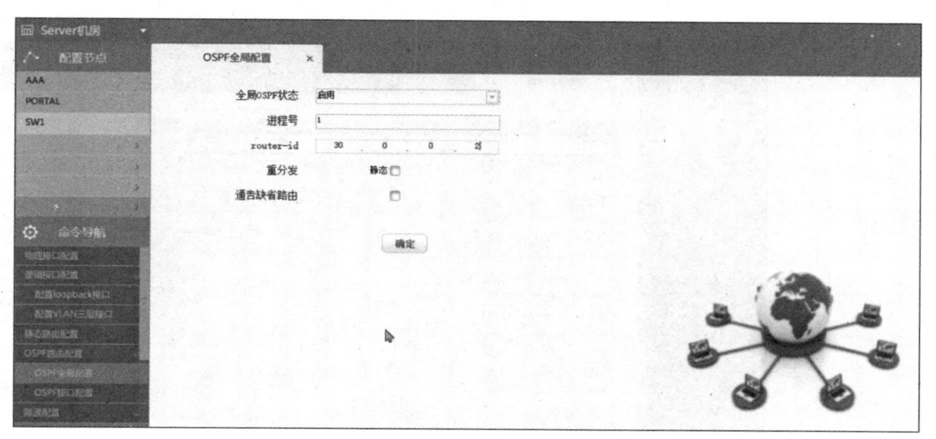

图 2.196　OSPF 全局
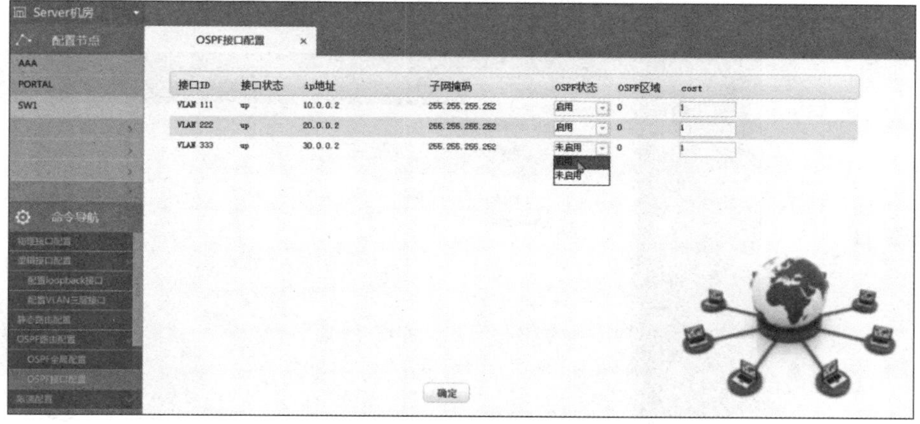

图 2.197　OSPF 接口
</td>
</tr>
</table>

续表

步骤 9	由 AAA 服务器机房退出，进入中心机房进行 RT 的数据配置。先配置与 Server 机房的 SW 的对接物理接口数据，如图 2. 198 所示。 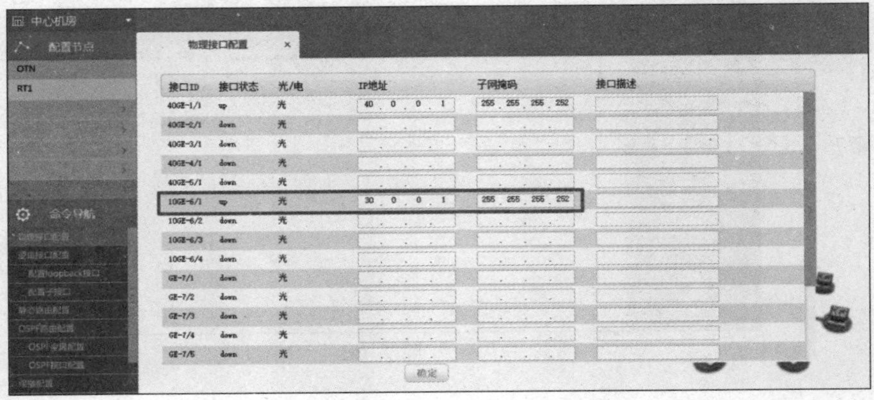 图 2. 198　物理接口
步骤 10	配置 RT 与南城区汇聚机房 RT 对接的数据，如图 2. 199 所示。 图 2. 199　物理接口
步骤 11	配置中心机房 RT 的动态路由，如图 2. 200 和图 2. 201 所示。 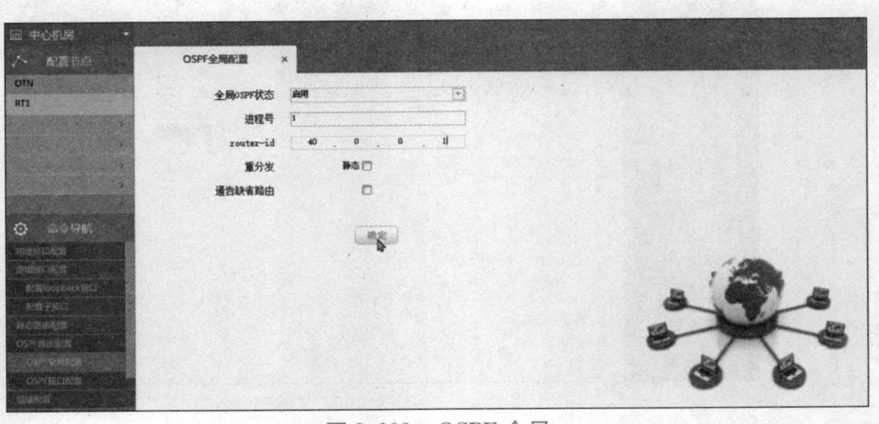 图 2. 200　OSPF 全局

续表

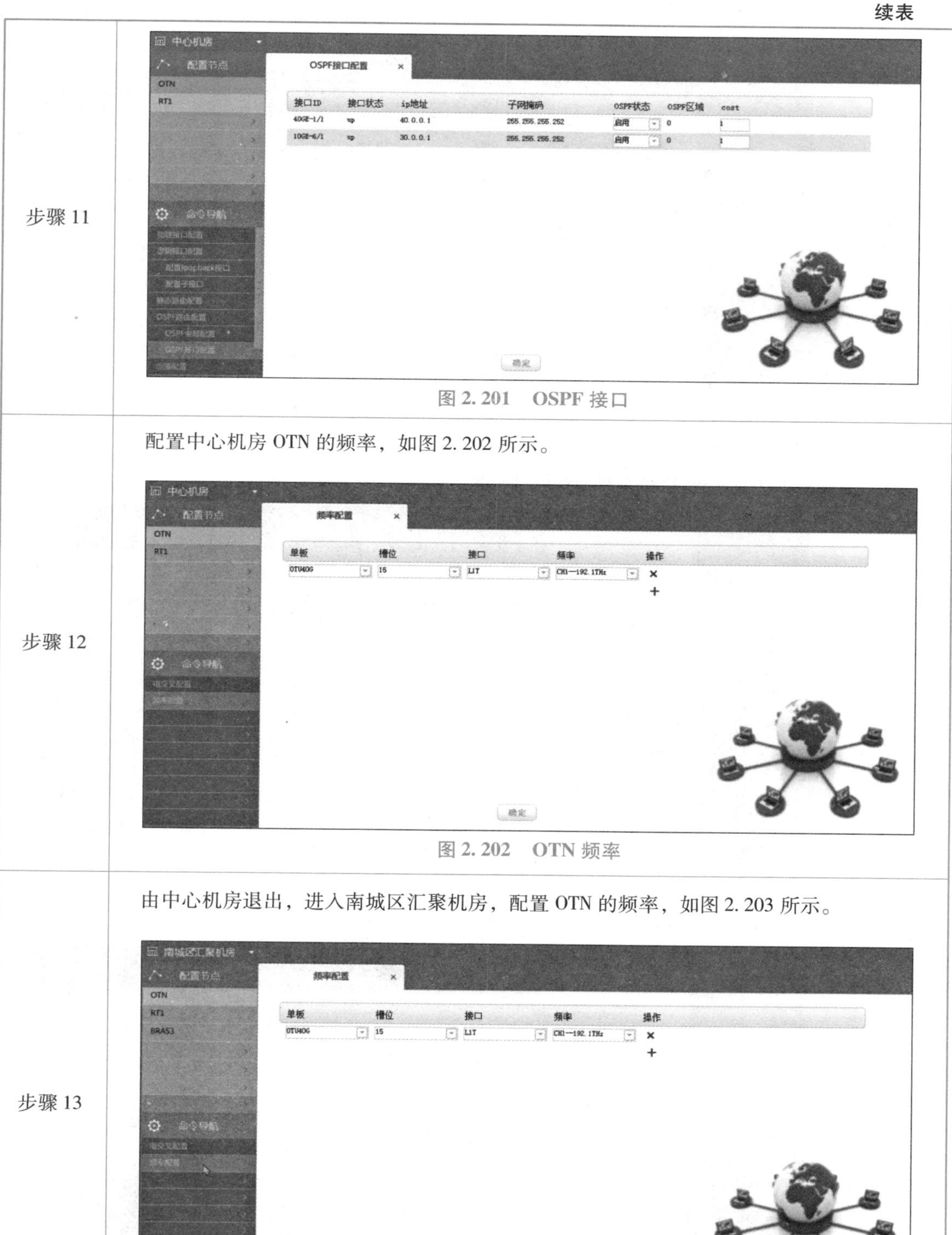

步骤 11	图 2.201　OSPF 接口
步骤 12	配置中心机房 OTN 的频率，如图 2.202 所示。 图 2.202　OTN 频率
步骤 13	由中心机房退出，进入南城区汇聚机房，配置 OTN 的频率，如图 2.203 所示。 图 2.203　OTN 频率

续表

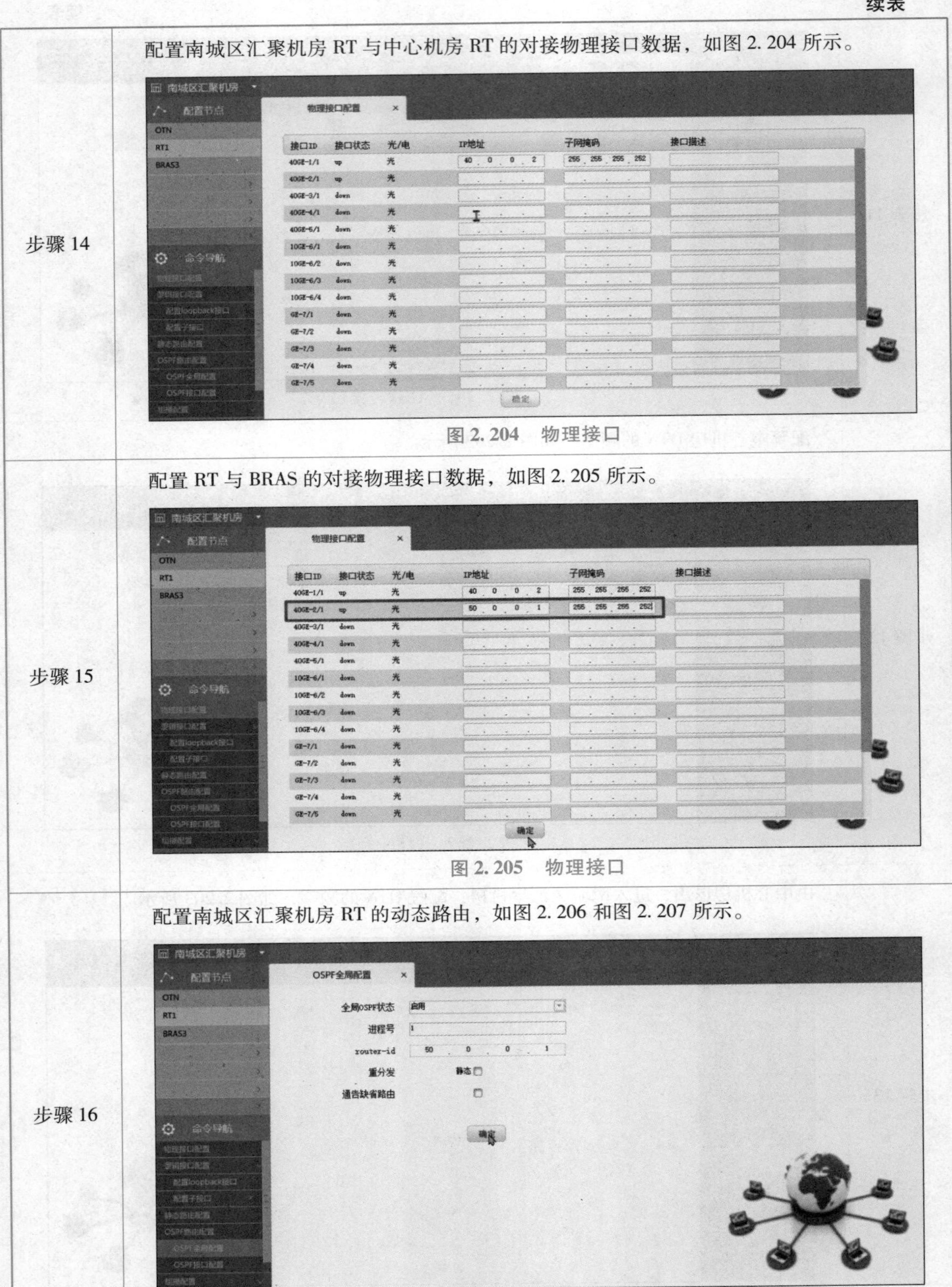

步骤 14	配置南城区汇聚机房 RT 与中心机房 RT 的对接物理接口数据，如图 2.204 所示。 图 2.204　物理接口
步骤 15	配置 RT 与 BRAS 的对接物理接口数据，如图 2.205 所示。 图 2.205　物理接口
步骤 16	配置南城区汇聚机房 RT 的动态路由，如图 2.206 和图 2.207 所示。 图 2.206　OSPF 全局

续表

步骤 16	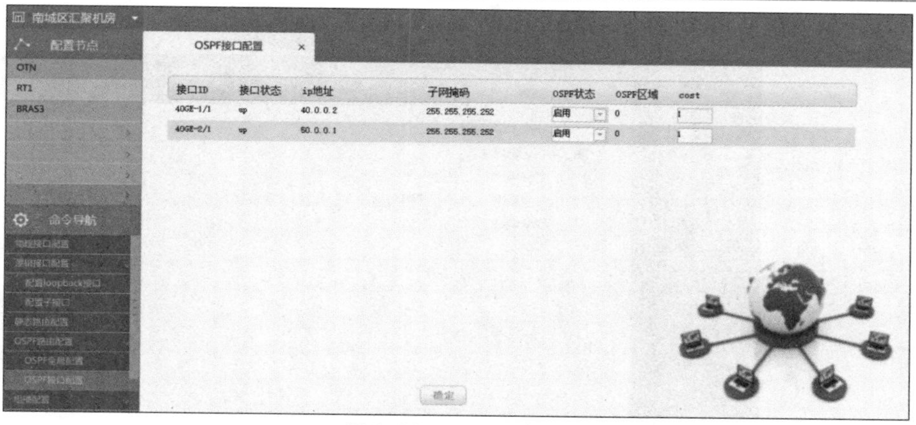 图 2.207　OSPF 接口
步骤 17	配置 BRAS 与 RT 的对接物理接口数据，如图 2.208 所示。  图 2.208　物理接口
步骤 18	配置 BRAS 与南城区接入机房 OLT 的对接数据。BRAS 是通过宽带虚接口与 OLT 进行数据传送的，所以需要建立一条宽带虚接口，如图 2.209 所示。 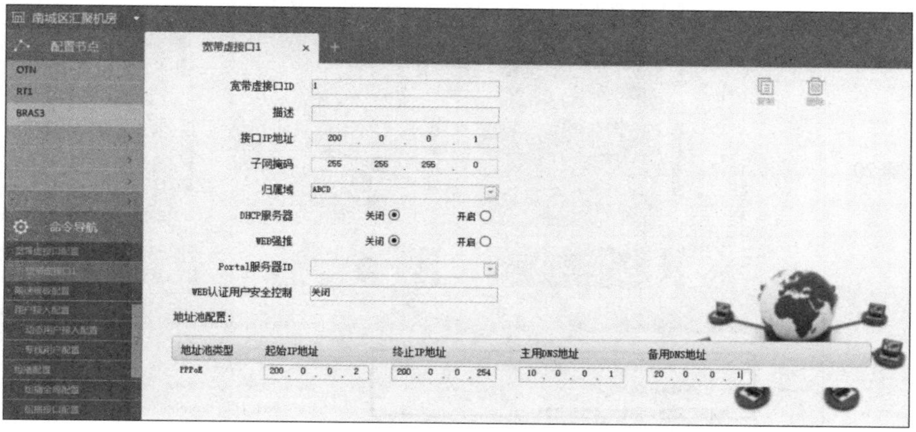 图 2.209　虚接口

续表

<table>
<tr><td>步骤 19</td><td>配置 BRAS 的动态路由，如图 2.210 和图 2.211 所示。
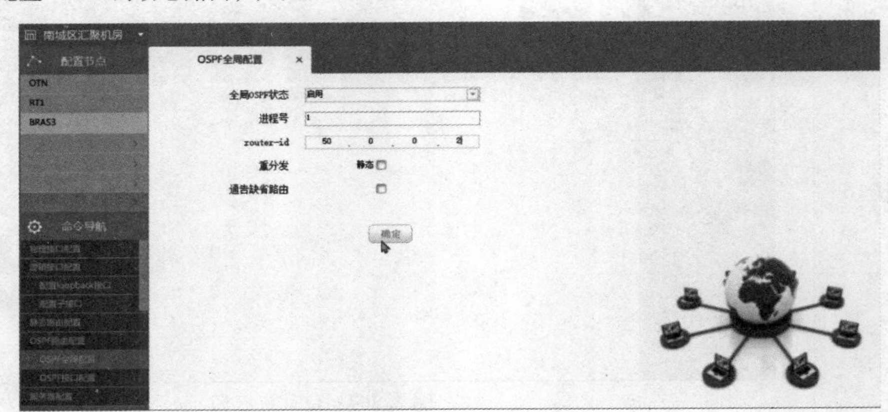

图 2.210　OSPF 全局
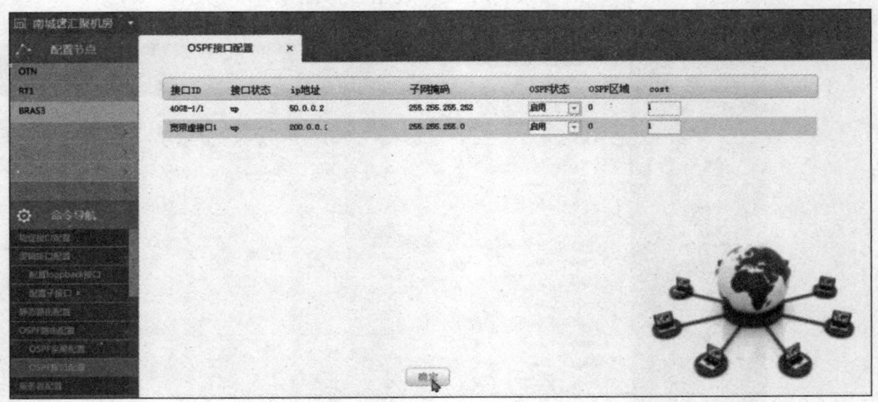

图 2.211　OSPF 接口</td></tr>
<tr><td>步骤 20
</td><td>到此为止，从 AAA 服务器/Portal 服务器到 BRAS 的数据传输通道已经建立完成，通过业务调测模块的 Ping 功能验证一下。分别以 AAA 服务器和 Portal 服务器为源地址，以 BRAS 的宽带虚接口 IP 为目的地址，如图 2.212 和图 2.213 所示。
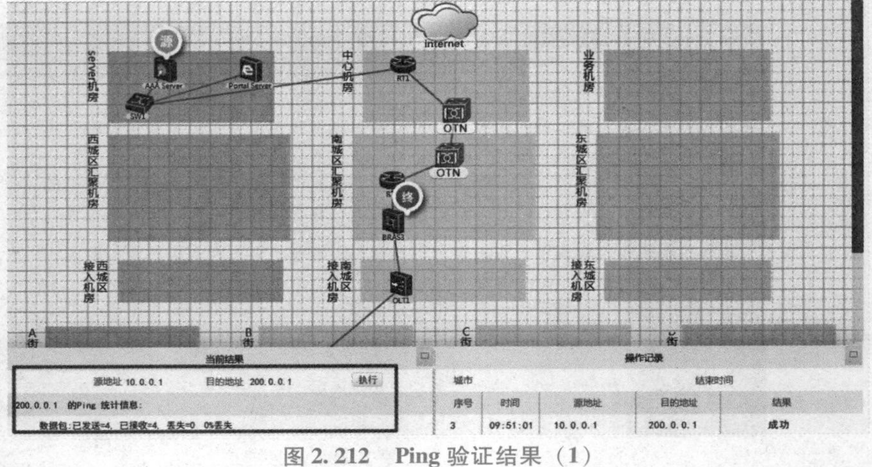

图 2.212　Ping 验证结果（1）</td></tr>
</table>

续表

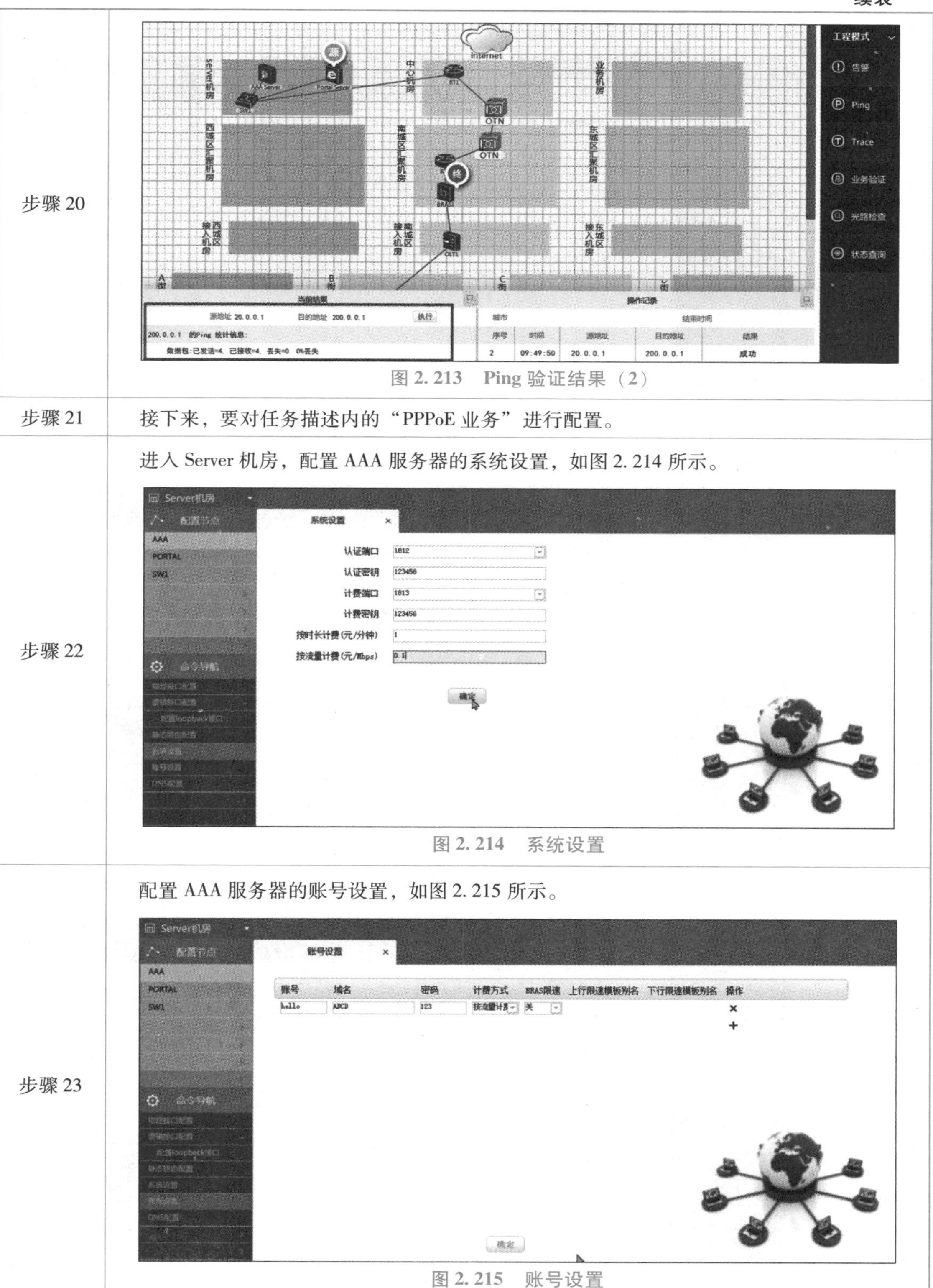

步骤 20	图 2.213　Ping 验证结果（2）
步骤 21	接下来，要对任务描述内的“PPPoE 业务”进行配置。
步骤 22	进入 Server 机房，配置 AAA 服务器的系统设置，如图 2.214 所示。 图 2.214　系统设置
步骤 23	配置 AAA 服务器的账号设置，如图 2.215 所示。 图 2.215　账号设置

续表

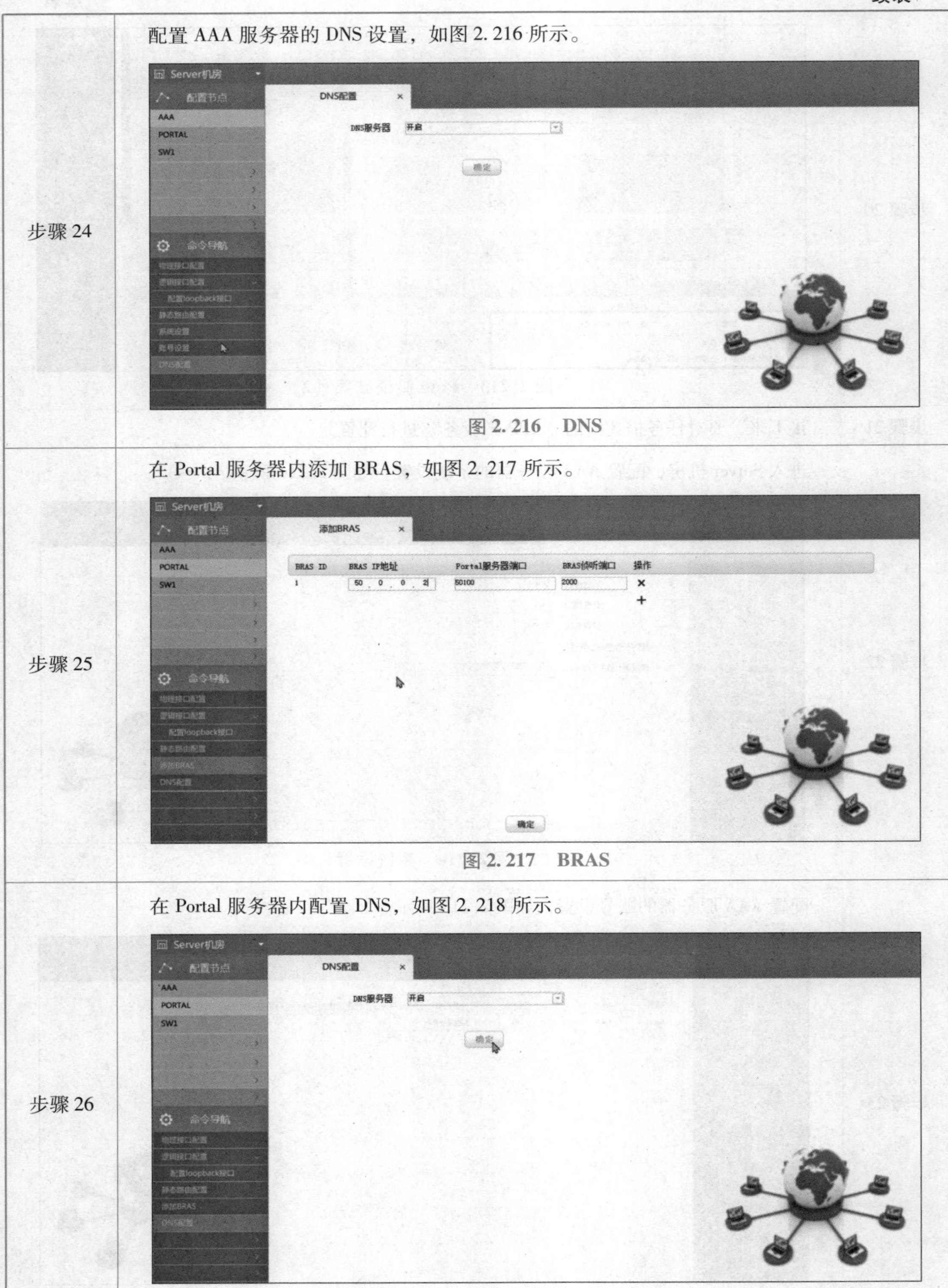

步骤 24	配置 AAA 服务器的 DNS 设置，如图 2.216 所示。 图 2.216　DNS
步骤 25	在 Portal 服务器内添加 BRAS，如图 2.217 所示。 图 2.217　BRAS
步骤 26	在 Portal 服务器内配置 DNS，如图 2.218 所示。 图 2.218　DNS

续表

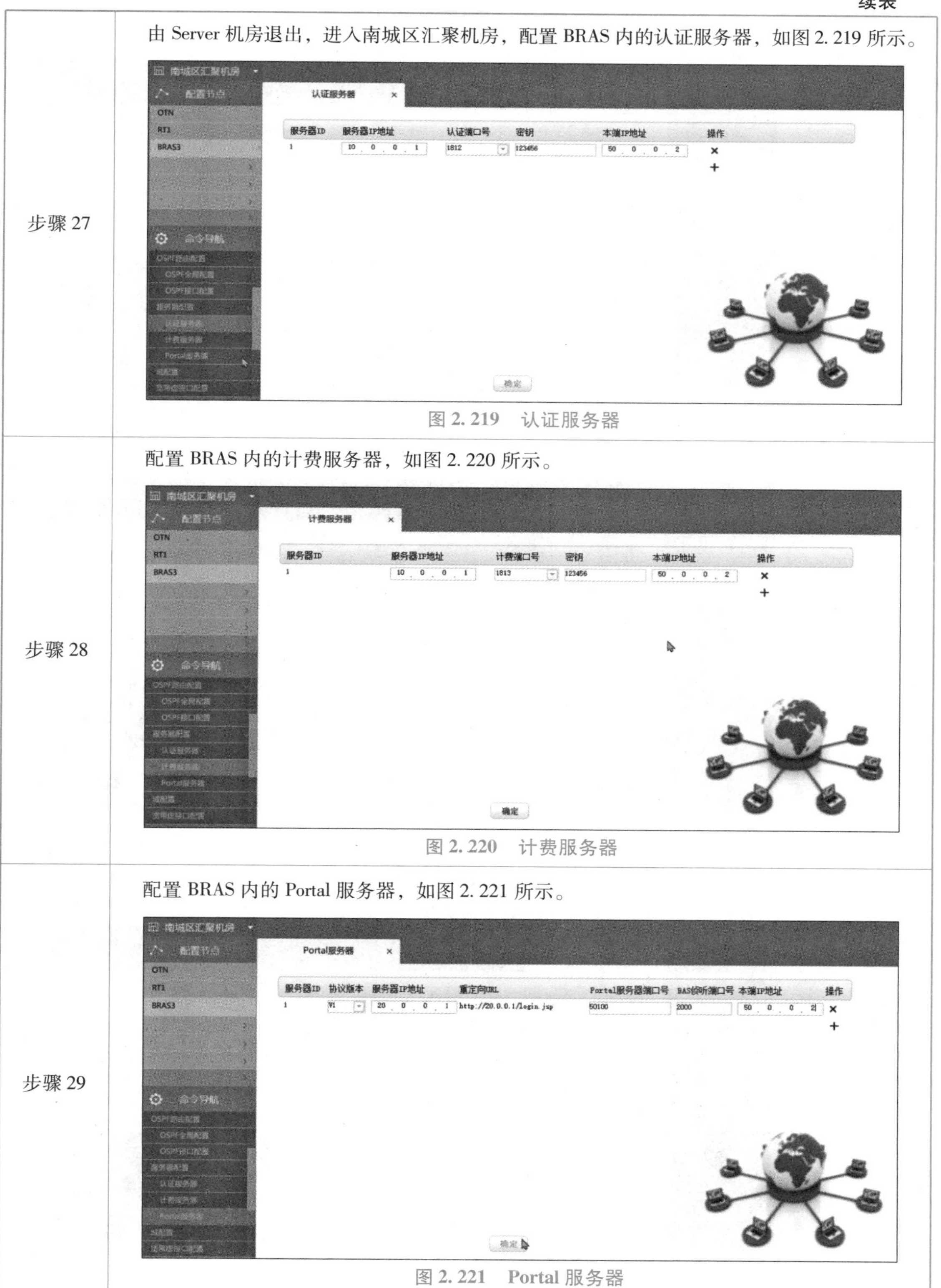

步骤 27	由 Server 机房退出，进入南城区汇聚机房，配置 BRAS 内的认证服务器，如图 2.219 所示。 图 2.219　认证服务器
步骤 28	配置 BRAS 内的计费服务器，如图 2.220 所示。 图 2.220　计费服务器
步骤 29	配置 BRAS 内的 Portal 服务器，如图 2.221 所示。 图 2.221　Portal 服务器

续表

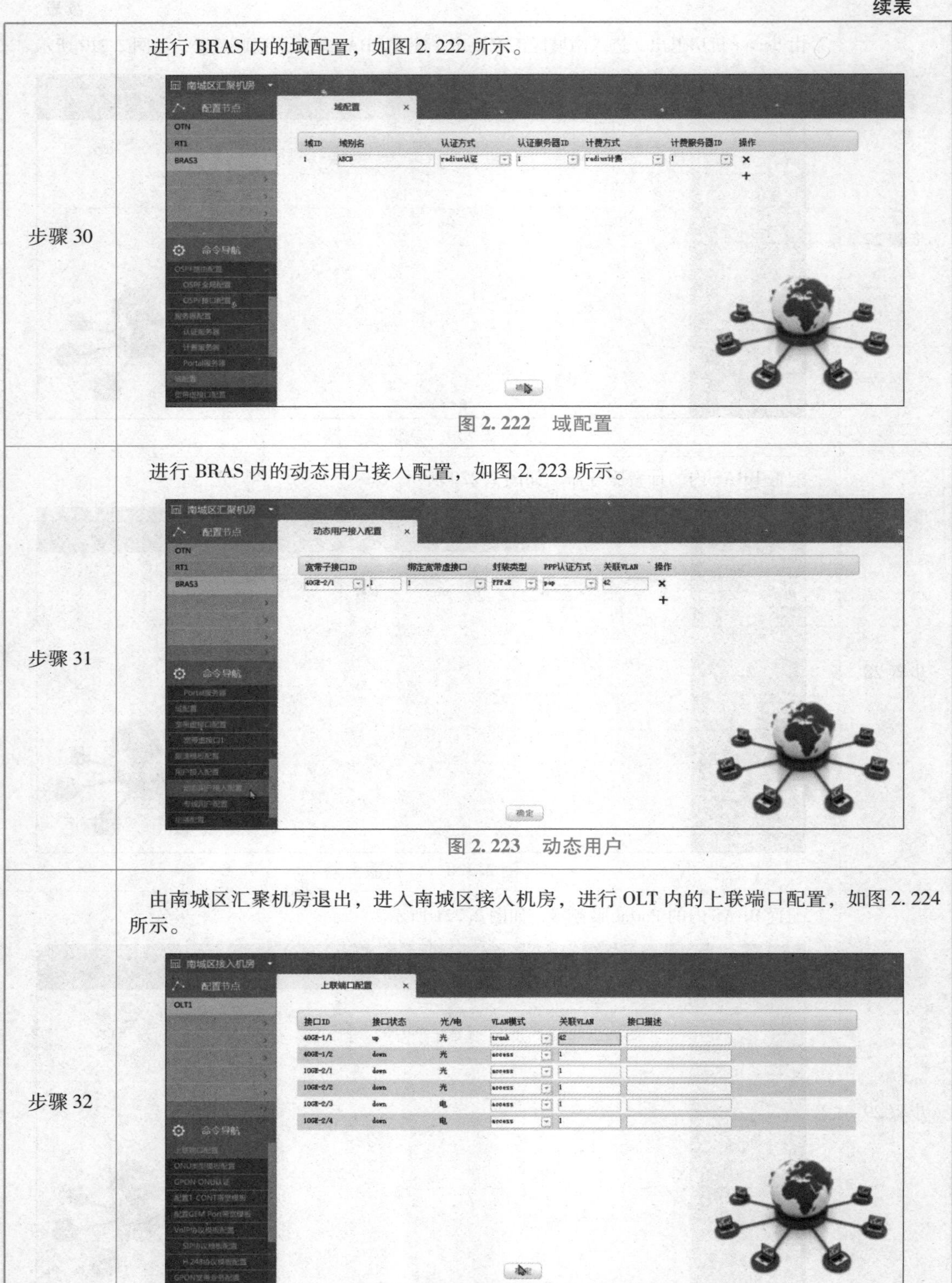

步骤 30	进行 BRAS 内的域配置，如图 2.222 所示。 图 2.222　域配置
步骤 31	进行 BRAS 内的动态用户接入配置，如图 2.223 所示。 图 2.223　动态用户
步骤 32	由南城区汇聚机房退出，进入南城区接入机房，进行 OLT 内的上联端口配置，如图 2.224 所示。 图 2.224　上联端口

续表

步骤 33	进行 OLT 内的 ONU 类型模板配置，如图 2.225 所示。 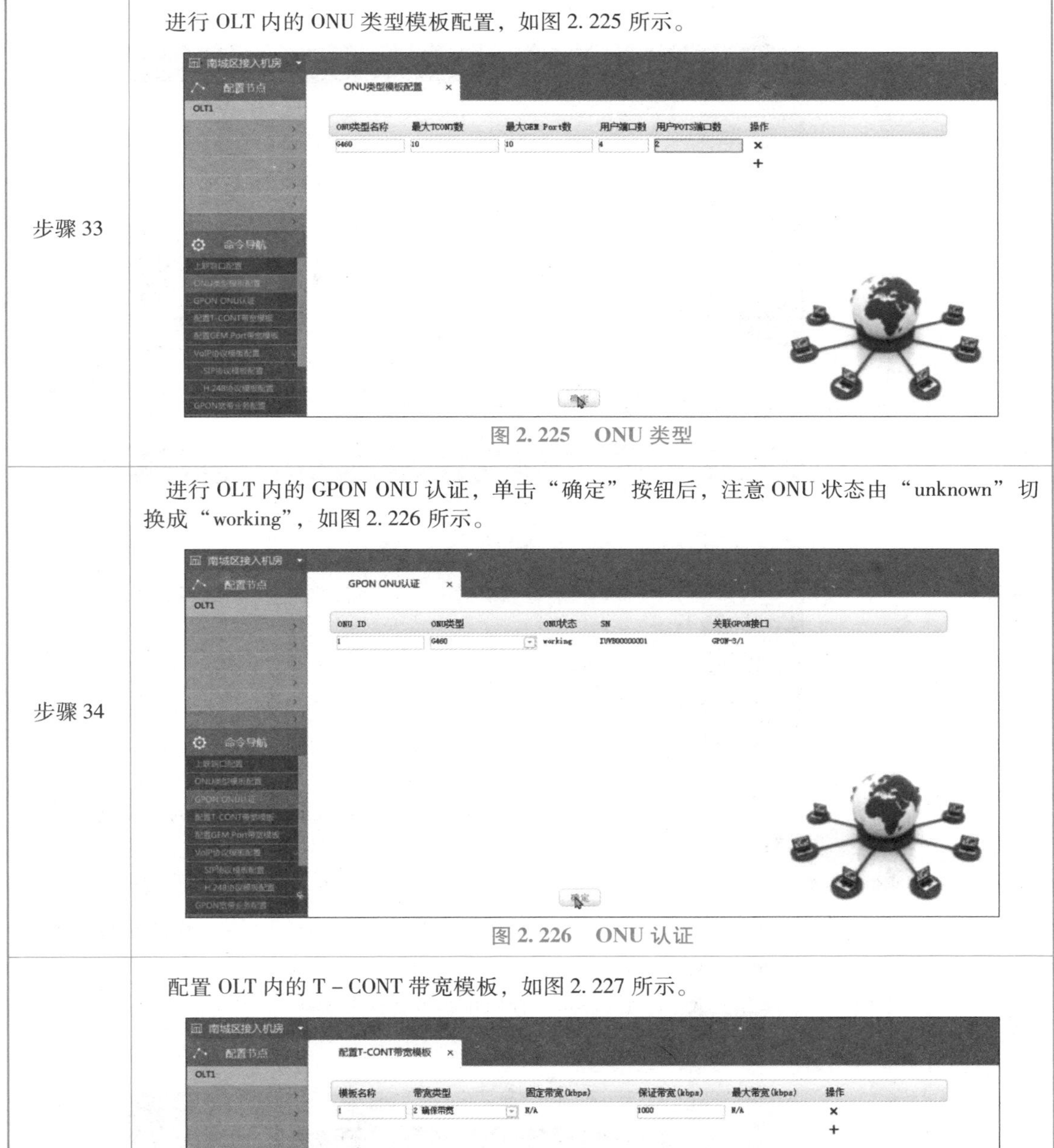 图 2.225　ONU 类型
步骤 34	进行 OLT 内的 GPON ONU 认证，单击“确定”按钮后，注意 ONU 状态由“unknown”切换成“working”，如图 2.226 所示。 图 2.226　ONU 认证
步骤 35	配置 OLT 内的 T－CONT 带宽模板，如图 2.227 所示。 图 2.227　T－CONT 带宽

续表

步骤 36	配置 OLT 内的 GEM Port 带宽模板，如图 2.228 所示。 图 2.228　GEM Port 带宽
步骤 37	配置 OLT 内的 GPON 宽带业务配置，如图 2.229 所示。 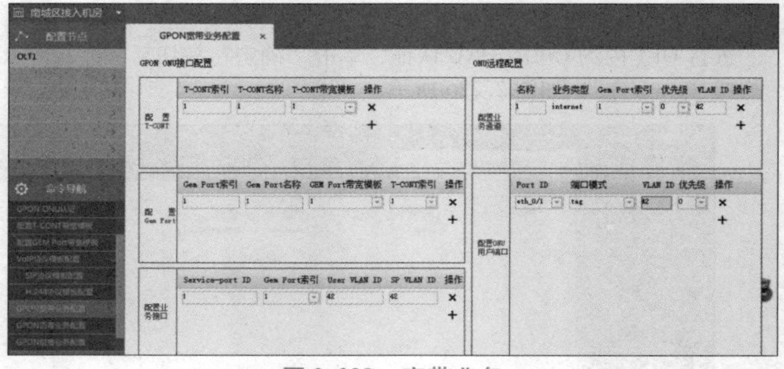 图 2.229　宽带业务
步骤 38	至此，PPPOE 业务的配置全部完成。通过“业务调测”模块内的“业务验证” 业务验证 检验一下效果。 单击“B 街区” B街区 ，选择测试终端内的电脑 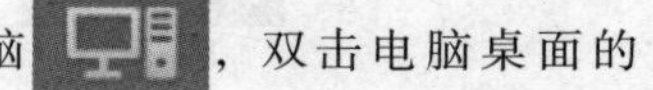 ，双击电脑桌面的“PPPoE”图标 PPPoE ，在弹出来的页面内输入用户名和密码后，单击“连接”按钮，如图 2.230 所示。 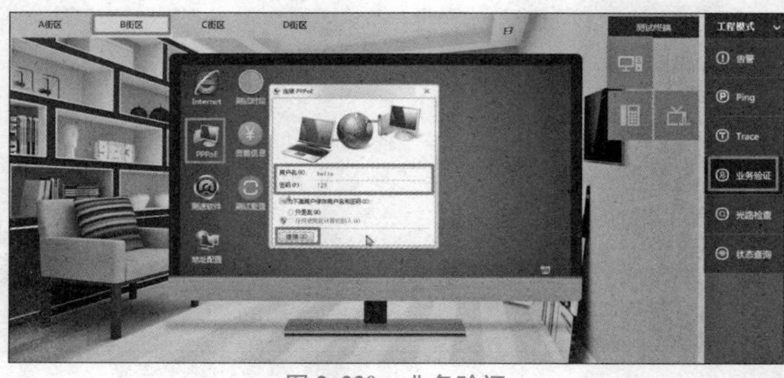 图 2.230　业务验证

续表

步骤 39	电脑桌面依次显示。
步骤 40	双击桌面上的“Internet”图标，显示网页内容，如图 2.231 所示。 图 2.231　任务效果
步骤 41	双击桌面上的“测速软件”图标，可以根据内容显示，查看速率是否设置合理，如图 2.232 所示。 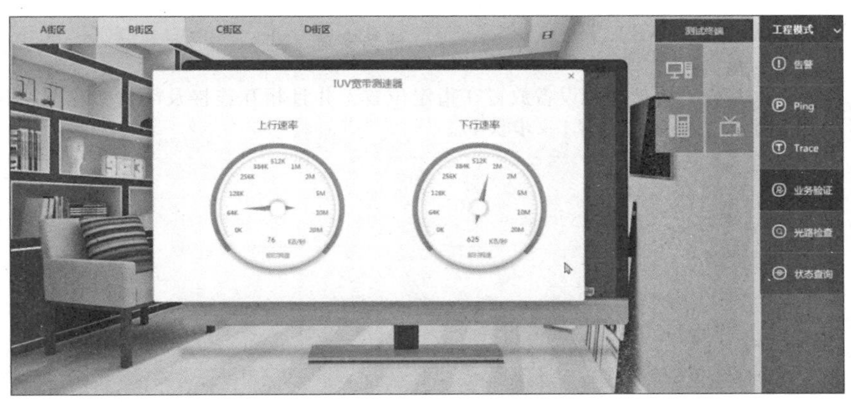 图 2.232　速率效果

续表

<table>
<tr><td>步骤 42</td><td>双击桌面上的“地址配置”图标，可以根据内容显示，查看 PPPoE 连接内的 IP 等信息是否正确，如图 2.233 所示。
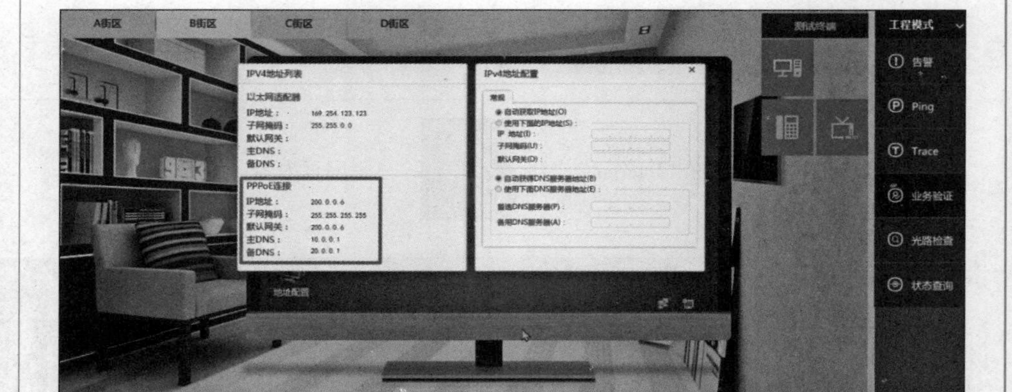
图 2.233　IP 信息</td></tr>
</table>

任务四（13）　业务配置——DHCP 业务

<table>
<tr><td>任务描述</td><td>万绿市南城区建设完成后，根据任务一（10）的拓扑规划和任务二（11）的数据规划，使街区 B 实现 DHCP 业务的宽带上网功能。</td></tr>
<tr><td>任务分析</td><td>1. 核心层需要架设 AAA 服务器和 Portal 服务器。
2. 传输层需要架设 BRAS 服务器。
3. 接入层采用 PON 传输。
4. 街区 B 采用 DHCP 业务。</td></tr>
<tr><td colspan="2">任务实施</td></tr>
<tr><td>步骤 1</td><td>首先，要把网元设备放置在指定位置，并且相互连接及配置数据。操作步骤具体参考任务三（12）的步骤 1 ~ 步骤 17。</td></tr>
</table>

续表

步骤 2	配置 BRAS 与南城区接入机房 OLT 的对接数据。BRAS 是通过宽带虚接口与 OLT 进行数据传送的，所以需要建立一条宽带虚接口。并且任务要求实现 DHCP 业务，故 DHCP 服务器需要开启，如图 2.234 所示。 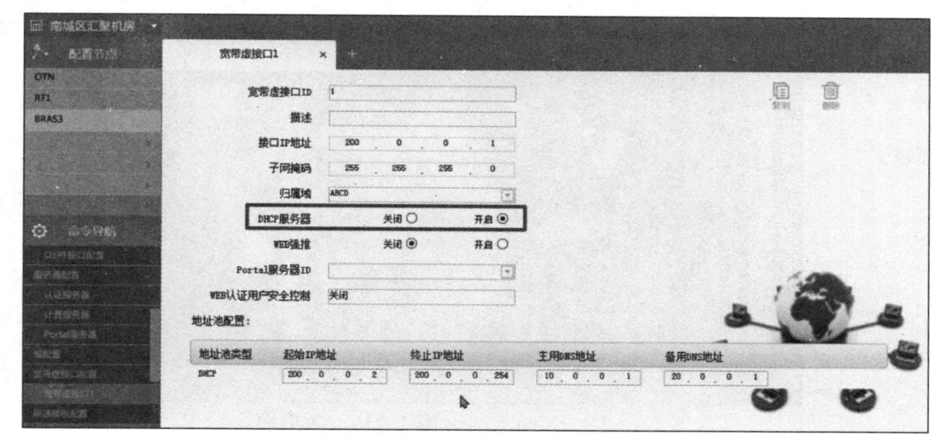 图 2.234　虚接口
步骤 3	操作步骤继续参考任务三（12）的步骤 19 ~ 步骤 20。
步骤 4	接下来，要对任务描述内的“DHCP 业务”进行配置。
步骤 5	操作步骤继续参考任务三（12）的步骤 22 ~ 步骤 30。
步骤 6	进行 BRAS 内的动态用户接入配置，封装类型设置成“IPoE”，如图 2.235 所示。 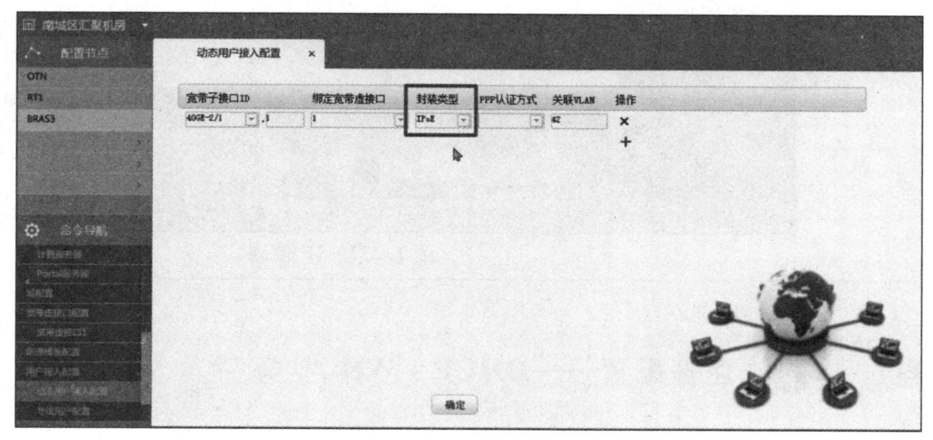 图 2.235　动态用户
步骤 7	操作步骤继续参考任务三（12）的步骤 32 ~ 步骤 37。

续表

<table>
<tr><td>步骤 8</td><td>至此，DHCP 业务的配置全部完成。通过“业务调测”模块内的业务验证检验一下效果。单击 B 街区，选择测试终端内的电脑，双击电脑桌面的“Internet”图标，显示网页内容，如图 2.236 所示。
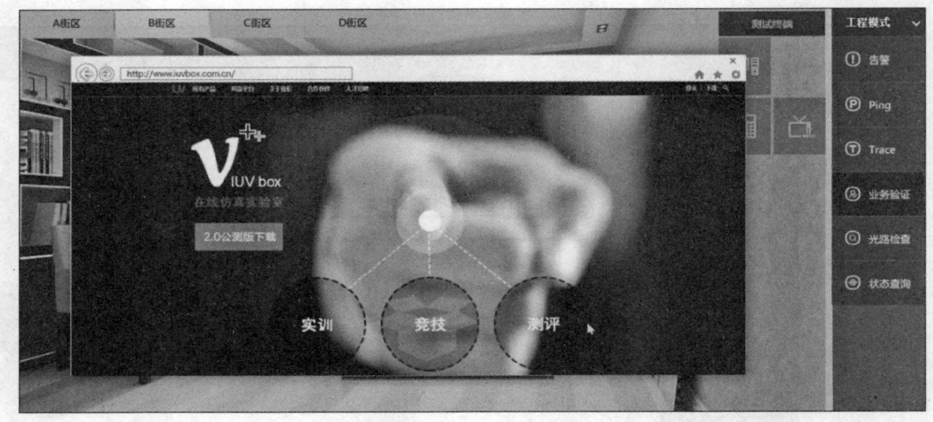

图 2.236　效果图</td></tr>
<tr><td>步骤 9</td><td>双击桌面上的“地址配置”图标，可以根据内容显示查看以太网适配器内的 IP 等信息是否正确，如图 2.237 所示。
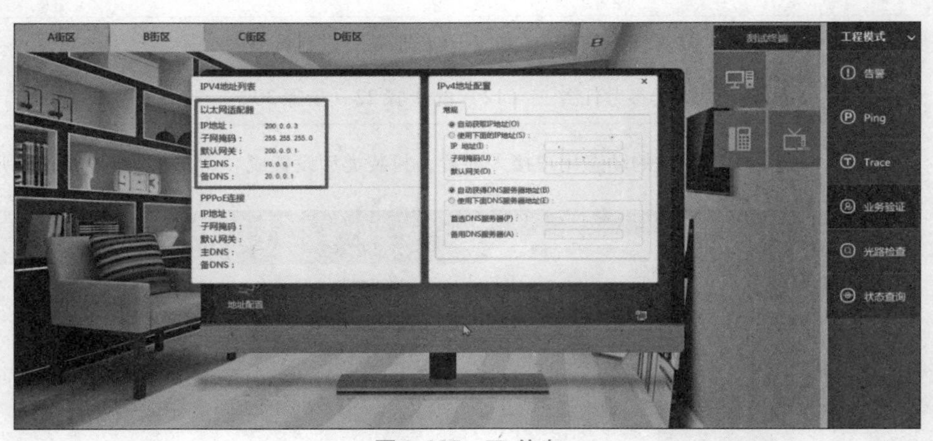

图 2.237　IP 信息</td></tr>
</table>

任务五（14）　业务配置——DHCP + Web 业务

任务描述	万绿市南城区建设完成后，根据任务一（10）的拓扑规划和任务二（11）的数据规划，使街区 B 实现 DHCP + Web 业务的宽带上网功能。
任务分析	1. 核心层需要架设 AAA 服务器和 Portal 服务器。 2. 传输层需要架设 BRAS 服务器。 3. 接入层采用 PON 传输。 4. 街区 B 采用 DHCP + Web 业务。

续表

任务实施	
步骤 1	首先，要把网元设备放置在指定位置，并且相互连接及配置数据。操作步骤具体参考任务三（12）的步骤 1 ~ 步骤 17。
步骤 2	配置 BRAS 与南城区接入机房 OLT 的对接数据。BRAS 是通过宽带虚接口与 OLT 进行数据传送的，所以需要建立一条宽带虚接口。并且任务要求实现 DHCP + Web 业务，故 DHCP 服务器和 Web 强推都需要开启，如图 2.238 所示。 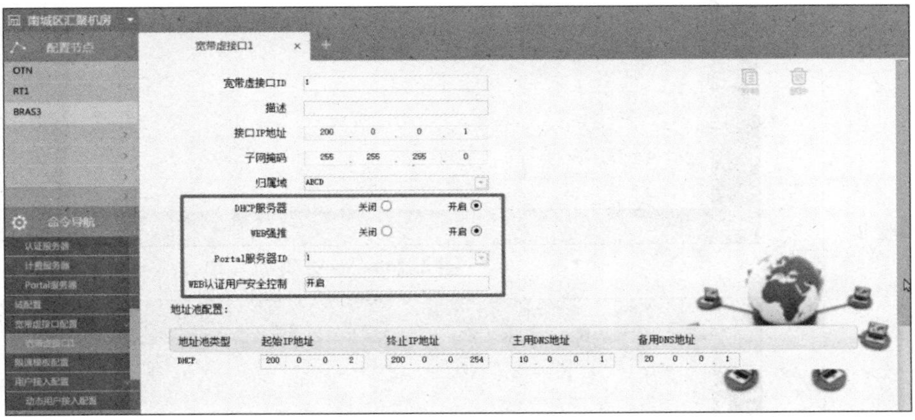 图 2.238　虚接口
步骤 3	操作步骤继续参考任务三（12）的步骤 19 ~ 步骤 20。
步骤 4	接下来，要对任务描述内的“DHCP + Web 业务”进行配置。
步骤 5	操作步骤继续参考任务三（12）的步骤 22 ~ 步骤 30。
步骤 6	配置 BRAS 内的动态用户接入配置，封装类型设置成“IPoE”，如图 2.239 所示。 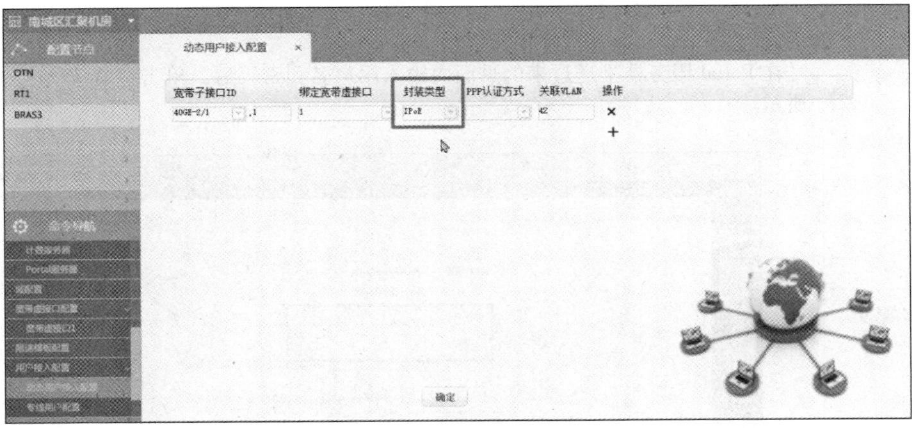 图 2.239　动态用户
步骤 7	操作步骤继续参考任务三（12）的步骤 32 ~ 步骤 37。

续表

<table>
<tr>
<td>步骤 8</td>
<td>

至此，“DHCP + Web 业务”的配置全部完成。通过业务调测模块内的业务验证检验一下效果。单击 B 街区，选择测试终端内的电脑，双击电脑桌面的“Internet”图标，显示网页内容，如图 2. 240 和图 2. 241 所示。

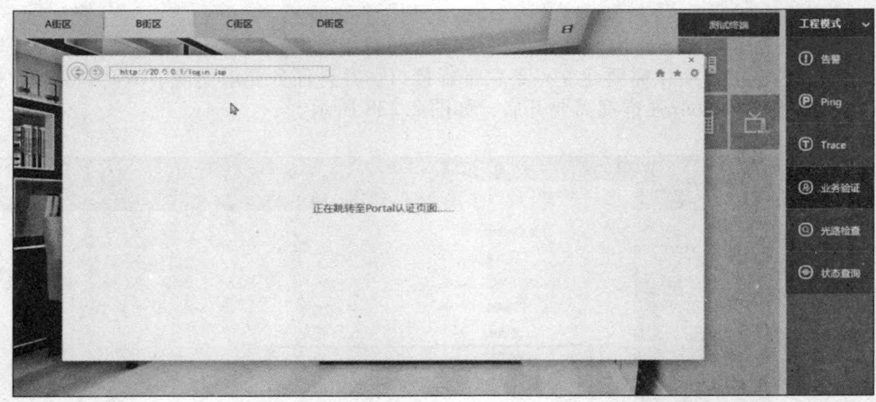

图 2. 240　认证页面（1）

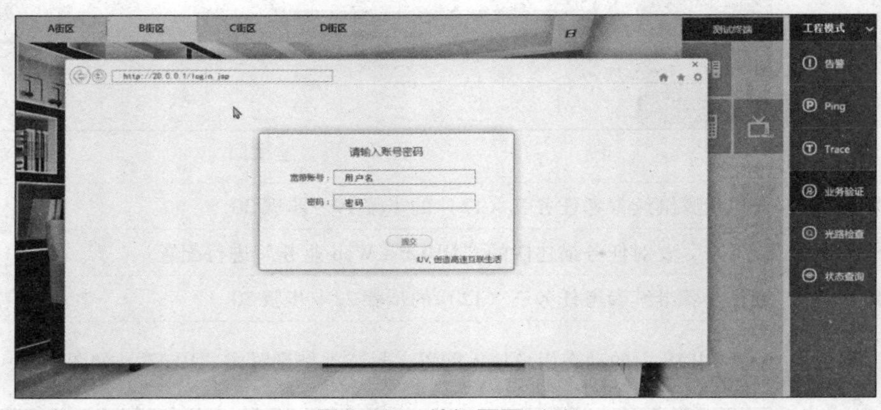

图 2. 241　认证页面（2）

</td>
</tr>
<tr>
<td>步骤 9</td>
<td>

在 Portal 服务器推送过来的页面内输入用户名和密码后，单击“提交”按钮，如图 2. 242 所示。

图 2. 242　认证页面

</td>
</tr>
</table>

续表

步骤 10	网页面显示如图 2.243 所示。 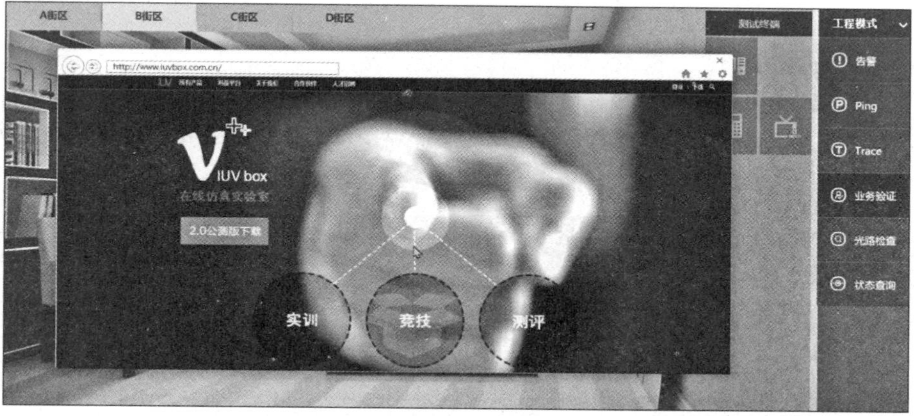 图 2.243　任务效果
步骤 11	双击桌面上的“地址配置”图标，可以根据内容显示，查看以太网适配器内的 IP 等信息是否正确，如图 2.244 所示。 图 2.244　IP 信息

任务六（15）　业务配置——专线业务

任务描述	万绿市南城区建设完成后，根据任务一（10）的拓扑规划和任务二（11）的数据规划，使街区 B 实现专线业务的宽带上网功能。
任务分析	1. 核心层需要架设 AAA 服务器和 Portal 服务器。 2. 传输层需要架设 BRAS 服务器。 3. 接入层采用 PON 传输。 4. 街区 B 采用专线业务。

续表

任务实施	
步骤 1	首先，要把网元设备放置在指定位置，并且相互连接及配置数据。操作步骤具体参考任务三（12）的步骤 1 ~ 步骤 17。
步骤 2	配置 BRAS 与南城区接入机房 OLT 的对接数据。BRAS 是通过宽带虚接口与 OLT 进行数据传送的，所以需要建立一条宽带虚接口，并且任务要求实现专线业务，如图 2. 245 所示。 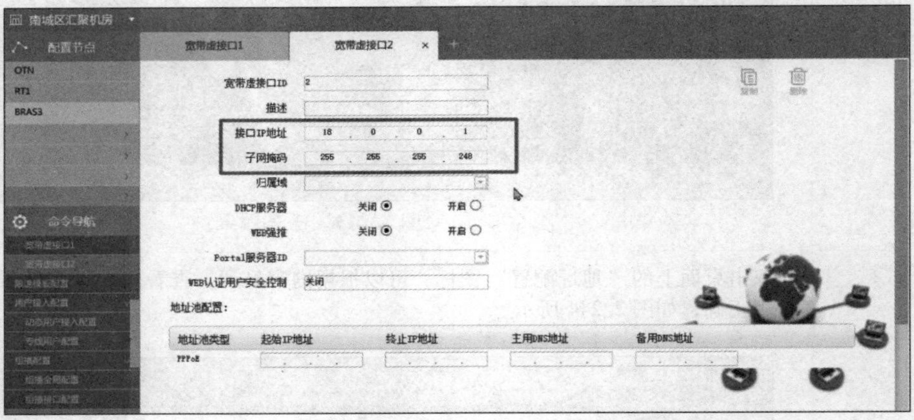 图 2. 245　虚接口
步骤 3	配置 BRAS 的动态路由，如图 2. 246 和图 2. 247 所示。 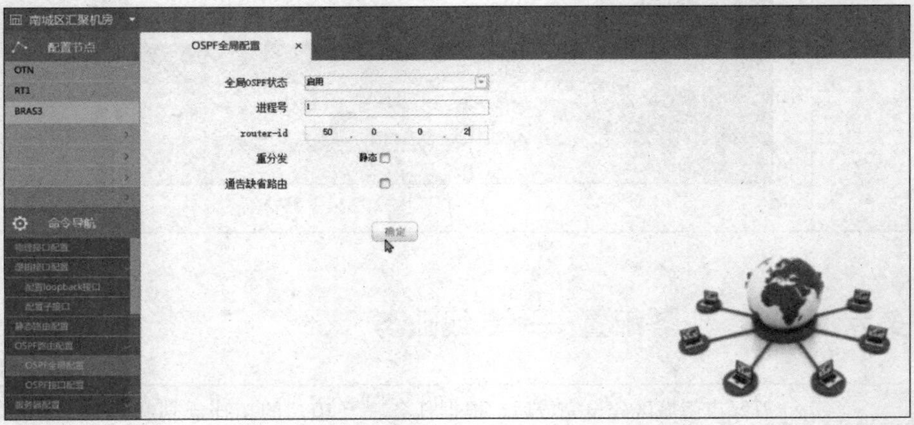 图 2. 246　OSPF 全局

续表

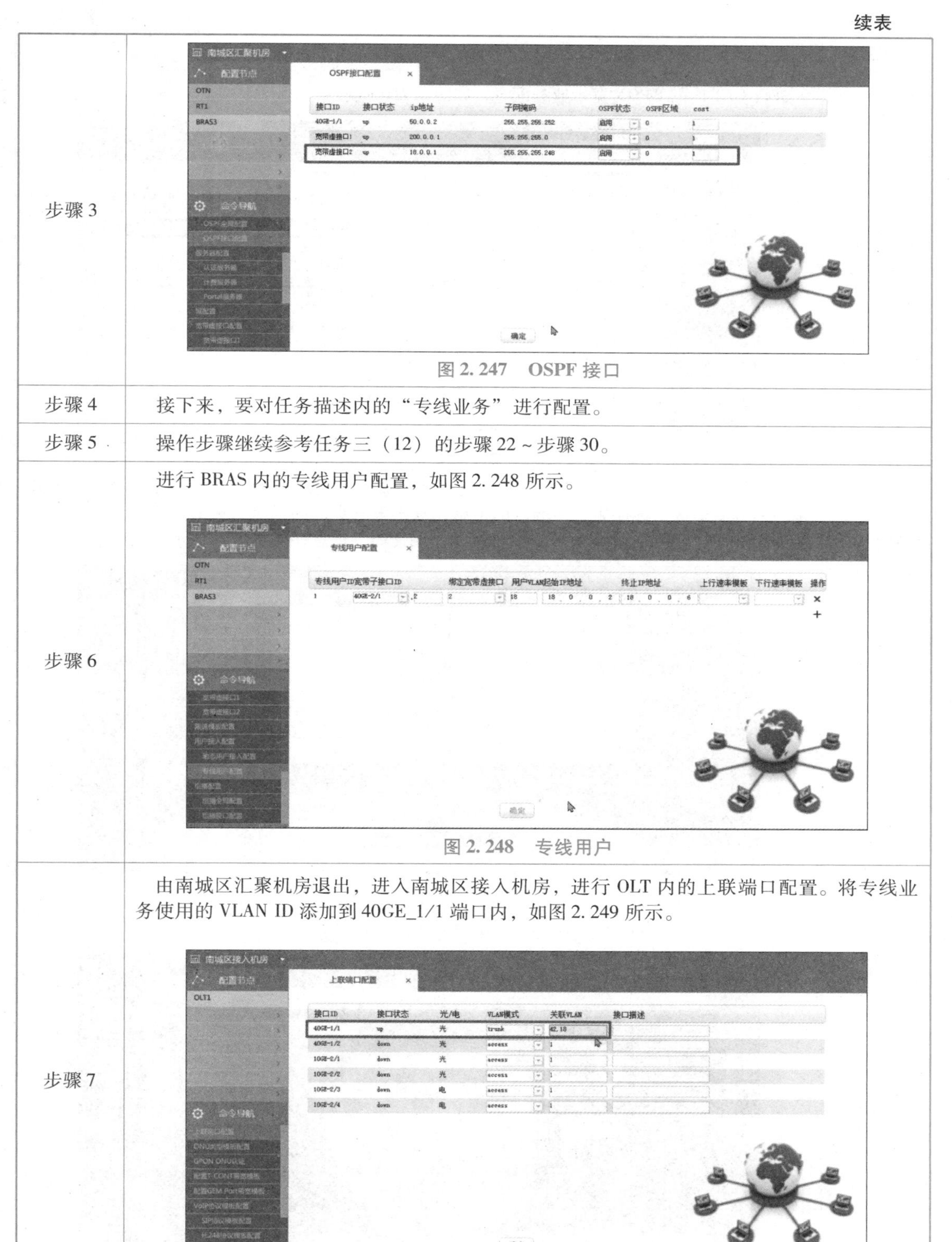

步骤 3	图 2. 247　OSPF 接口
步骤 4	接下来，要对任务描述内的“专线业务”进行配置。
步骤 5	操作步骤继续参考任务三（12）的步骤 22 ~ 步骤 30。
步骤 6	进行 BRAS 内的专线用户配置，如图 2. 248 所示。 图 2. 248　专线用户
步骤 7	由南城区汇聚机房退出，进入南城区接入机房，进行 OLT 内的上联端口配置。将专线业务使用的 VLAN ID 添加到 40GE_1/1 端口内，如图 2. 249 所示。 图 2. 249　上联端口

续表

<table>
<tr><td>步骤 8</td><td>操作步骤继续参考任务三（12）的步骤 33 ~ 步骤 36。</td></tr>
<tr><td>步骤 9</td><td>进行 OLT 内的 GPON 宽带业务配置，如图 2.250 所示。

图 2.250　宽带业务</td></tr>
<tr><td>步骤 10</td><td>至此，专线业务的配置全部完成。通过“业务调测”模块内的“业务验证”检验一下效果。单击 B 街区，选择测试终端内的电脑，双击电脑桌面的“地址配置”图标，在“IPv4 地址配置”窗口内手动添加专线 IP 地址及子网掩码等信息，如图 2.251 所示。

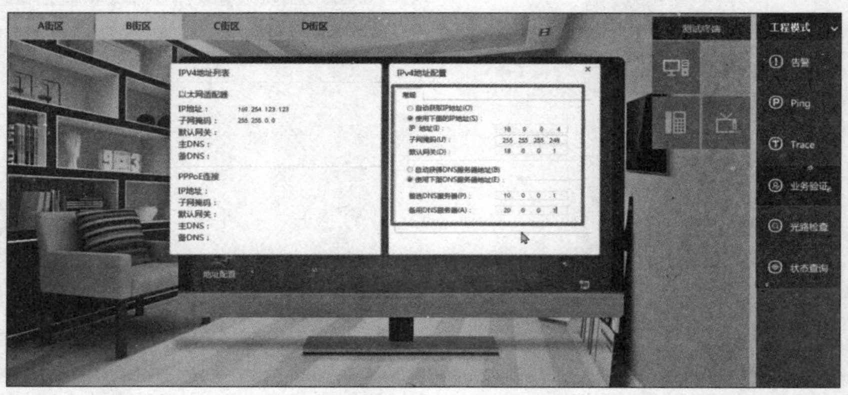

图 2.251　IP 信息</td></tr>
<tr><td>步骤 11</td><td>双击桌面上的“Internet”图标，显示网页内容，如图 2.252 所示。

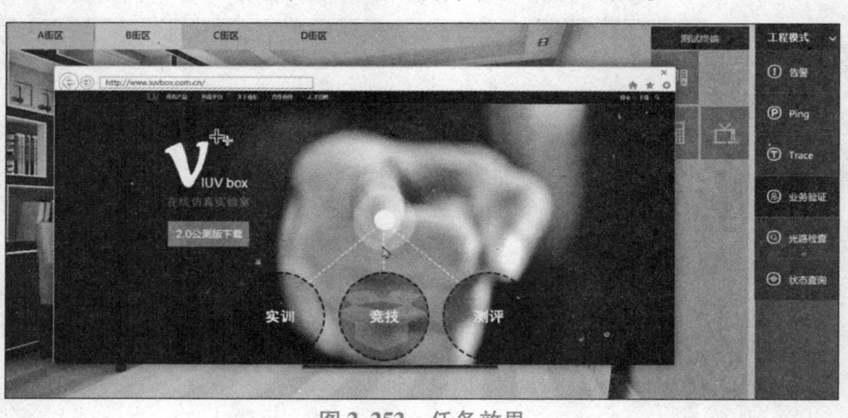

图 2.252　任务效果</td></tr>
</table>

续表

<table>
<tr>
<td>步骤 12</td>
<td>再次双击桌面上的“地址配置”图标，可以根据内容显示查看以太网适配器内的 IP 等信息是否正确，如图 2. 253 所示。
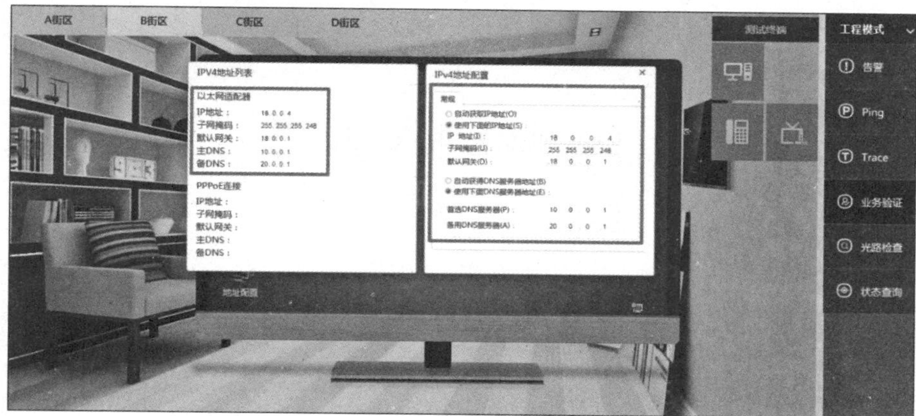

图 2. 253　IP 信息</td>
</tr>
</table>

模块三

WLAN 业务

知识目标

1. 理解无线接入的发展历史和分类。
2. 掌握 WLAN 的基本原理和 IEEE 802.11 协议标准。
3. 掌握 WLAN 室内外分布覆盖的概念和基本建设思路。
4. 掌握 WLAN 网络优化的流程、无线频谱资源、WLAN 系统与组网。

技能目标

1. 掌握 WLAN 的配置流程。
2. 熟悉 AC 的配置。
3. 了解 WLAN 业务内置 BRAS 的数据配置。
4. 了解 WLAN 业务外置 BRAS 的数据配置。

项目一　无线接入技术

理论部分

1.1　无线接入概述

无线接入是从公用电信网的交换节点到用户终端之间的传输设备采用无线方式、为用户提供固定或移动的接入服务的技术。无线接入以无线传播手段来补充或替代有线接入网的局部甚至全部，从而达到降低成本、改善系统灵活性和扩展传输距离的目的。

宽带无线接入技术是目前非常流行的一种接入技术，与有线宽带接入方式相比，还面临着开发新频段、完善调制和多址技术、防止信元丢失、时延等方面的问题，但其以自身的无须铺设线路、建设速度快、初期投资少、受环境制约不大、安装灵活、维护方便等特点在接入网领域备受关注。

宽带无线接入技术一般包含无线个域网、无线局域网、无线城域网和无线广域网 4 个大类，它们共同组成宽带无线接入技术的网络架构。

1. 无线个域网（WPAN）

WPAN 位于整个网络链的末端，用于解决同一地点的终端与终端之间的连接，即点到点的短距离连接，典型代表技术为 IEEE 802.15，又称为蓝牙。WPAN 工作在个人操作环境，需要相互通信的装置构成一个网络，无须任何中央管理装置，可以动态组网，从而实现各个设备间的无线动态连接和实时信息交换。WPAN 在 2.4 GHz 频段，其新的标准将可以支持最高达 55 Mb/s 的多媒体通信。蓝牙技术遭遇的最大的障碍是过于昂贵。突出表现在芯片大小和价格难以下调、抗干扰能力不强、传输距离太短、信息安全问题等方面。

2. 无线局域网（WLAN）

WLAN 是目前在全球重点应用的宽带无线接入技术之一，用于点对多点的无线连接，解决用户群内部的信息交流和网际接入，如企业网和驻地网。现在的大多数 WLAN 都在使用 2.4 GHz 和 5 GHz 频段。典型的 WLAN 标准是 IEEE 802.11 系列，又称 WiFi。

3. 无线城域网（WMAN）

无线城域网的推出是为了满足日益增长的宽带无线接入市场需求。虽然多年来 WiFi 等 WLAN 技术一直与许多其他专有技术一起被用于无线宽带接入，并获得很大成功，但是 WLAN 的总体设计及其提供的特点并不能很好地适用于室外的宽带接入应用。当其用于室外时，在带宽和用户数方面将受到限制，同时，还存在着通信距离等其他一些问题。

而无线城域网标准应能同时解决物理层环境（室外射频传输）和 QoS 两方面的问题，以满足城域无线宽带接入市场的需要。目前主要使用的无线城域网技术是 IEEE 802.16，又称“WiMax”。无线城域网采用 WiMax 技术，覆盖半径为几千米到几十千米，速率可达到几十 Mb/s。

4. 无线广域网（WWAN）

WWAN 满足超出一个城市范围的信息交流和网际接入需求。2G、3G、4G、5G 蜂窝移动通信系统共同构成 WWAN 的无线接入，其中，3G、4G 蜂窝移动通信系统是目前最多应用无线广域网的接入技术，而 5G 标准拥有更高的数据传输速率。

1.2　WLAN 接入技术

无线局域网（Wireless Local Area Networks，WLAN）是利用射频（RF）无线信道或红外信道取代有线传输媒介而构成的局域网络，是计算机网络与无线通信技术相结合的产物。WLAN 以无线多址信道作为传输媒介，在空中传输数据、语音和视频信号，它可以使用户对有线网络进行任意扩展和延伸，使用户实现不限时间、地点的宽带网络接入，如图 3.1 所示，WLAN 正逐渐从传统意义上的局域网技术发展成为互联网的宽带接入手段。

无线局域网的应用价值体现在以下几方面：

（1）可移动性

由于没有线缆的限制，用户可以在不同的地方移动工作，网络用户不管在任何地方都可以实时地访问信息。

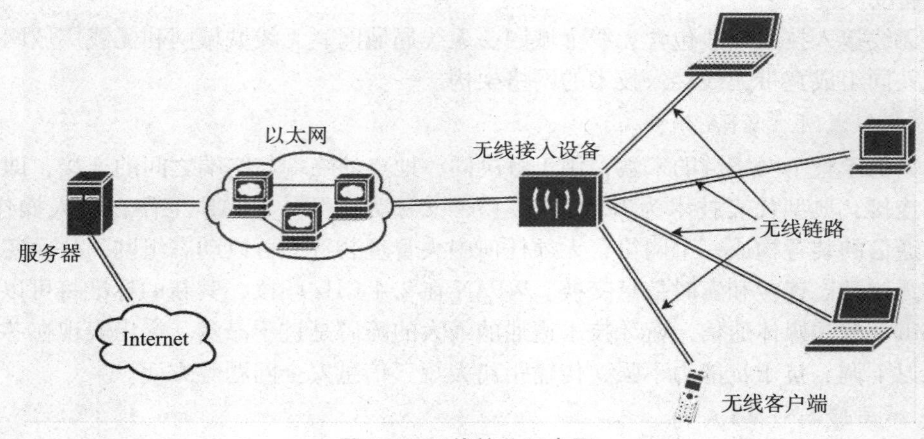

图 3.1　无线接入示意图

（2）布线容易

由于不需要布线，消除了穿墙或过天花板布线的烦琐工作，因此安装容易，建网时间可大大缩短。

（3）组网灵活

无线局域网可以组成多种拓扑结构，可以十分容易地从少数用户的点对点模式扩展到上千用户的基础架构网络。

（4）成本优势

这种优势体现在用户网络需要租用大量的电信专线进行通信的时候，自行组建的 WLAN 会为用户节约大量的租用费用。在需要频繁移动和变化的动态环境中，无线局域网的投资更有回报。

另外，无线网络通信范围不受环境条件的限制，室外可以传输几万米，室内可以传输数十、几百米。在网络数据传输方面也有与有线网络等效的安全加密措施。

1.2.1　WLAN 主要技术特点

1. 扩频技术

WLAN 采用的扩频技术是跳频扩频（FHSS）和直接序列扩频（DSSS），其中直接序列扩频技术因发射功率低于自然的背景噪声，具有很强的抗干扰和抗衰落能力，同时，它将传输信号与伪随机码进行异或运算，信号本身就有加密功能，即使能捕捉到信号，也很难打开数据，具有很高的安全性，基本避免了通信信号的偷听和窃取，因此，直接序列扩频技术在 WLAN 中具有很高的可用性。

2. 无线频谱规划

WLAN 使用的无线传输介质是红外线和位于工业、科学、医学（ISM）频段的无线电波，红外线一般用于室内环境，以视距进行点对点传播。无线电波用于室内环境和室外环境，具有一定的穿透能力。

红外线不受无线电管理部门的管制，ISM 频段是非注册使用频段，用户不用申请即可使用，该频段在美国不受联邦通信委员会（FCC）的限制，属于工业自由辐射频段，不会对人体健康造成伤害，因此构建 WLAN 不需要申请无线电频率。但是为了防止对同频段的其他系统造成干扰，仍按发放电台执照的方式进行有序发展管理，若低于国家规定，则无须该许可证，国家无线电管理委员会规定无线 AP 的辐射功率小于 20 dBm（100 mW）。

3. 安全技术

WLAN 采用直接序列扩频技术，它将传输信号与伪随机码进行异或运算，信号本身就有加密功能，即使能捕捉到信号，也很难打开数据。同时，WLAN 还具有扩展服务集标识号（ESSID）、MAC 地址过滤、有线对等加密（WEP）以及用户认证等安全技术。

4. 覆盖与天线技术

WLAN 主要面向个人用户和移动办公，一般部署在人口密集且数据业务需求较大的公共场合，如机场、会议室、宾馆、咖啡屋或大学校园等，覆盖形式呈岛形。WLAN 覆盖包括室外覆盖和室内覆盖。AP 的无线覆盖能力与发射功率、应用环境、传输速率有关。国家无线电管理委员会规定，在无线 AP 的发射功率小于 100 mW 条件下，要求无线 AP 的室外覆盖范围达到 100 ~ 300 m，室内覆盖范围达到 30 ~ 80 m。

5. 无线漫游技术

WLAN 中的无线漫游是指在不同的无线 AP（SSID）之间，用户站与新的无线 AP 建立新的连接，并切断与原来无线 AP 连接的接续过程。由于无线电波在空中传播过程中会不断衰减，无线信号的有效范围取决于发射的电波功率的大小，当电波功率额定时，无线 AP 的服务对象被限定在一定的范围之内。当 WLAN 环境存在多个 AP，且它们的覆盖范围有一定的重合时，无线用户站可以在整个 WLAN 覆盖区内移动，无线网卡能够自动发现附近信号强度最大的无线 AP，并通过这个无线 AP 收发数据，保持不间断的网络连接。

1.2.2 WL AN 的协议栈

WLAN 是基于计算机网络与无线通信技术的，在计算机网络结构中，逻辑链路控制层（LLC）及其以上的各层，对不同的物理层的要求可以是相同的，也可以是不同的。因此，WLAN 标准主要针对物理层和媒质访问控制层（MAC），涉及所使用的无线频率范围、空中接口通信协议等技术规范与技术标准。WLAN 的协议栈模型如图 3.2 所示。

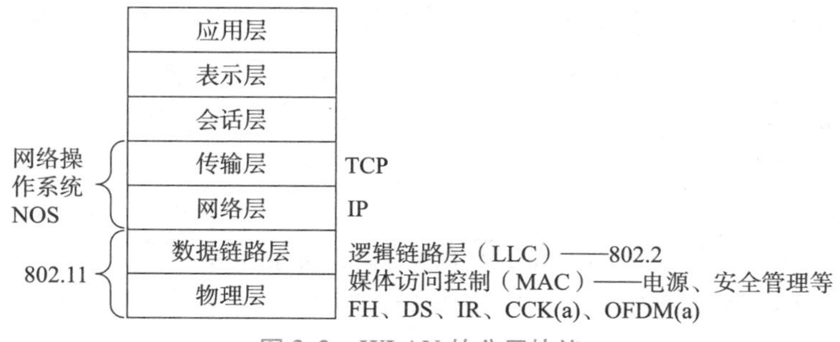

图 3.2 WLAN 的分层协议

WLAN 标准从 1997 年推出到现在，已经历了二十多年的发展历程。从最初的 IEEE 802.11，发展到目前已经有十多种扩展名，包括 a、b、c、d、e、f、g、h、i、n 和 ac 等。其中，802.11（a、b、g、n）是与物理层相关的标准，802.11（d、e、h、i）影响 MAC 层，802.11（c、f）影响应用层。现对部分标准简介如下：

1. IEEE 802.11

在20世纪90年代初，为了满足人们对WLAN日益增长的需求，IEEE成立了专门的802.11工作组，专门研究和定制WLAN的标准协议，并在1997年6月推出了第一代WLAN协议——IEEE 802.11。它工作在ISM的2.4 GHz频段，业务主要限于数据存取，速率最高只能达到2 Mb/s。主要用于办公室局域网和校园网用户的短距离无线接入。主要定义物理层和媒体访问控制（MAC）规范，该协议由于在速率和传输距离上的设计不能满足人们的需求，因此并未被大规模使用。

2. IEEE 802.11a

1999年，IEEE推出的802.11a工作在ISM的5 GHz频段上，数据传输速率为6～54 Mb/s。物理层可采用多种调制方式，如BPSK、DQFSK、16QAM、64QAM、OFDM等，其中正交频分复用（OFDM）是一种多载波调制技术，主要是将指定信道分成若干子信道，在每个子信道上使用一个子载波进行调制，并且各子载波是并行传输，可以有效提高信道的频谱利用率。802.11a可提供25 Mb/s的无线ATM接口和10 Mb/s的以太网线帧结构接口，并支持语音、数据、图像业务。这样的速率完全能满足室内、室外的各种应用场合。802.11a的优点是具有较高的网络速率，信号不易被干扰。802.11a的缺点是成本较高；信号容易被障碍物阻隔。

3. IEEE 802.11b

1999年7月，IEEE推出了802.11b标准，也就是大家熟悉的WiFi（Wireless Fidelity，无线保真）。它工作在ISM的2.4 GHz频段，支持数据和图像业务，最高支持11 Mb/s的传输速率，在2 Mb/s、1 Mb/s速率时与IEEE 802.11兼容。

该标准在IEEE 802.11基础上扩充了标准的物理层，可采用直接序列扩频（DSSS）和补码键控（CCK）调制方法。在网络安全机制上，IEEE 802.11b提供了MAC层的接入控制和加密机制，达到与有线局域网相同的安全级别。

802.11b继承了802.11的无线信号频率标准。厂商也更乐意采用这一频率标准，因为这可以降低产品成本。另外，由于使用了未受规范的2.4 GHz扩频，无线局域网信号也很容易被微波炉、无绳电话或者其他电器设备发出的信号所干扰。当然，解决这一问题也很简单，安装802.11b设备的时候，注意与其他设备保持一定的距离即可。

802.11b的优点是成本低，信号辐射较好，不容易被阻隔。802.11b的缺点是带宽速率较低，信号容易受到干扰。

4. IEEE 802.11g

在2002年和2003年间，IEEE推出了全新的标准802.11g。它结合了802.11a和802.11b的优点，在调制上可采用802.11b中的补码键控（CCK）调制方式和802.11a中的正交频分复用（OFDM）调制方式。

它既能适应传统的802.11b标准，在2.4 GHz频率下提供11 Mb/s数据传输率，也符合802.11a标准在5 GHz频率下提供56 Mb/s数据传输率。

802.11g的优点是较高的网络速率，信号质量好，不容易被阻隔。802.11g的缺点是成本比802.11b的高；电气设备可能会影响到2.4 GHz频段信号。

5. IEEE 802.11n

2009年推出的新协议标准就是802.11n。802.11n通过采用智能天线技术，可以将

WLAN 的传输速率由目前 802.11a 及 802.11g 提供的 54 Mb/s、108 Mb/s，提高到 300 Mb/s 甚至是 600 Mb/s。得益于将 MIMO（多入多出）与 OFDM（正交频分复用）技术相结合而应用的 MIMO OFDM 技术，提高了无线传输质量，也使传输速率得到极大提升。

另外，802.11n 采用了一种软件无线电技术，它是一个完全可编程的硬件平台，使得不同系统的基站和终端都可以通过这一平台的不同软件实现互通和兼容，这使得 WLAN 的兼容性得到极大改善。这意味着 WLAN 将不但能兼容 802.11a/b/g，而且可以实现 WLAN 与无线广域网络的结合，比如 3G。

802.11n 的优点是具有最快的网络速率和最广的信号覆盖范围，信号干扰影响较小。802.11n 的缺点是成本较高；使用多个信号时，容易干扰附近的 802.11b/g 网络。

6. IEEE 802.11ac

2016 年 7 月发布的 802.11ac 是 802.11n 的继承者，它扩展了源自 802.11n 的空中接口概念，包括更宽的 RF 带宽（提升至 160 MHz）、更多的 MIMO 空间流、多用户的 MIMO，以及更高阶的调制（达到 256QAM）等大量标准。IEEE 802.11ac 使用 5 GHz 频带进行通信，理论上能够支持 1 Gb/s 传输带宽。

除了上面的这些标准外，还有其他一些标准，如 802.11i、802.11p 等，是 802.11 标准的补充和加强。

IEEE 802.11 系列标准主要技术指标比较见表 3.1。

表 3.1 IEEE 802.11 系列标准

标准名称	提出时间	工作频段/GHz	最高速率/($Mb \cdot s^{-1}$)	调制技术	覆盖范围
IEEE 802.11	1997 年	2.4/红外	2	BPSK、DQPSK + DSSS、GFSK + FHSS	N/A
IEEE 802.11a	1999 年	5	54	OFDM	50 m
IEEE 802.11b	1999 年	2.4	11	CCK + DSSS	100 m
IEEE 802.11g	2003 年	2.4	54	OFDM、CCK	100 m
IEEE 802.11n	2009 年	2.4	300	MIMO + OFDM	几百米
IEEE 802.11ac	2016 年	5	1 000	MIMO + OFDM	几百米

1.2.3 WLAN 无线频谱资源

WLAN 部分标准使用 2.4 GHz 频段，部分标准使用 5 GHz 频段。工作于 2.4 GHz 频段（又可称为 ISM 频段）是不需要执照的，是公开的；工作于 5 GHz 频带是需要执照的。

ISM（Industrial Scientific Medical，工业科学医疗专用频道）为工业、科学和医疗频段，最初是由美国联邦通信委员会（FCC）分配的不必许可证的无线电频段（发射功率不能超过 1 W）。在美国分为工业（902 ~ 928 MHz）、科学研究（2.42 ~ 2.483 5 GHz）和医疗（5.725 ~ 5.850 GHz）三个频段。

1. 2.4 GHz 频段

2.4 GHz 为各国共同的 ISM 频段。因此，无线局域网、蓝牙、ZigBee 等无线网络均可工作在 2.4 GHz 频段上。工作在该频段的设备包括蓝牙、微波炉、无绳电话。中心频点在 2 412 ~ 2 484 MHz 的范围内被划分为 14 个交叠的、错列的无线载波信道。

美国和加拿大使用 1 ~ 11，中国和欧洲使用 1 ~ 13，西班牙使用 10 ~ 11，日本使用 1 ~ 14。每个信道宽度为 20 MHz，相邻信道间隔为 5 MHz，其中信道 13 与信道 14 间隔为 12 MHz，见表 3.2。

表 3.2 2.4 GHz 频段 WLAN 信道配置表

信道	中心频率/MHz	信道低端/高端频率/MHz
1	2 412	2 401/2 423
2	2 417	2 406/2 428
3	2 422	2 411/2 433
4	2 427	2 416/2 438
5	2 432	2 421/2 443
6	2 437	2 426/2 448
7	2 442	2 431/2 453
8	2 447	2 426/2 448
9	2 452	2 441/2 463
10	2 457	2 446/2 468
11	2 462	2 451/2 473
12	2 467	2 456/2 478
13	2 472	2 461/2 483
14	2 484	2 472/2 496

3 组不重叠信道，即 1/6/11、2/7/12、3/8/13，最好使用 1/6/11，因部分网卡不支持 12、13 信道，如图 3.3 所示。

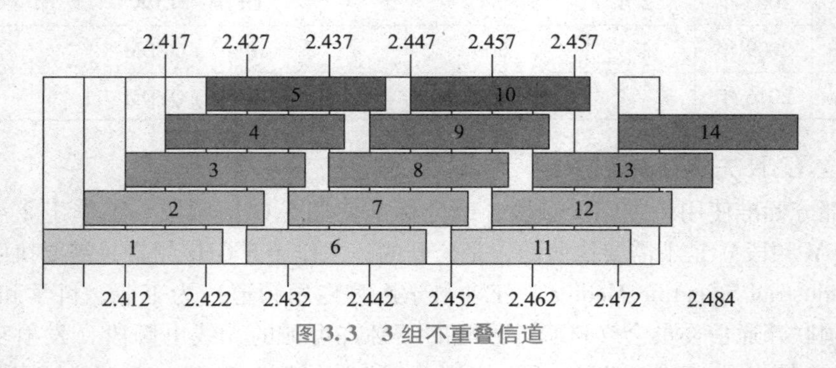

图 3.3 3 组不重叠信道

当一组不重叠信道有较大干扰时，可以使用信道间隔为 4 频点的部分重叠信道 1/5/9/13、2/6/10、3/7/11、4/8/12。

2. 5 GHz 频段

5 GHz 称为医疗频段，细化又可分为 5.2 GHz 频段与 5.8 GHz 频段。

如图 3.4 所示，5.2 GHz 频段的频率范围为 5 150 ~ 5 350 MHz，可用带宽为 200 MHz。

802.11ac 协议中规定 5.2 GHz 的可用信道有 8 个，分别为 36、40、44、48、52、56、60、64。后 4 个信道会与雷达环境相冲突，所以常规模式下建议避开这些雷达信道，以避免出现无线终端接入问题。中国只开放了 36、40、44 和 48 这 4 个信道。每个信道带宽为 20 MHz，可支持一组 160 MHz 信道捆绑、一组 80 MHz 信道捆绑、两组 40 MHz 捆绑。

信道	中心频率	频率范围	20	40	80	160	中国
36	5 180	5 170~5 190	20				√
38	5 190	5 170~5 210					×
40	5 200	5 190~5 210	20				√
42	5 210	5 170~5 250					×
44	5 220	5210~5 230	20				√
46	5 230	5 210~5 250					×
48	5 240	5 230~5 250	20				√
50	5 250	5 170~5 330					×

图 3.4 中国 5.2 GHz 频段 WLAN 信道配置表（单位：MHz）

如图 3.5 所示，5.8 GHz 频段的频率范围为 5 725 ~ 5 850 MHz，可用带宽为 125 MHz。中国只开放了 149、153、157、161 和 165 这 5 个信道。每个信道宽度为 20 MHz，相邻信道间隔为 5 MHz。可支持一组 80 MHz 信道捆绑（149 ~ 161）或两组 40 MHz 捆绑（149 ~ 153 和 157 ~ 161）。缺点是频段高，传播损耗大，覆盖范围小。

信道	中心频率	频率范围	20	40	80	160	中国
149	5 745	5 735~5 755	20				√
151	5 755	5 735~5 775					×
153	5 765	5 755~5 775	20				√
155	5 775	5 735~5 815				×	×
157	5 785	5 775~5 795	20				√
159	5 795	5 775~5 815					×
161	5 805	5 795~5 815	20				√
165	5 825	5 815~5 835					√

图 3.5 中国 5.8 GHz 频段 WLAN 信道配置表（单位：MHz）

1.2.4 WLAN 设备组成

WLAN 组网的设备包括 BRAS、AP、AC、STA、AAA、天线等，如图 3.6 所示。

1. BRAS（Broadband Remote Access Server，宽带远程接入服务器）

宽带远程接入服务器是面向宽带网络应用的新型接入网关，它位于骨干网的边缘层，对用户进行认证和 IP/ATM 网的数据接入控制。该单元有些在 AC 中集成，有些是独立设备。

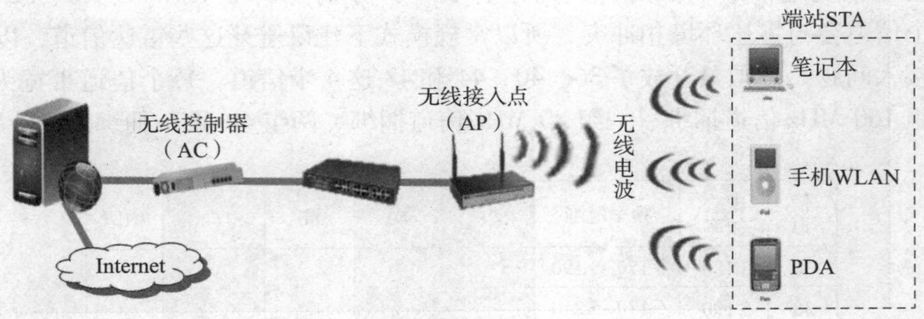

图 3.6　WLAN 组网结构

2. AP（Access Point，接入点）

接入点是 WLAN 的核心设备，它也称无线网桥、无线网关等。AP 下行方向通过无线链路和 STA 进行通信，AP 上行方向与 AC 通过有线链路连接。

AP 类型根据功能区分为胖 AP 和瘦 AP 两种。最早的 WLAN 设备将多种功能集为一身，例如：将物理层、链路层、用户数据加密、用户的认证、QoS、安全策略、用户的管理及其他应用层功能集为一体，一般将这类 WLAN 设备称为胖 AP。使用胖 AP 时不需要 AC，同时，胖 AP 网络也不能实现集中管理，终端无法漫游。胖 AP 信息需要单独配置。胖 AP 的特点是配置灵活、安装简单、性价比高，但 AP 之间相互独立，无法适用于用户密度高、多个 AP 连续覆盖等环境复杂的场所。

对于瘦 AP，这种类型的 AP 是将原胖 AP 物理层以上功能（802.11 报文的加解密、802.11 的 PHY 功能、802.11 到 802.3 帧的转换、接受无线控制器的管理、RF 空口的统计等简单功能）转移到 AC 中实现，由 AC 对 AP 进行控制和数据报文的集中转发。瘦 AP 连接 AC 后，通过 DHCP 服务器自动获取 AC 地址，从 AC 下载配置信息，不必再对单个 AP 进行烦琐的设定，实现即插即用，因此瘦 AP 是无法独立工作。瘦 AP 适合大规模部署，通常需要与交换机、控制器等设备配合组网。

AP 类型根据使用场景区分，有室外型 AP 和室内型 AP。室外型 AP 功率为 500 mW，室内为 100 mW。

3. AC（Access Controller，接入控制器）

在大型网络中，由于 AP 数量较多，为方便管理，引入 AC 来实行集中管理。这时 AP 只保留物理链路层和 MAC 功能，提供可靠、高性能的射频管理，包括 802.11 协议的无线连接；AC 承担了所有的上层功能，包括安全、控制和管理等功能。AC 还可集成 BRAS 和 AAA 功能，不必额外配置 BRAS/AAA，从而降低建网和运营成本。

AC 的功能包括无线网络的接入控制、无线网络的转发和统计、AP 的配置监控、漫游管理、AP 的网管代理、AP 安全控制等。胖 AP 组网时不需要 AC。

4. STA

工作站、终端。

5. AAA

认证授权计费服务器。实现网络内认证、授权、计费信息的交互。

6. 天线

天线用于发射和接收信号。当超出一定距离时，可通过天线来增强无线信号。它相当于一个信号放大器，可以延伸传输的距离。天线的参数主要有频率范围、增益值和极化方式等。

1.2.5 WLAN 组网演进

WLAN 的组网演变是从胖 AP 到瘦 AP 的演变。在数字城市发展进程中，不仅各政府、企业加大力度投资建设 WLAN 网络，各家运营商也开始纷纷投身于 WLAN 公网建设。老牌运营商在对用户接入的时候，是利用固网的 BRAS 实现接入控制的。因此，WLAN 组网结构主要是胖 AP 架构→胖 AP + BRAS 架构→AC + 瘦 AP + BRAS 架构→瘦 AP + AC 架构的演变。

传统的胖 AP 建设模式虽然具有配置灵活、安装简单、适用性强、性价比高等优点，但其仅适用于一些小范围覆盖、投入少、对安全性要求不高的场景，不适合建设一张高可靠性电信级的无线服务网络。究其根源，是由于在传统的无限局域网中存在着设备单一、缺乏集中管理手段和安全控制策略以及不能支持漫游的先天不足等原因。随着 WLAN 建网、组网问题的不断出现，一种全新的 WLAN 网络架构 AC + 瘦 AP 集中式 WLAN 管理模式应运而生。

AC + 瘦 AP 架构赋予了网络部署很大的灵活性，一个 AC 可以同时管理数十个到上千个瘦 AP，也可以根据网络情况和业务需要部署在网络的不同位置；瘦 AP 可以通过各种方式连接到 AC，与之组成多层、多点的大型热区覆盖网络。这种构架使得 WLAN 网络的部署更加灵活可靠，而且还能通过 AC 对网络进行集中管理，极大提高了可管理性和可维护性，使得业务总体性能大大提高。这些特点使其很适合中大型 WLAN 网络的部署需要，尤其是运营商及 WLAN 网络的部署需要。

1.2.6 WLAN 组网方式

WLAN 一般分为自治式组网和集中式组网。

1. 自治式组网

自治式组网由胖 AP 构成，胖 AP 除无线接入功能外，一般具备 WAN、LAN 两个接口，多支持 DHCP 服务器、DNS 和 MAC 地址克隆，以及 VPN 接入、防火墙等安全功能，网络结构简单。

在接入点少、用户量少、网络结构简单的情况下，宜采用自治式组网方式。

2. 集中式组网

集中式组网由瘦 AP 和 AC 构成，此无线设备的传输机制相当于有线网络中的集线器，在无线局域网中不停地接收和传送数据；任何一台装有无线网卡的 PC 均可通过 AP 来分享有线局域网络甚至广域网络的资源。

集中式组网架构的层次清晰，瘦 AP 通过 AC 进行统一配置和管理。在接入点多、用户量大，同时用户分布较广的组网情况下，宜采用集中式组网方式。

操作部分

任务一（16） 内置 BRAS 结构

任务描述	万绿市下设 3 个城区，分别是西城区、南城区和东城区。西城区的 A 街区是步行商店街，需要在该区域进行无线覆盖并且采用内置 BRAS 结构。

续表

任务分析

1. 核心层需要放置哪些设备。
2. 传输层需要放置哪些设备。
3. AC需要与哪些网元相连。
4. BRAS的功能由哪个网元来承担。

任务实施

步骤1

根据任务描述，内置BRAS结构的无线覆盖拓扑结构如图3.7所示。

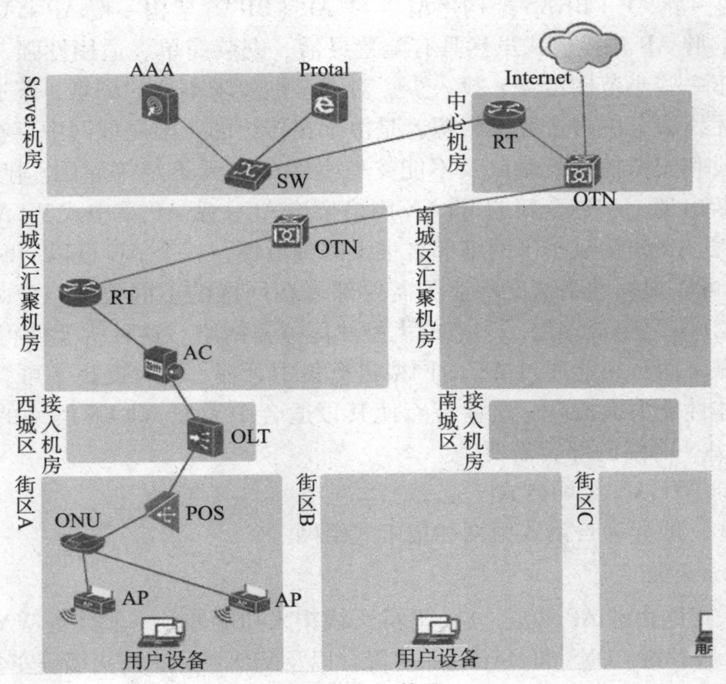

图3.7　拓扑图

数据规划见表3.3。

表3.3　数据规划

<table>
<tr><th>本端设备</th><th>本端接口</th><th>对端设备</th><th>对端接口</th></tr>
<tr><td>AAA服务器</td><td>10GE-1/1</td><td rowspan="3">Server机房SW（小型）</td><td>10GE-1/1</td></tr>
<tr><td>Portal服务器</td><td>10GE-1/2</td><td>10GE-1/2</td></tr>
<tr><td rowspan="2">中心区机房RT（中型）</td><td>10GE-6/1</td><td>10GE-1/3</td></tr>
<tr><td>40GE-1/1</td><td rowspan="2">西城区汇聚RT（中型）</td><td>40GE-1/1</td></tr>
<tr><td rowspan="2">西城区汇聚AC（大型）</td><td>10GE-1/1</td><td>10GE-6/1</td></tr>
<tr><td>10GE-1/2</td><td rowspan="2">西城区接入OLT（大型）</td><td>10GE-2/1</td></tr>
<tr><td>街区A</td><td></td><td>GPON-3/1</td></tr>
</table>

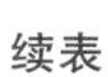

续表

步骤 2	单击“容量计算”模块，修改西城区街区 A 为步行街场景，然后单击“确定”按钮，如图 3.8 所示。 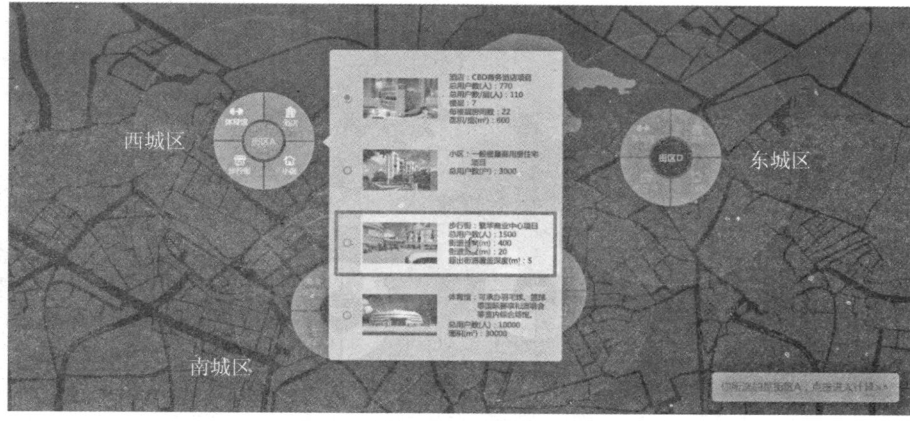 图 3.8　场景图
步骤 3	单击“设备配置”模块，进入 Server 机房，在设备池内选取 AAA 服务器放入机柜内，如图 3.9 所示。  图 3.9　机柜图
步骤 4	再次从设备池内选取 Portal 服务器放入机柜内，如图 3.10 所示。  图 3.10　机柜图

续表

<table>
<tr><td>步骤 5</td><td>从设备池内选取小型交换机，放置在另一个机柜中，如图 3.11 所示。

图 3.11　机柜图</td></tr>
<tr><td>步骤 6</td><td>由 Server 机房退出，进入中心机房放置路由器和 OTN 设备。根据传输带宽的需求，在设备池内选择一台中型路由器及一台中型 OTN 设备。将两台设备由设备池拖拽至机柜内安放。安放完成后，设备指示图处有显示，如图 3.12 所示。

图 3.12　机柜图</td></tr>
<tr><td>步骤 7</td><td>由中心机房退出，进入西城区汇聚机房。在设备池内选取一台中型路由器、一台中型 OTN 设备和一台大型 AC 设备

，放置在机柜内，如图 3.13 所示。

图 3.13　机柜图</td></tr>
</table>

续表

<table>
<tr><td>步骤 8</td><td>退出西城区汇聚机房，进入西城区接入机房，选择空置机柜。在设备池中选取大型 OLT 设备，拖拽至机柜中，如图 3.14 所示。
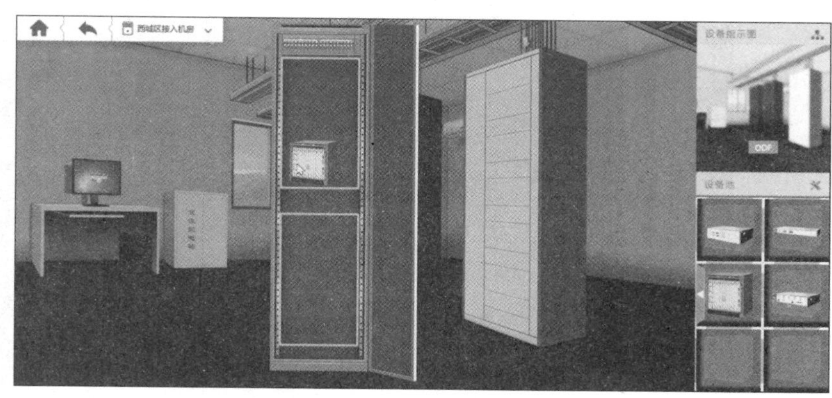

图 3.14　机柜图</td></tr>
<tr><td>步骤 9</td><td>由西城区接入机房转换至街区 A，选择楼宇内的光交接箱放置光网络单元设备（ONU），如图 3.15 所示。

图 3.15　街区场景</td></tr>
<tr><td>步骤 10</td><td>首先在设备池内选择分光比为 1∶32 的分光器，放置在左侧的光交接箱内，如图 3.16 所示。
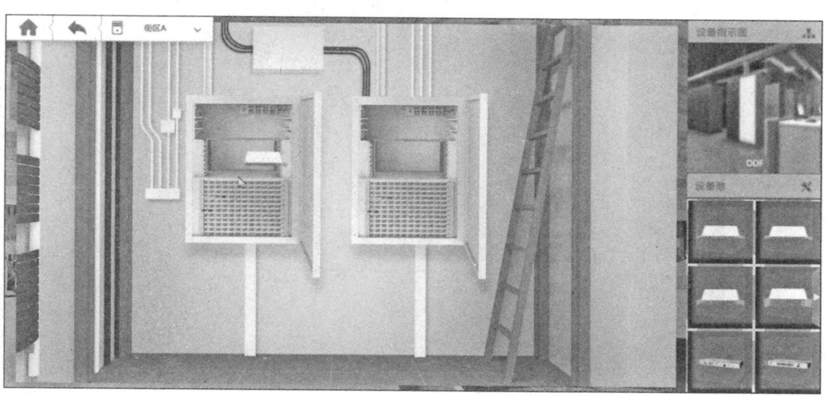

图 3.16　光交接箱</td></tr>
</table>

续表

步骤 11	接下来在设备池内选择 24 端口的大型 ONU，放置在右侧的光交接箱内，如图 3. 17 所示。  图 3. 17　光交接箱
步骤 12	返回到街区 A，单击图中一层建筑物位置，进入步行街，如图 3. 18 所示。  图 3. 18　街区场景
步骤 13	在设备池内选择定向 AP 或全向 AP 后，拖拽至圆圈位置，如图 3. 19 所示。  图 3. 19　AP 位置图

续表

步骤 14	到此为止，所需的设备均放置在拓扑图内的指定位置上。接下来，需要把设备之间的线缆连接上。连接的顺序依次为：Server 机房的 AAA 服务器/Portal 服务器→Server 机房的交换机（SW）→中心机房的路由器（RT）→中心机房的 OTN→西城区汇聚机房的 OTN→西城区汇聚机房的路由器（RT）→西城区汇聚机房的 AC→西城区接入机房的 OLT→街区 A 的分光器、ONU、AP、天线。
步骤 15	单击“设备配置”模块，进入 Server 机房，从线缆池选取成对 LC－LC 光纤，一端连接在 AAA 服务器的 10GE_1 号端口上，另一端连接在小型交换机 SW 的 10GE_1 端口上，如图 3.20 和图 3.21 所示。  图 3.20　AAA 端口图 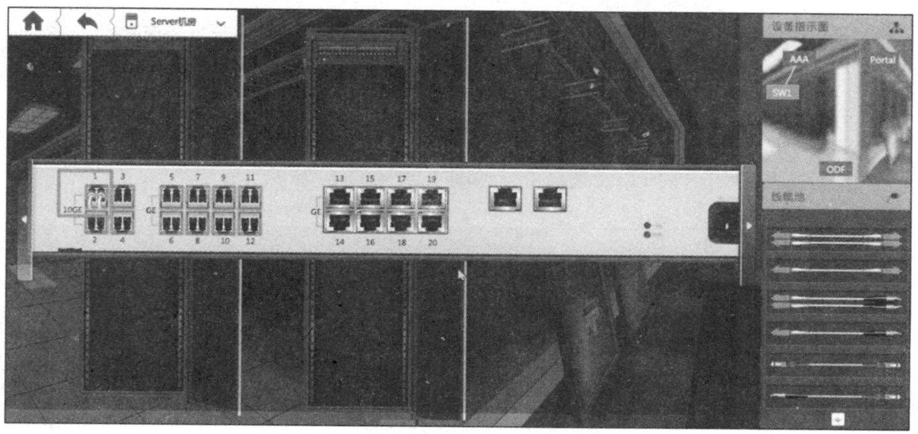 图 3.21　交换机端口图

续表

<table>
<tr>
<td>步骤 16</td>
<td>
从线缆池选取成对 LC－LC 光纤，一端连接在 Portal 服务器的 10GE_1 号端口上，另一端连接在小型交换机 SW 的 10GE_2 端口上，如图 3.22 和图 3.23 所示。

图 3.22　Portal 端口图

图 3.23　交换机端口图
</td>
</tr>
<tr>
<td>步骤 17</td>
<td>
从线缆池选取成对 LC－FC 光纤，一端连接在小型交换机 SW 的 10GE_3 端口上，另一端连接在 ODF 的 1T1R 端口上，如图 3.24 和图 3.25 所示。

图 3.24　交换机端口图
</td>
</tr>
</table>

续表

<table>
<tr>
<td>步骤 17</td>
<td>
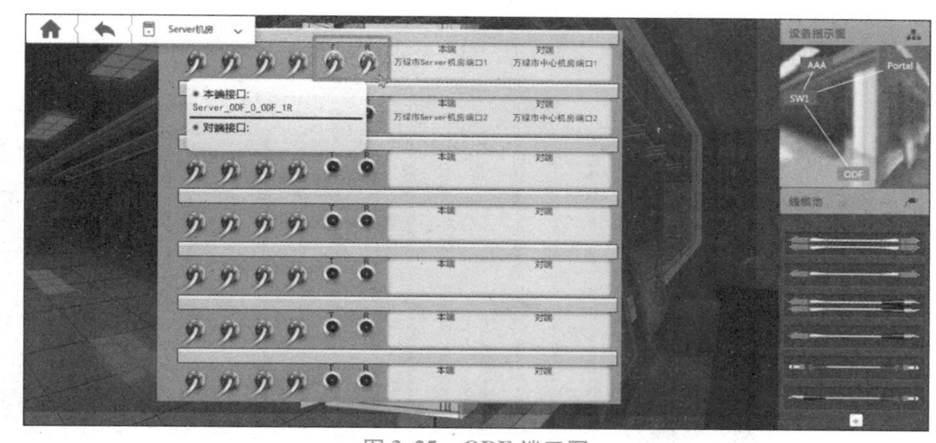

图 3.25　ODF 端口图
</td>
</tr>
<tr>
<td>步骤 18</td>
<td>
从线缆池选取成对 LC－FC 光纤，一端连接在 ODF 的 1T1R 端口上，另一端连接在中型路由器 RT6 号槽位的 10GE_6/1 端口上，如图 3.26 和图 3.27 所示。

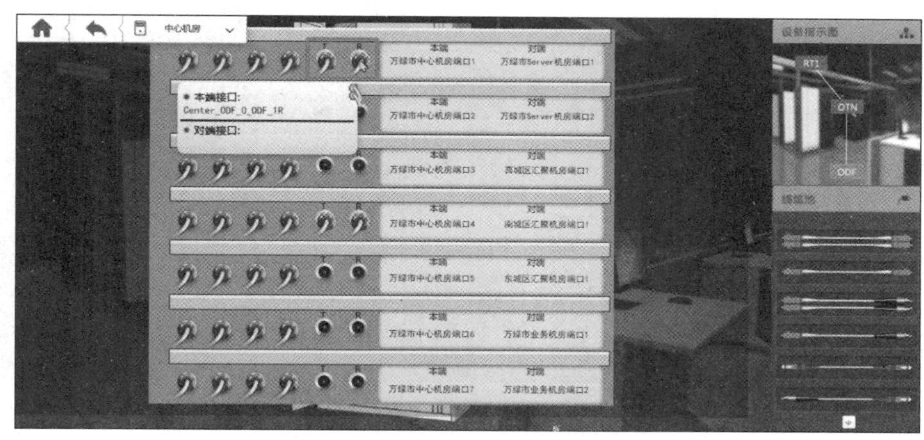

图 3.26　ODF 端口图

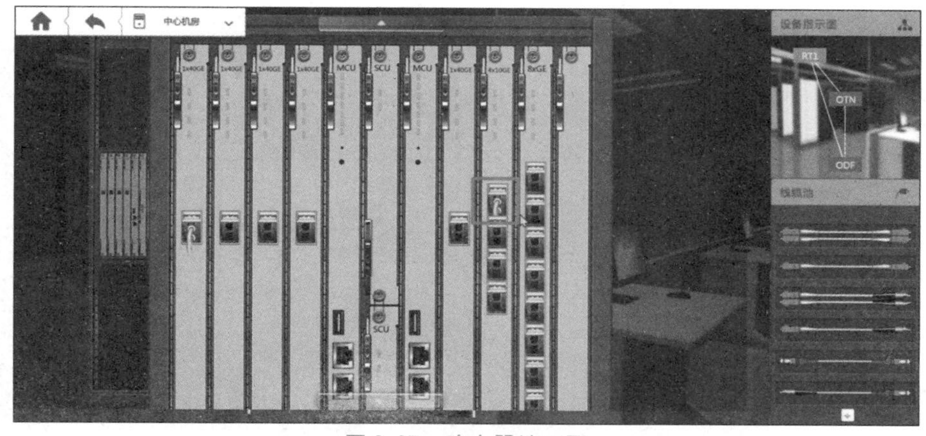

图 3.27　路由器端口图
</td>
</tr>
</table>

续表

<table>
<tr><td>步骤 19</td><td>在线缆池内选择成对 LC－LC 光纤，光纤的一端连接到路由器 RT1 的 40GE_1/1 端口上，另一端连接到 OTN 15 号槽位的 OTU40G_C1TC1R 端口上，如图 3.28 和图 3.29 所示。

图 3.28　路由器端口图
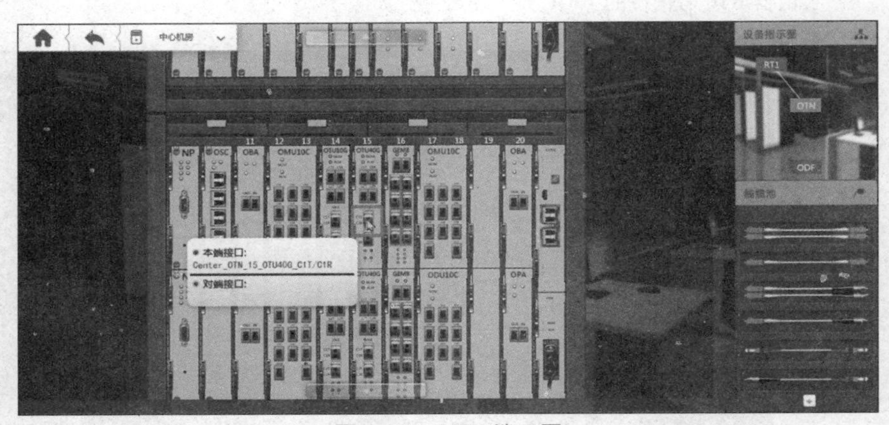

图 3.29　OTN 端口图</td></tr>
<tr><td>步骤 20</td><td>在右侧线缆池内选取单根 LC－LC 光纤，一端连接到 OTN 设备 15 号槽位的 OTU40G_L1T 端口上，另一端连接到 OTN 12 号槽位的 OMU10C_CH1 端口上，如图 3.30 所示。

图 3.30　OTN 端口图</td></tr>
</table>

续表

步骤 21	在右侧线缆池内重新选取单根 LC－LC 光纤，一端连接到 OTN 12 号槽位的 OMU10C_OUT 端口上，另一端连接到 OTN 11 号槽位的 OBA_IN 端口上，如图 3.31 所示。  图 3.31　OTN 端口图
步骤 22	在右侧线缆池内重新选取单根 LC－FC 光纤，一端连接在 OTN 11 号槽位的 OBA_OUT 端口上，然后在设备指示图中单击 ODF 图标，将光纤的另一端连接在 ODF_3T 端口上，如图 3.32 和图 3.33 所示。  图 3.32　OTN 端口图  图 3.33　ODF 端口图

续表

步骤 23	在右侧线缆池内选取单根 LC－FC 光纤，一端连接在 ODF_3R 端口上，另一端连接在 OTN 设备 21 号槽位的 OPA_IN 端口上，如图 3.34 和图 3.35 所示。 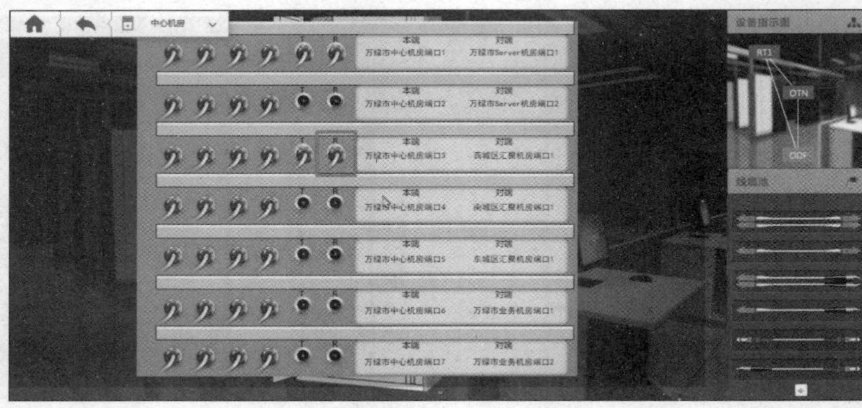 图 3.34　ODF 端口图 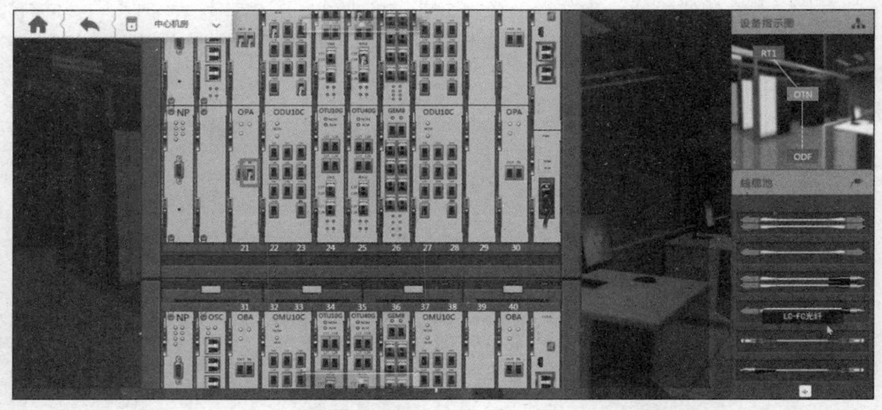 图 3.35　OTN 端口图
步骤 24	在右侧线缆池内重新选取单根 LC－LC 光纤，一端连接到 OTN 21 号槽位的 OPA_OUT 端口上，另一端连接到 OTN 22 号槽位的 ODU_IN 端口上，如图 3.36 所示。  图 3.36　OTN 端口图

续表

步骤 25	在右侧线缆池内重新选取单根 LC－LC 光纤，一端连接到 OTN 22 号槽位的 ODU_CH1 端口上，另一端连接到 OTN 15 号槽位的 OTU40G_L1R 端口上，如图 3.37 所示。  图 3.37　OTN 端口图 到此为止，中心机房的 RT1 与 OTN 设备的连接全部完成。
步骤 26	由中心机房退出，进入西城区汇聚机房，在右侧线缆池内选取单根 LC－LC 光纤，一端连接到 15 号槽位的 OTU40G_L1T 端口上，另一端连接到 12 号槽位的 OMU10C_CH1 端口上，如图 3.38 所示。 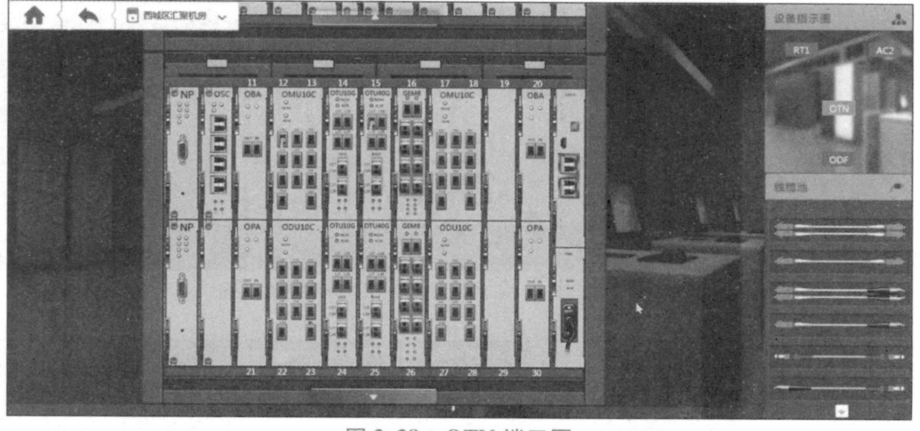 图 3.38　OTN 端口图

续表

<table>
<tr>
<td>步骤 27</td>
<td>

在右侧线缆池内重新选取单根 LC－LC 光纤，一端连接到 12 号槽位的 OMU10C_OUT 端口上，另一端连接到 11 号槽位的 OBA_IN 端口上，如图 3. 39 所示。

图 3. 39　OTN 端口图

</td>
</tr>
<tr>
<td>步骤 28</td>
<td>

在右侧线缆池内重新选取单根 LC－FC 光纤，一端连接在 11 号槽位的 OBA_OUT 端口上，然后在设备指示图中单击 ODF 图标，将光纤的另一端连接在 ODF_1T 端口上，如图 3. 40 和图 3. 41 所示。

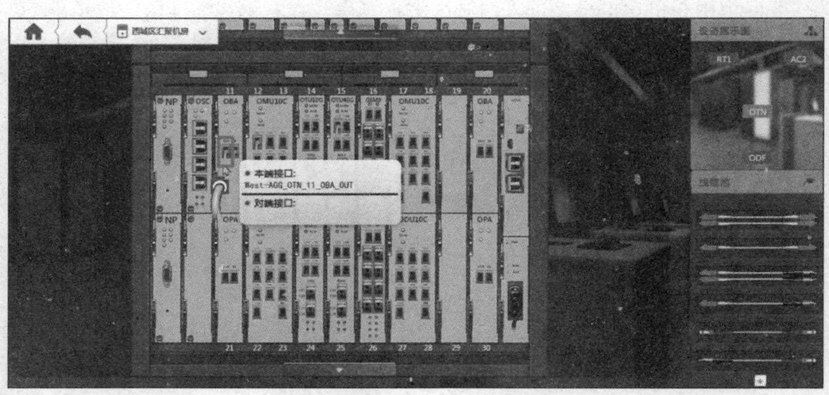

图 3. 40　OTN 端口图

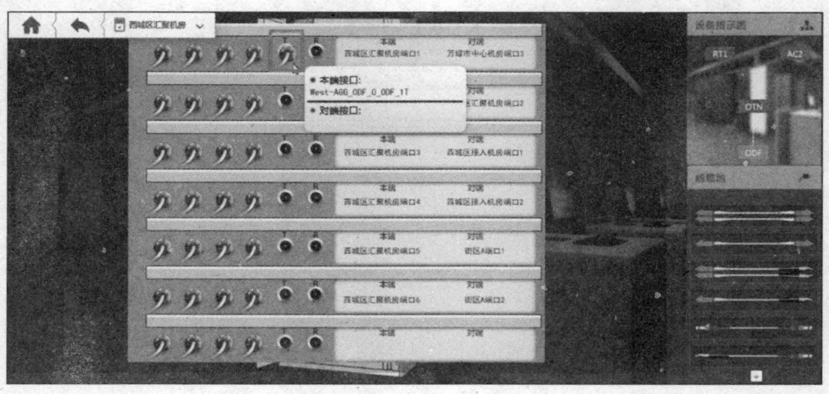

图 3. 41　ODF 端口图

</td>
</tr>
</table>

续表

<table>
<tr>
<td>步骤 29</td>
<td>
在右侧线缆池内选取单根 LC－FC 光纤，一端连接在 ODF_1R 端口上，然后在设备指示图中单击 OTN 图标，将光纤的另一端连接在 OTN 设备 21 号槽位的 OPA_IN 端口上，如图 3.42 和图 3.43 所示。

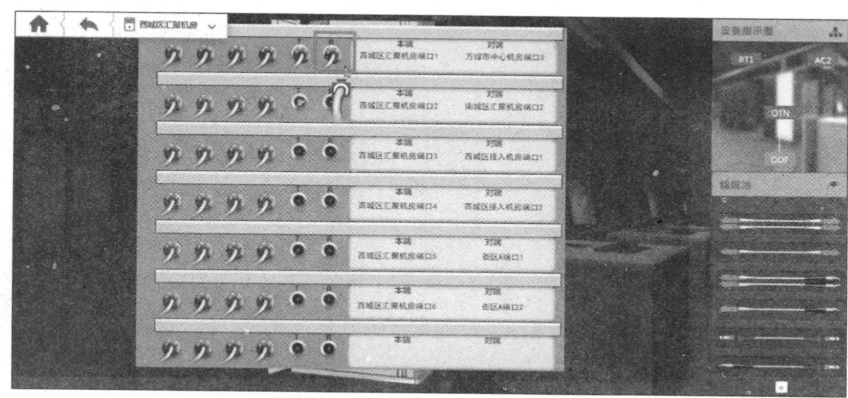

图 3.42　ODF 端口图

图 3.43　OTN 端口图
</td>
</tr>
<tr>
<td>步骤 30</td>
<td>
在右侧线缆池内重新选取单根 LC－LC 光纤，一端连接到 21 号槽位的 OPA_OUT 端口上，另一端连接到 22 号槽位的 ODU_IN 端口上，如图 3.44 所示。

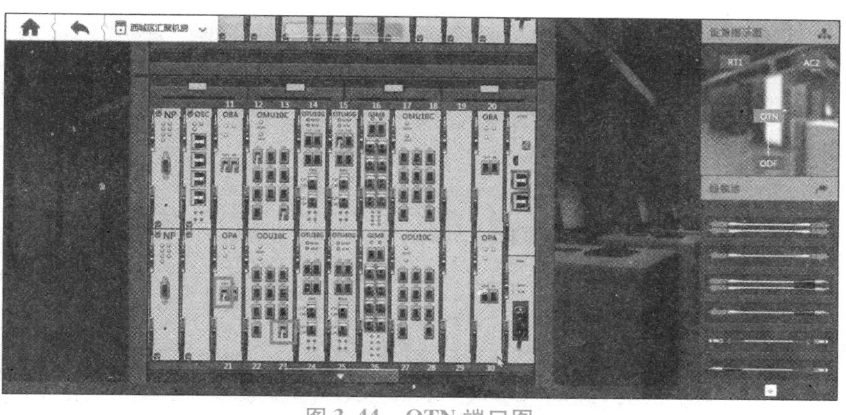

图 3.44　OTN 端口图
</td>
</tr>
</table>

续表

步骤 31	在右侧线缆池内重新选取单根 LC－LC 光纤，一端连接到 22 号槽位的 ODU_CH1 端口上，另一端连接到 15 号槽位的 OTU40G_L1R 端口上，如图 3.45 所示。  图 3.45　OTN 端口图
步骤 32	接下来，要把南城区汇聚机房的 RT 与 OTN 进行连接。在线缆池内选择成对 LC－LC 光纤，光纤的一端连接到 OTN 15 号槽位的 OTU40G_C1TC1R 端口上，另一端连接到路由器 RT1 的 40GE－1/1 端口上，如图 3.46 和图 3.47 所示。  图 3.46　OTN 端口图  图 3.47　路由器端口图

续表

<table>
<tr>
<td>步骤 33</td>
<td>

接下来要把 RT 与 AC 相连接。在线缆池内选取成对 LC－LC 光纤，一段连接在 RT 设备的 10GE－6/1 端口上，另一端连接在 AC 设备的 10GE－1/1 端口上，如图 3.48 和图 3.49 所示。

图 3.48　路由器端口图

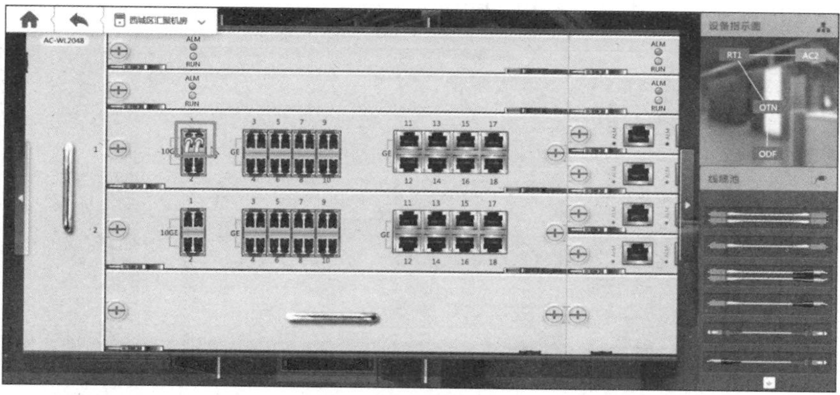

图 3.49　AC 端口图

</td>
</tr>
<tr>
<td>步骤 34</td>
<td>

在线缆池内选取成对 LC－FC 光纤，一段连接在 AC 设备的 10GE－1/2 端口上，另一端连接在 ODF 的 3T3R 端口上，如图 3.50 和图 3.51 所示。 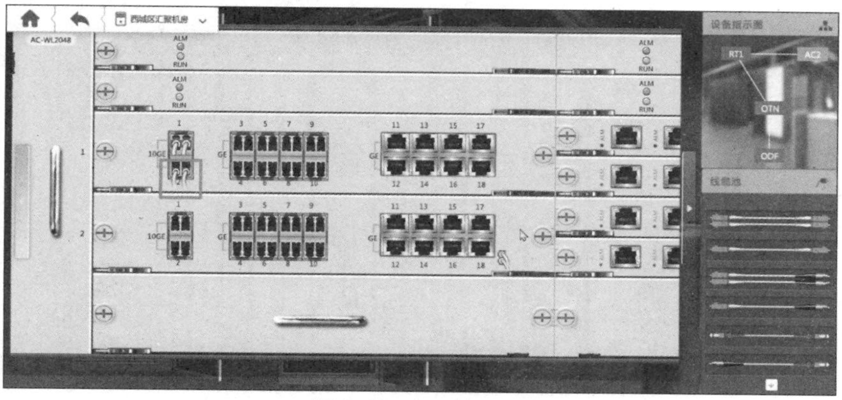

图 3.50　AC 端口图

</td>
</tr>
</table>

续表

<table>
<tr><td>步骤 34</td><td>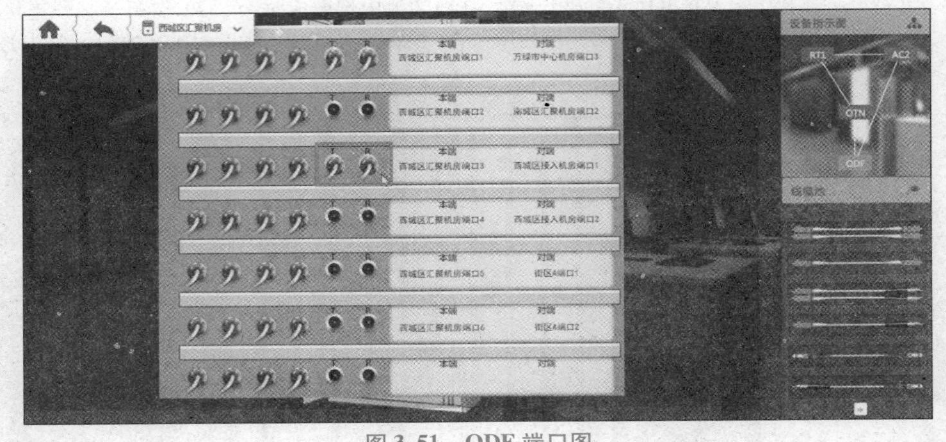

图 3.51　ODF 端口图</td></tr>
<tr><td>步骤 35</td><td>进入西城区接入机房，在线缆池内选取成对 LC－FC 光纤，一段连接在 ODF 的 1T1R 端口上，另一端连接在 OLT 的 10GE_2/1 端口上，如图 3.52 和图 3.53 所示。

图 3.52　ODF 端口图
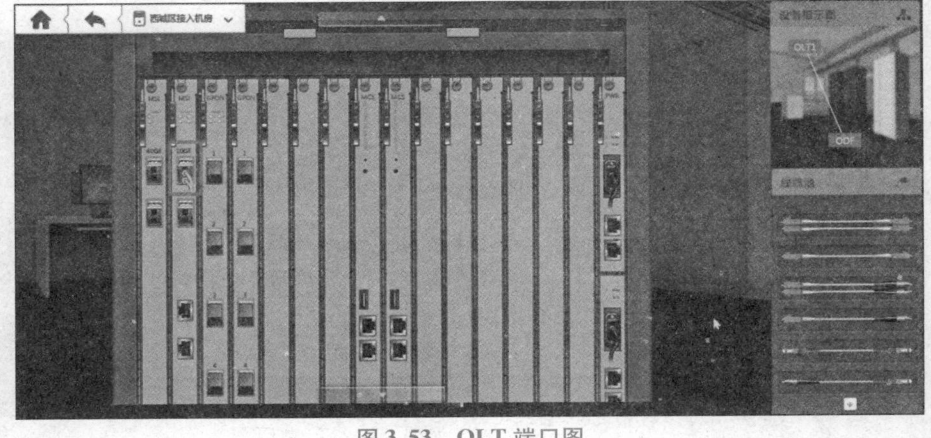

图 3.53　OLT 端口图</td></tr>
</table>

续表

<table>
<tr><td>步骤 36</td><td>在线缆池内选择单根 SC－FC 光纤，光纤的一端连接在 OLT 设备的 3 号槽位的 GPON_1 端口上，另一端连接在 ODF 的 3T 端口上，如图 3.54 和图 3.55 所示。
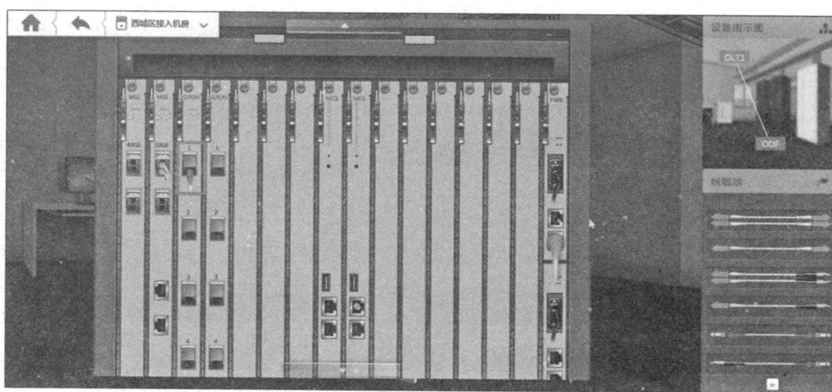
图 3.54　OLT 端口图
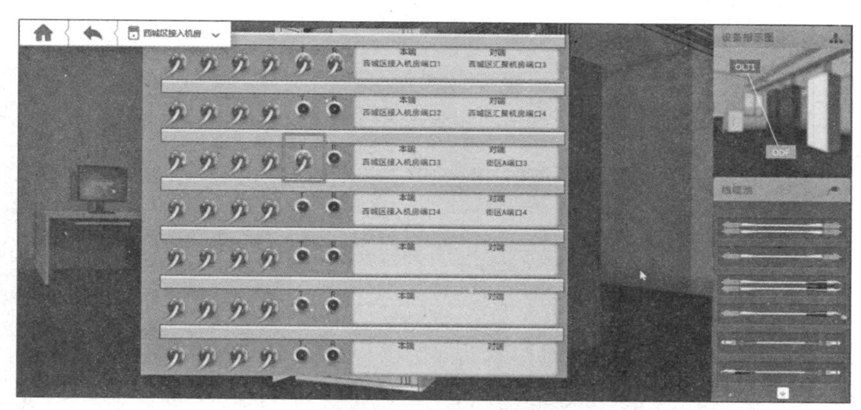
图 3.55　ODF 端口图</td></tr>
<tr><td>步骤 37</td><td>切换至街区 A，在线缆池内选择单根 SC－FC 光纤，光纤的一端连接在 ODF 的 3R 端口上，另一端连接至分光器的 IN 端口上，如图 3.56 和图 3.57 所示。
图 3.56　ODF 端口图</td></tr>
</table>

续表

<table>
<tr>
<td>步骤 37</td>
<td>

图 3.57　分光器端口图
</td>
</tr>
<tr>
<td>步骤 38</td>
<td>
在设备池内选择单根 SC－SC 光纤，一端连接在分光器输出端的 1 号端口上，另一端连接在 ONU 的 PON 端口上，如图 3.58 和图 3.59 所示。

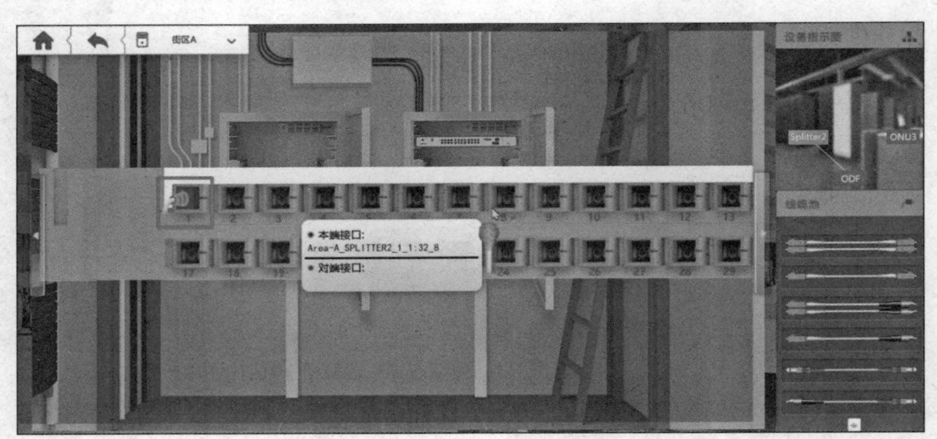

图 3.58　分光器端口图

图 3.59　ONU 端口图
</td>
</tr>
</table>

续表

<table>
<tr>
<td>步骤 39</td>
<td>
在设备池内选择以太网线，一端连接在 ONU 的 eth_0/1 端口上，另一端连接在 AP 的以太网口上，如图 3.60 和图 3.61 所示。

图 3.60　ONU 端口图

图 3.61　AP 与天线端口图
</td>
</tr>
<tr>
<td>步骤 40</td>
<td>
接下来，要通过天线跳线把 AP 与天线相连，连接时要注意 AP 与天线的频段及端口一一对应，一共需要 4 条天线跳线。以 2.4 GHz 频段的 A 端口为例，如图 3.62 所示。

图 3.62　AP 与天线端口图
</td>
</tr>
</table>

续表

步骤 41	重复操作步骤 39 的内容，将余下的 2 个 AP 与 ONU 相连，分别连接至 ONU 的 eth_0/2 和 eth_0/3 端口上，如图 3.63 所示。  图 3.63　ONU 端口图
步骤 42	重复操作步骤 40 的内容，将余下的 2 个 AP 与天线相连。在业务调测模块内可以观察到步骤 1 内的拓扑结构。

任务二（17）　外置 BRAS 结构

任务描述	万绿市下设 3 个城区，分别是西城区、南城区和东城区。东城区的 D 街区是大型体育馆所在，需要在该区域进行无线覆盖并且采用外置 BRAS 结构。
任务分析	1. 核心层需要放置哪些设备。 2. 传输层需要放置哪些设备。 3. AC 需要与哪些网元相连。 4. BRAS 与 AC 的位置关系。
任务实施	
步骤 1	根据任务描述，外置 BRAS 结构的无线覆盖拓扑图如图 3.64 所示。 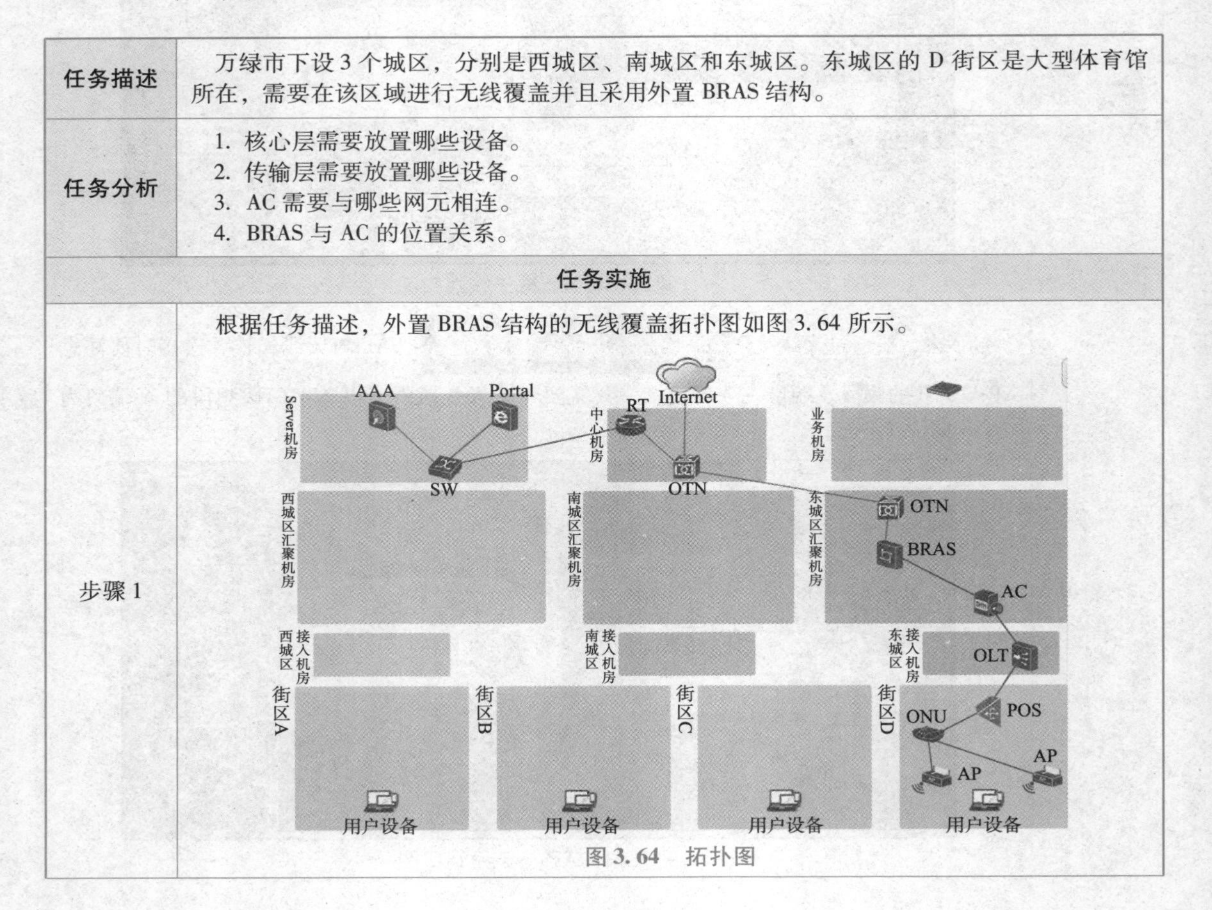 图 3.64　拓扑图

续表

步骤 1

数据规划见表 3.4。

表 3.4　数据规划

本端设备	本端接口	对端设备	对端接口
AAA 服务器	10GE－1/1	Server 机房 SW（小型）	10GE－1/1
Portal 服务器	10GE－1/2		10GE－1/2
中心机房 RT（中型）	10GE－6/1		10GE－1/3
	40GE－1/1	东城区汇聚 BRAS（大型）	40GE－1/1
东城区汇聚 AC（大型）	10GE－1/1		10GE－5/1
	10GE－1/2	东城区接入 OLT（大型）	10GE－2/1
街区 D			GPON－3/1

步骤 2

单击“容量计算”模块，修改东城区街区 D 为体育馆场景，然后单击“确定”按钮，如图 3.65 所示。

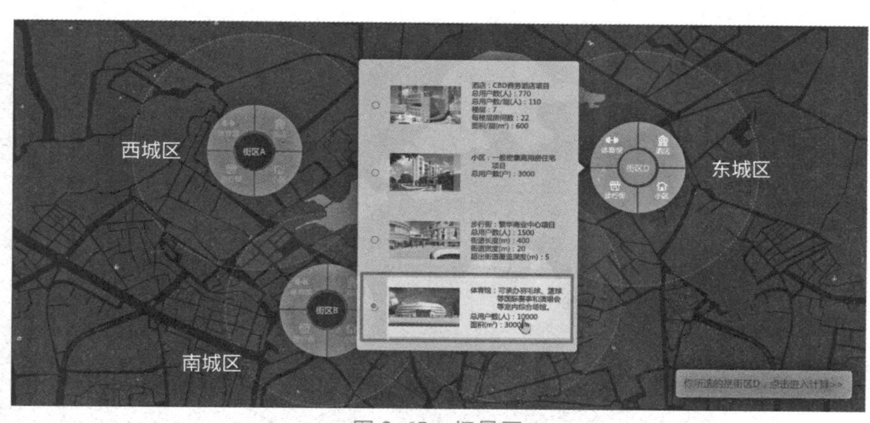

图 3.65　场景图

步骤 3

Server 机房和中心机房网元设备的选取和放置可参考任务一（16）的步骤 3 ~ 步骤 6。

步骤 4

由中心机房退出，进入东城区汇聚机房。在设备池内选取一台中型 OTN 设备、一台大型 BRAS 和一台大型 AC 设备，放置在机柜内，如图 3.66 所示。

图 3.66　机柜图

续表

<table>
<tr>
<td>步骤 5</td>
<td>再进入东城区接入机房。在设备池内选取一台大型 OLT 设备放入机柜内，如图 3.67 所示。

图 3.67　机柜图</td>
</tr>
<tr>
<td>步骤 6</td>
<td>再进入街区 D，选择体育馆内的光交接箱放置分光器和光网络单元设备（ONU），如图 3.68 所示。

图 3.68　街区图</td>
</tr>
<tr>
<td>步骤 7</td>
<td>首先在设备池内选择分光比为 1∶16 的分光器，放置在左侧的光交接箱内。接下来在设备池内选择 24 端口的大型 ONU，放置在右侧的光交接箱内，如图 3.69 所示。
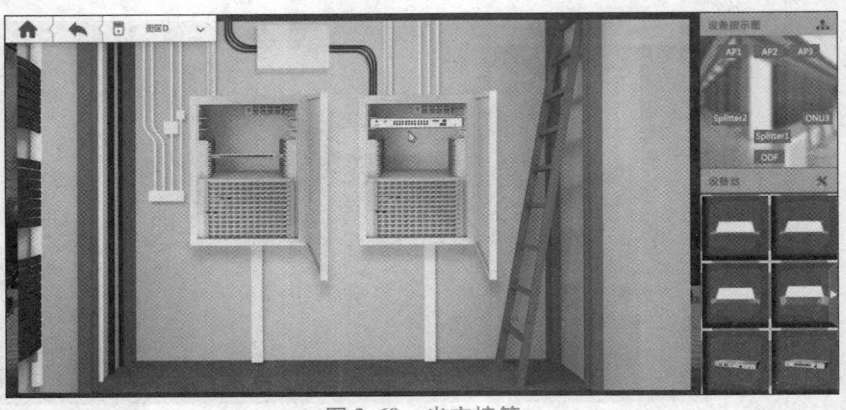

图 3.69　光交接箱</td>
</tr>
</table>

续表

<table>
<tr><td>步骤 8</td><td>进入体育馆内部，选择 3 个全向 AP 放置在红色框内的位置，如图 3.70 所示。

图 3.70 体育馆内部 AP 位置图</td></tr>
<tr><td>步骤 9</td><td>到此为止，所需的设备均放置在拓扑图内的指定位置上。接下来，需要把设备之间的线缆连接上。连接的顺序依次为：Server 机房的 AAA 服务器/Portal 服务器→Server 机房的交换机（SW）→中心机房的路由器（RT）→中心机房的 OTN→东城区汇聚机房的 OTN→东城区汇聚机房的 BRAS→东城区汇聚机房的 AC→东城区接入机房的 OLT→街区 D 的分光器、ONU、AP。</td></tr>
<tr><td>步骤 10</td><td>Server 机房和中心机房网元设备线缆的连接可参考任务一（16）的步骤 15 ~ 步骤 21。</td></tr>
<tr><td>步骤 11</td><td>在中心机房内的线缆池选取单根 LC – FC 光纤，一端连接在 OTN 11 号槽位的 OBA_OUT 端口上，然后在设备指示图中单击 ODF 图标，将光纤的另一端连接在 ODF_5T 端口上，如图 3.71 和图 3.72 所示。

图 3.71 OTN 端口图</td></tr>
</table>

续表

步骤 11	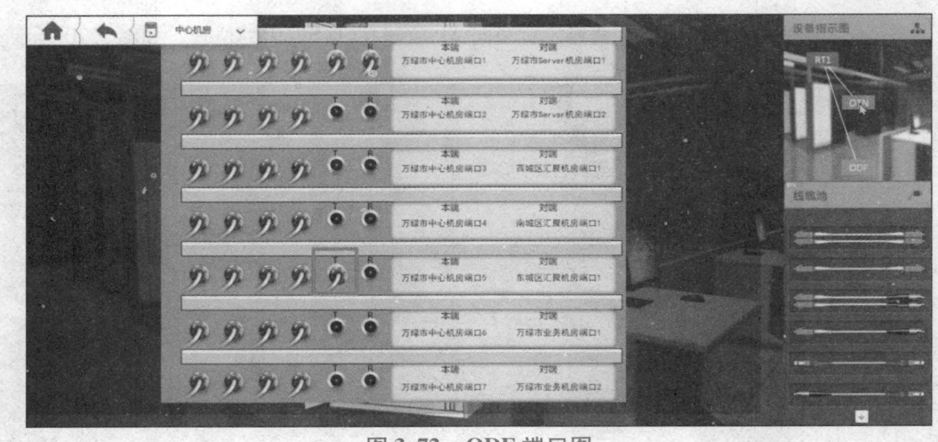 图 3.72　ODF 端口图
步骤 12	在右侧线缆池内选取单根 LC－FC 光纤，一端连接在 ODF_5R 端口上，另一端连接在 OTN 设备 21 号槽位的 OPA_IN 端口上，如图 3.73 和图 3.74 所示。 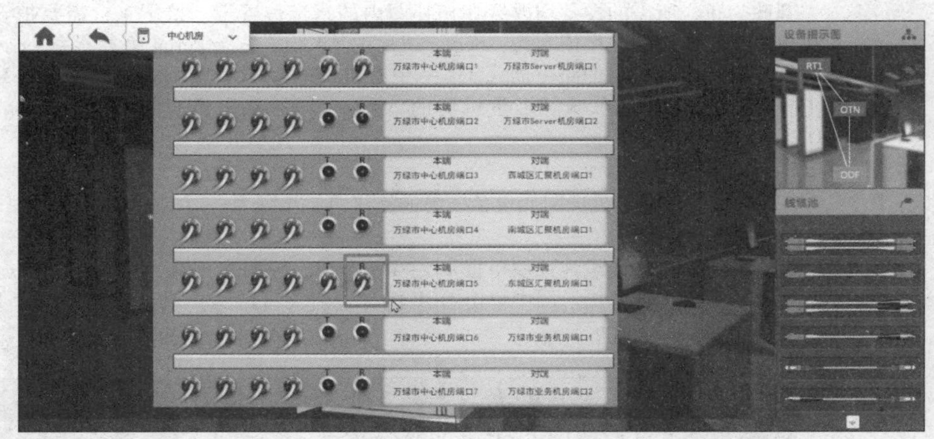 图 3.73　ODF 端口图  图 3.74　OTN 端口图

续表

步骤 13	在右侧线缆池内重新选取单根 LC－LC 光纤，一端连接到 OTN 21 号槽位的 OPA_OUT 端口上，另一端连接到 OTN 22 号槽位的 ODU_IN 端口上，如图 3.75 所示。 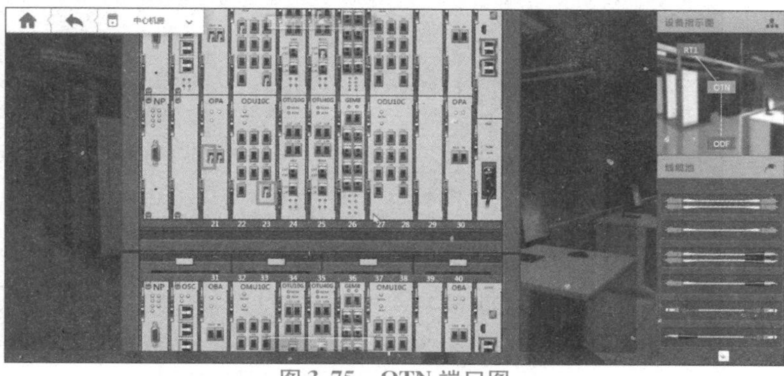 图 3.75　OTN 端口图
步骤 14	在右侧线缆池内重新选取单根 LC－LC 光纤，一端连接到 OTN 22 号槽位的 ODU_CH1 端口上，另一端连接到 OTN 15 号槽位的 OTU40G_L1R 端口上，如图 3.76 所示。  图 3.76　OTN 端口图 到此为止，中心机房的 RT1 与 OTN 设备的连接全部完成。
步骤 15	退出中心机房，进入东城区汇聚机房，将东城区汇聚机房的 OTN 与中心机房的 OTN 进行对接。在线缆池内选取单根 LC－FC 光纤，一端连接在 ODF 的 1T 接口上，另一端连接在 11 号槽位的 OBA_OUT 接口上，如图 3.77 和图 3.78 所示。 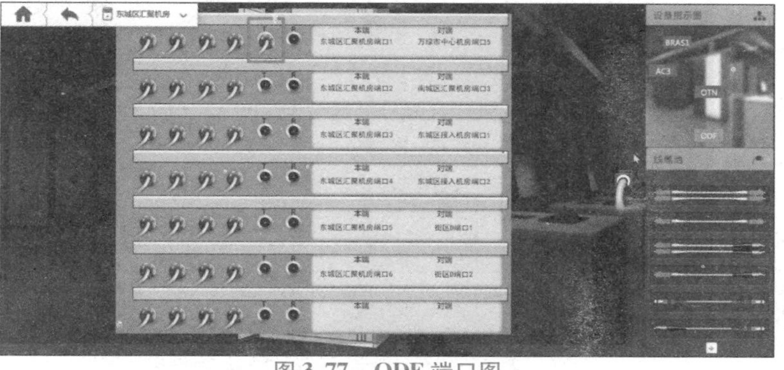 图 3.77　ODF 端口图

续表

步骤 15	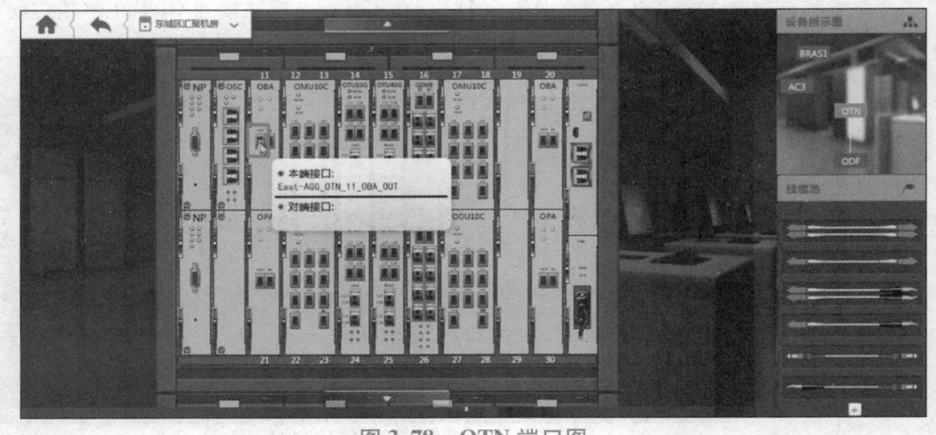 图 3.78　OTN 端口图
步骤 16	在线缆池选取单根 LC－FC 光纤，一段连接在 21 号槽位的 OPA_IN 接口上，另一端连接在 ODF 的 1R 端口上，如图 3.79 和图 3.80 所示。 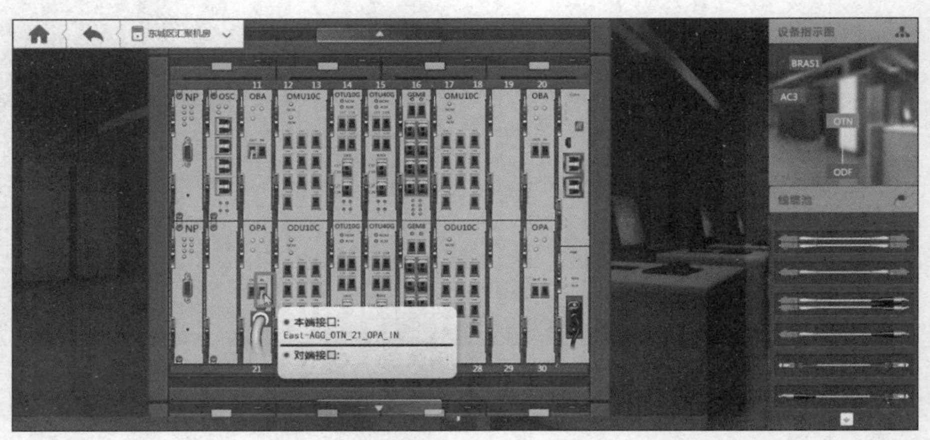 图 3.79　OTN 端口图  图 3.80　ODF 端口图

续表

步骤 17	在右侧线缆池内选取单根 LC－LC 光纤，一端连接到 15 号槽位的 OTU40G_L1T 端口上，另一端连接到 12 号槽位的 OMU10C_CH1 端口上，如图 3.81 所示。  图 3.81　OTN 端口图
步骤 18	在右侧线缆池内重新选取单根 LC－LC 光纤，一端连接到 12 号槽位的 OMU10C_OUT 端口上，另一端连接到 11 号槽位的 OBA_IN 端口上，如图 3.82 所示。  图 3.82　OTN 端口图
步骤 19	在右侧线缆池内重新选取单根 LC－LC 光纤，一端连接到 21 号槽位的 OPA_OUT 端口上，另一端连接到 22 号槽位的 ODU_IN 端口上，如图 3.83 所示。  图 3.83　OTN 端口图

续表

步骤 20	在右侧线缆池内重新选取单根 LC－LC 光纤，一端连接到 22 号槽位的 ODU_CH1 端口上，另一端连接到 15 号槽位的 OTU40G_L1R 端口上，如图 3.84 所示。 图 3.84　OTN 端口图
步骤 21	接下来将 OTN 与 BRAS 相连，在线缆池内选取成对 LC－LC 光纤，光纤的一端连接到 OTN 15 号槽位的 OTU40G_C1TC1R 端口上，另一端连接到 BRAS 的 40GE_1/1 端口上，如图 3.85 和图 3.86 所示。  图 3.85　OTN 端口图 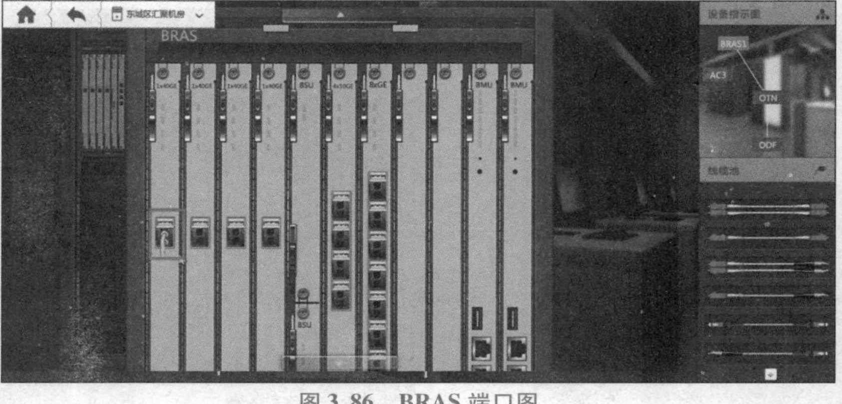 图 3.86　BRAS 端口图

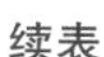

续表

<table>
<tr><td>步骤 22</td><td>下面将 BRAS 与 AC 相连。选取成对 LC – LC 光纤，光纤的一端连接到 BRAS 的 6 号槽位的 10GE_6/1 接口上，另一端连接到 AC 的 10GE_1/1 端口上，如图 3.87 和图 3.88 所示。

图 3.87 BRAS 端口图
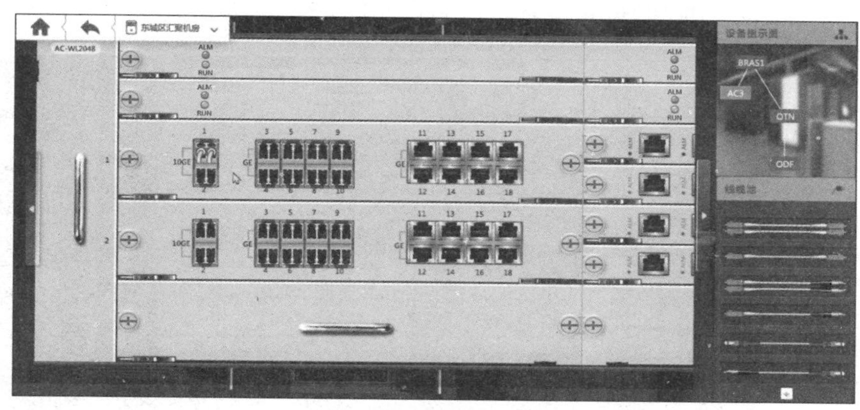
图 3.88 AC 端口图</td></tr>
<tr><td>步骤 23</td><td>接下来是 AC 与 OLT 的对接。选取成对 LC – FC 光纤，一端连接在 AC 的 10GE_1/2 接口上，另一端连接在 ODF 的 3T3R 端口上，如图 3.89 和图 3.90 所示。
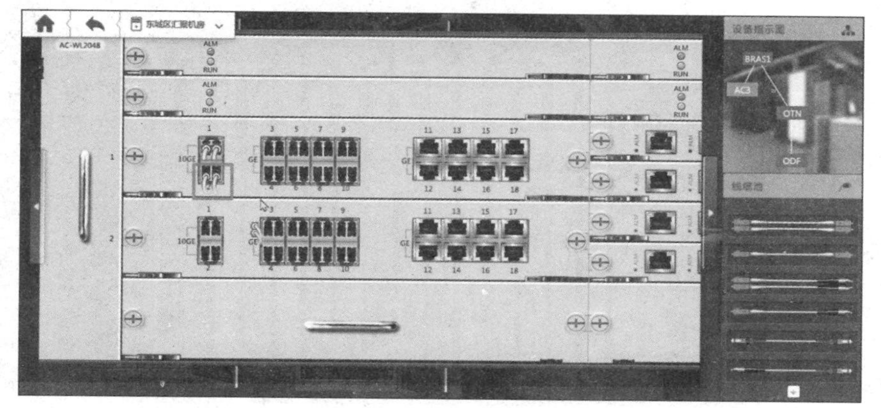
图 3.89 AC 端口图</td></tr>
</table>

续表

<table>
<tr>
<td>步骤 23</td>
<td>
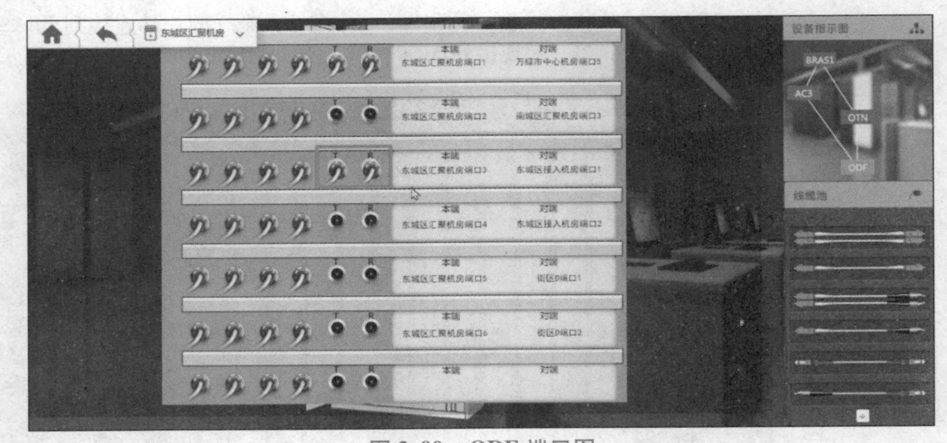

图 3.90　ODF 端口图
</td>
</tr>
<tr>
<td>步骤 24</td>
<td>
进入东城区接入机房，选取成对 LC－FC 光纤，一段连接在 ODF 的 1T1R 接口上，另一端连接在 OLT 的 10GE_2/1 接口上，如图 3.91 和图 3.92 所示。

图 3.91　ODF 端口图

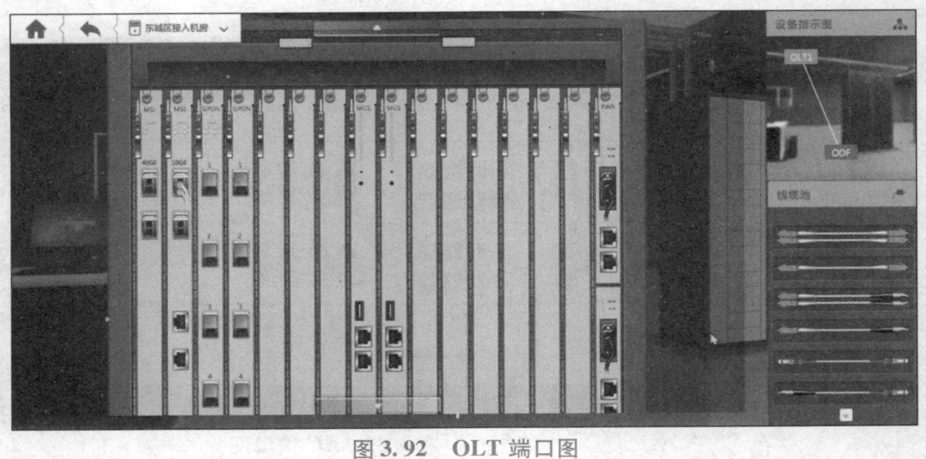

图 3.92　OLT 端口图
</td>
</tr>
</table>

续表

<table>
<tr><td>步骤 25</td><td>

选取单根 SC - FC 光纤，一端连接在 OLT 的 3 号槽位 1 号接口上，另一端连接在 ODF 的 3T 接口上，如图 3. 93 和图 3. 94 所示。

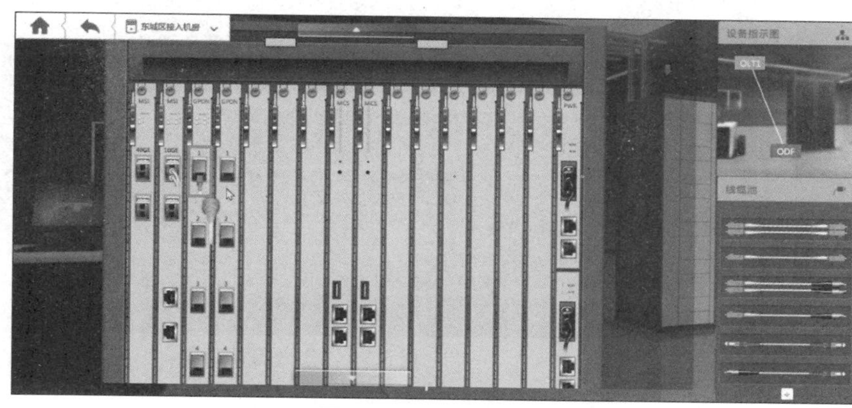

图 3. 93　OLT 端口图

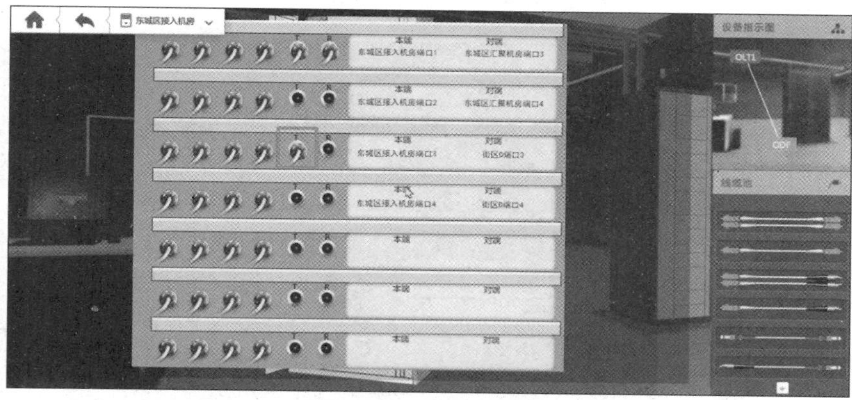

图 3. 94　ODF 端口图

</td></tr>
<tr><td>步骤 26</td><td>

切换至街区 D，在线缆池内选择单根 SC - FC 光纤，光纤的一端连接在 ODF 的 3R 端口上，另一端连接至分光器的 IN 端口上，如图 3. 95 和图 3. 96 所示。 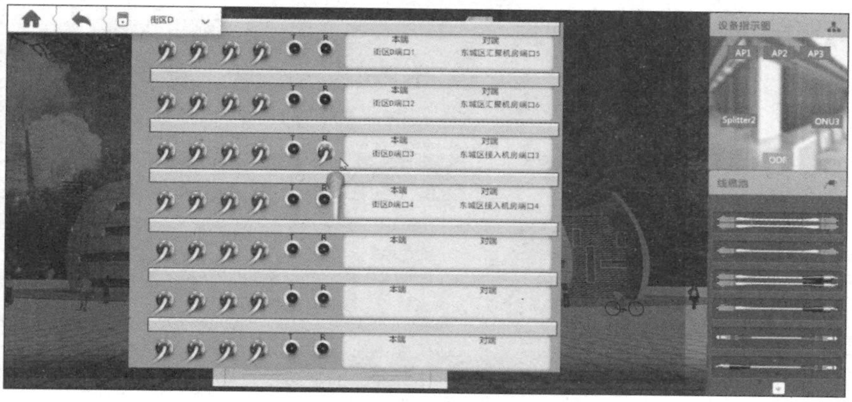

图 3. 95　ODF 端口图

</td></tr>
</table>

续表

<table>
<tr><td>步骤 26</td><td>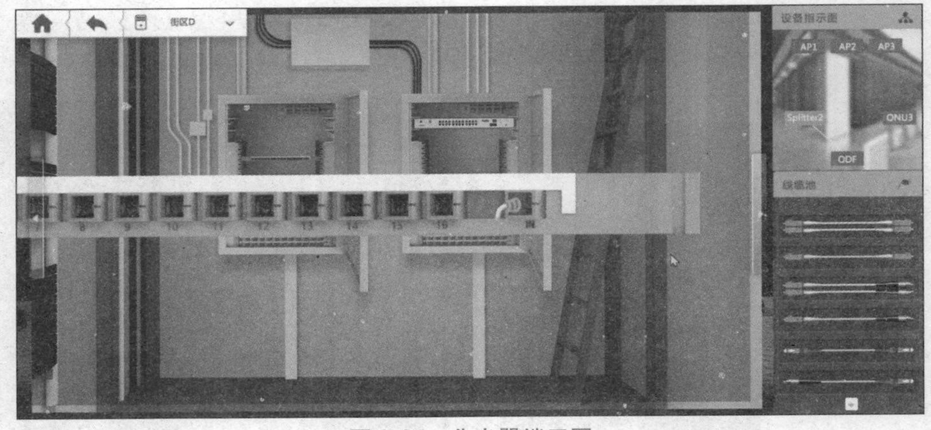
图 3.96　分光器端口图</td></tr>
<tr><td>步骤 27</td><td>在设备池内选择单根 SC－SC 光纤，一端连接在分光器输出端的 1 号端口上，另一端连接在 ONU 的 PON 端口上，如图 3.97 和图 3.98 所示。
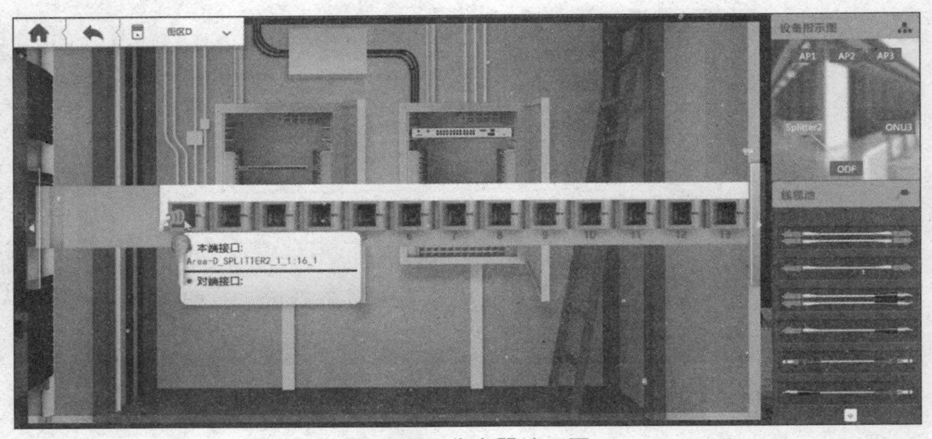
图 3.97　分光器端口图

图 3.98　ONU 端口图</td></tr>
</table>

续表

<table>
<tr><td>步骤 28</td><td>在设备池内选择以太网线，一端连接在 ONU 的 eth_0/1 端口上，另一端连接在 AP 的以太网口上，如图 3.99 和图 3.100 所示。

图 3.99 ONU 端口图

图 3.100 AP 端口图</td></tr>
<tr><td>步骤 29</td><td>重复操作步骤 28 的内容，将余下的 2 个 AP 与 ONU 相连，分别连接至 ONU 的 eth_0/2 和 eth_0/3 端口上。在业务调测模块内可以观察到步骤 1 内的拓扑结构，如图 3.101 所示。

图 3.101 ONU 端口图</td></tr>
</table>

项目二　WLAN 业务的开通

操作部分

任务一（18）　拓扑规划

<table>
<tr><td>任务描述</td><td>万绿市东城区建设完成后，街区 D 的大型体育馆要求实现无线覆盖功能。根据实际情况规划出网络拓扑结构。</td></tr>
<tr><td>任务分析</td><td>1. 核心层需要架设 AAA 服务器和 Portal 服务器。
2. 传输层需要架设 BRAS 服务器。
3. 接入层采用 PON 传输。</td></tr>
<tr><td colspan="2">任务实施</td></tr>
<tr><td>步骤 1</td><td>拓扑结构如图 3. 102 所示。
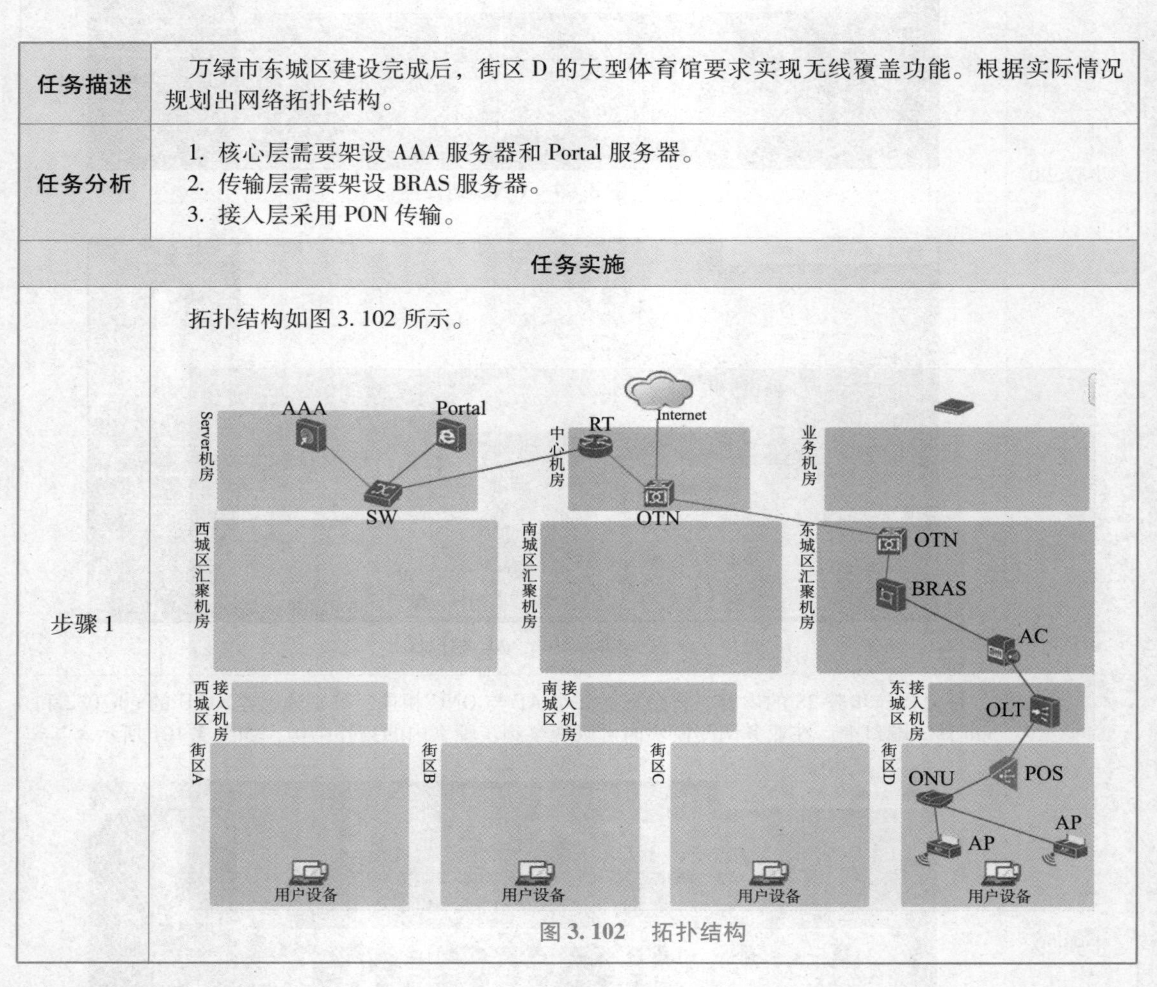

图 3. 102　拓扑结构</td></tr>
</table>

任务二（19）　数据规划

任务描述	万绿市东城区建设完成后，街区 D 的大型体育馆要求实现无线覆盖功能。根据接入用户数量及带宽进行数据规划。

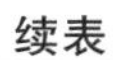

续表

任务分析	1. 核心层需要架设 AAA 服务器和 Portal 服务器。 2. 传输层需要架设 BRAS 服务器。 3. 接入层采用 PON 传输。
任务实施	

步骤 1

路由规划见表 3.5。

表 3.5　路由数据规划

本端设备	本端接口	端口网络	对端设备	对端接口
AAA 服务器	10GE－1/1	10. 0. 0. 0/30	Server 机房 SW（小型）	10GE－1/1
Portal 服务器	10GE－1/2	20. 0. 0. 0/30		10GE－1/2
中心机房 RT（中型）	10GE－6/1	30. 0. 0. 0/30		10GE－1/3
	40GE－1/1	60. 0. 0. 0/30	东城区汇聚 BRAS（大型）	40GE－1/1
东城区汇聚 AC（大型）	10GE－1/1	VLAN 10		10GE－5/1
	10GE－1/2	VLAN 11	东城区接入 OLT（大型）	10GE－2/1
街区 D				GPON－3/1

步骤 2

业务规划见表 3.6。

表 3.6　业务数据规划

设备	业务	参数
AAA	认证端口/秘钥	1812/123456
	计费端口/秘钥	1813/123456
	账号/密码	hello/123
BRAS	域别名	3Q
	网关	192. 168. 1. 1
	地址池分配	192. 168. 1. 2～192. 168. 1. 254
	宽带虚接口 1	10GE－5/1. 1　IPoE 封装
AC	业务 VLAN	110
	管理 VALN	11
	网关	10. 1. 1. 1
	宽带虚接口 1 地址池分配	10. 1. 1. 2～10. 1. 1. 5
OLT	上联端口 VLAN	11
	上行速率	确保带宽 10 000 kb/s
	下行速率	承诺速率 100 kb/s
ONU	用户端口	Eth－0/1；Eth－0/2；Eth－0/3

任务三（20） 业务配置

<table>
<tr><td>任务描述</td><td>万绿市东城区建设完成后，根据任务一（18）的拓扑规划和任务二（19）的数据规划，使街区 D 的大型体育馆要求实现无线覆盖功能。</td></tr>
<tr><td>任务分析</td><td>1. 核心层需要架设 AAA 服务器和 Portal 服务器。
2. 传输层需要架设 BRAS 服务器。
3. 接入层采用 PON 传输。</td></tr>
<tr><td colspan="2">任务实施</td></tr>
<tr><td>步骤 1</td><td>单击“容量计算”模块，修改东城区街区 D 为体育馆场景，然后单击“确定”按钮，如图 3.103 所示。
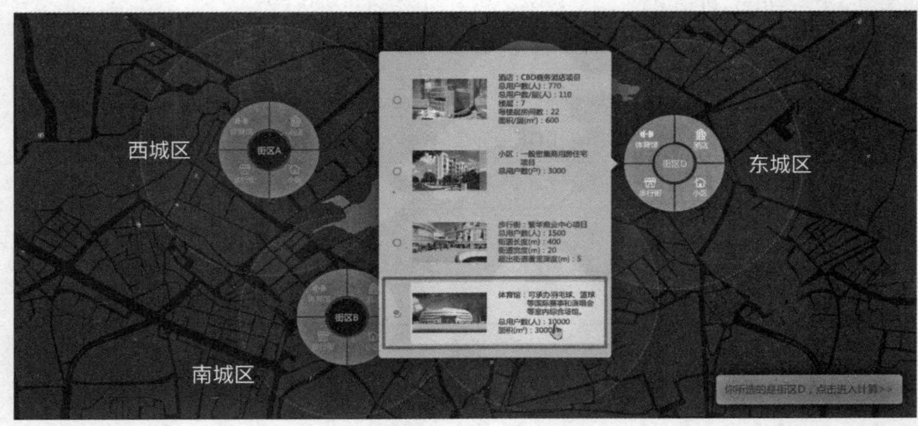

图 3.103　场景图</td></tr>
<tr><td>步骤 2</td><td>接下来，需要按照任务一（18）的拓扑图选择网元设备，并将这些网元连接起来。连接的顺序和过程可参考任务二（17）的步骤 3～步骤 29。</td></tr>
<tr><td>步骤 3</td><td>设备之间的物理配置完成后，还需要对网元进行数据配置。首先进入 Server 机房，配置 AAA 服务器的物理接口及静态路由，如图 3.104 和图 3.105 所示。
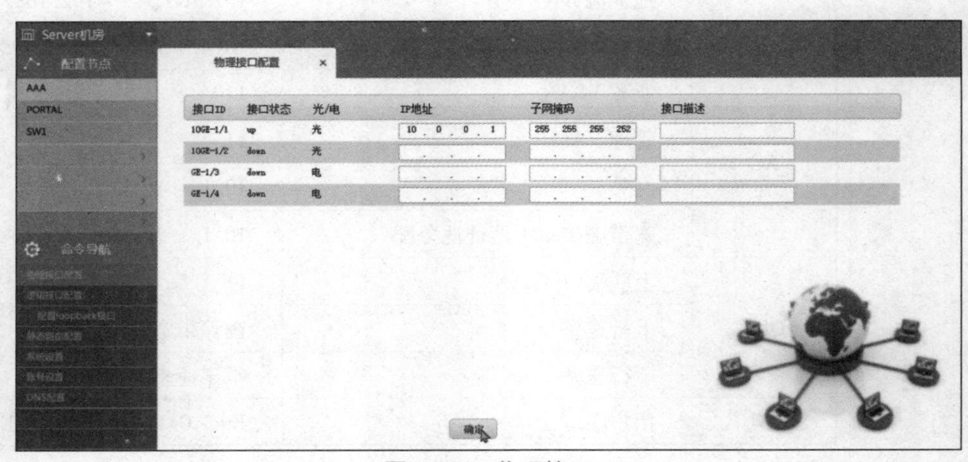

图 3.104　物理接口</td></tr>
</table>

续表

步骤 3

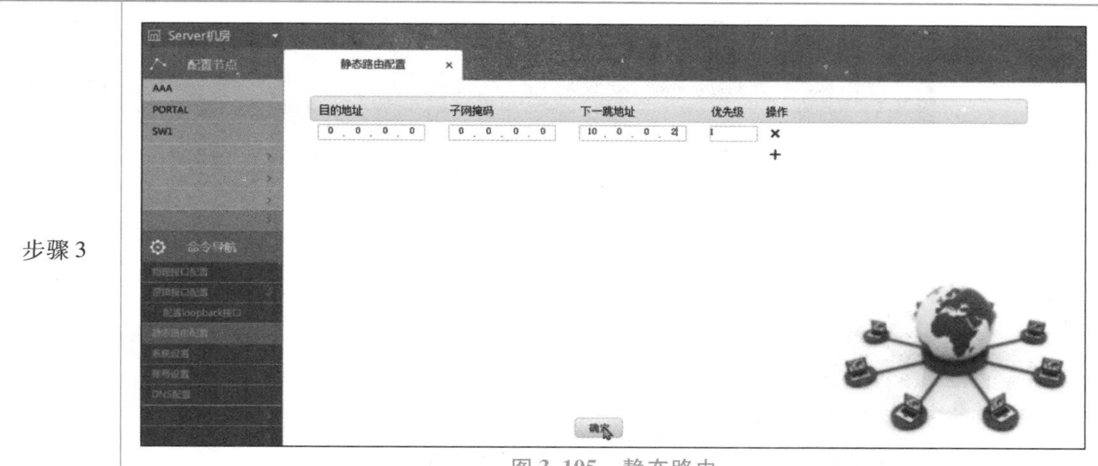

图 3.105　静态路由

步骤 4

配置与 AAA 服务器相连的 SW 的接口及 VLAN，如图 3.106 和图 3.107 所示。

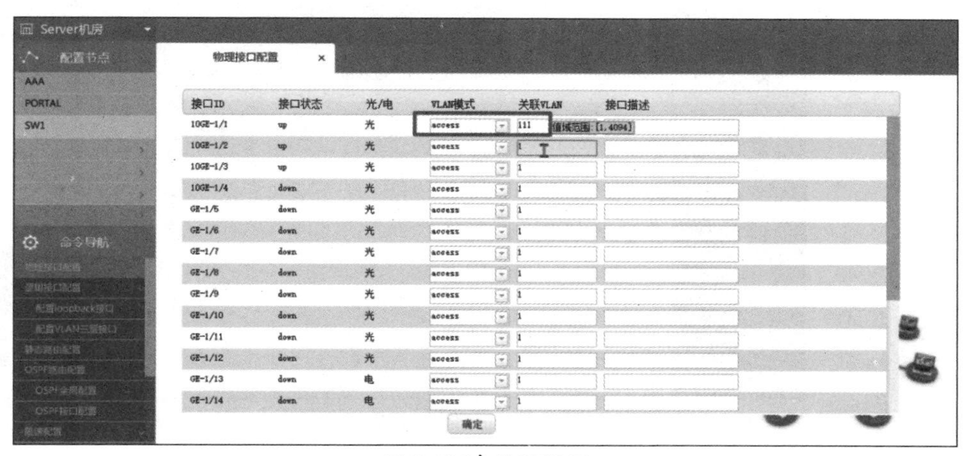

图 3.106　物理接口

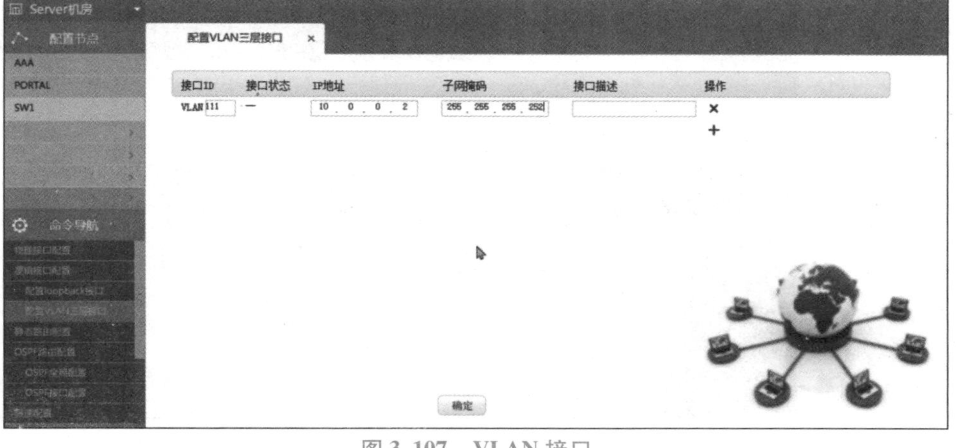

图 3.107　VLAN 接口

续表

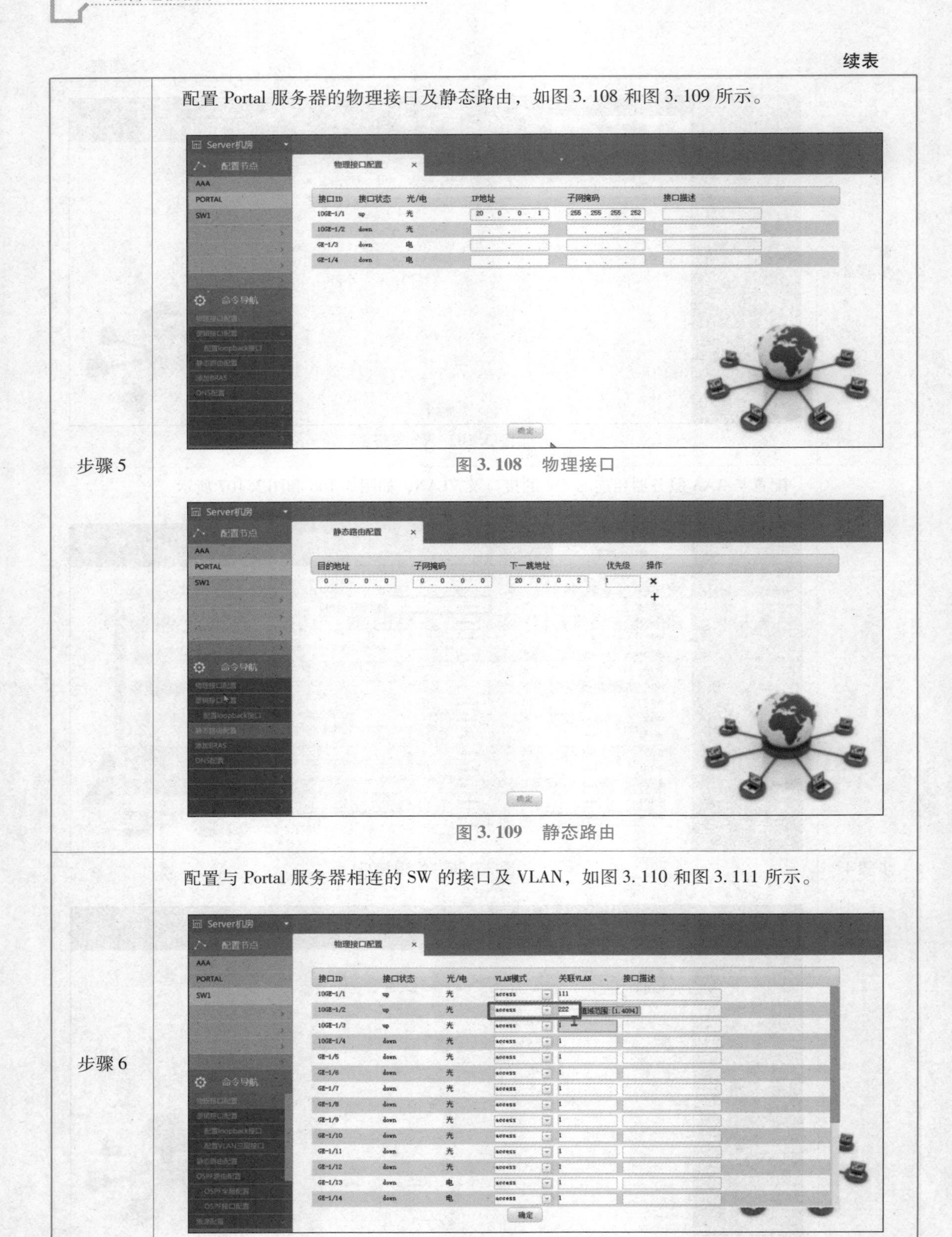

步骤 5	配置 Portal 服务器的物理接口及静态路由，如图 3.108 和图 3.109 所示。 图 3.108　物理接口 图 3.109　静态路由
步骤 6	配置与 Portal 服务器相连的 SW 的接口及 VLAN，如图 3.110 和图 3.111 所示。 图 3.110　物理接口

续表

步骤 6	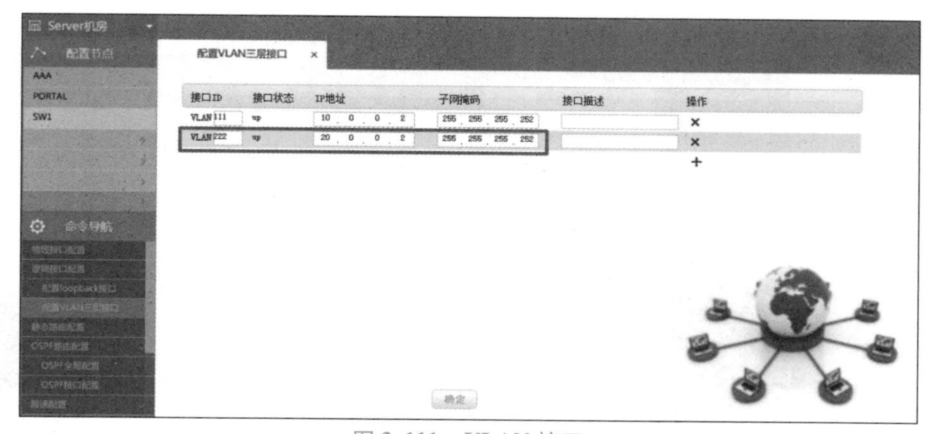 图 3.111　VLAN 接口
步骤 7	配置与中心机房 RT 相连的 SW 的接口及 VLAN，如图 3.112 和图 3.113 所示。 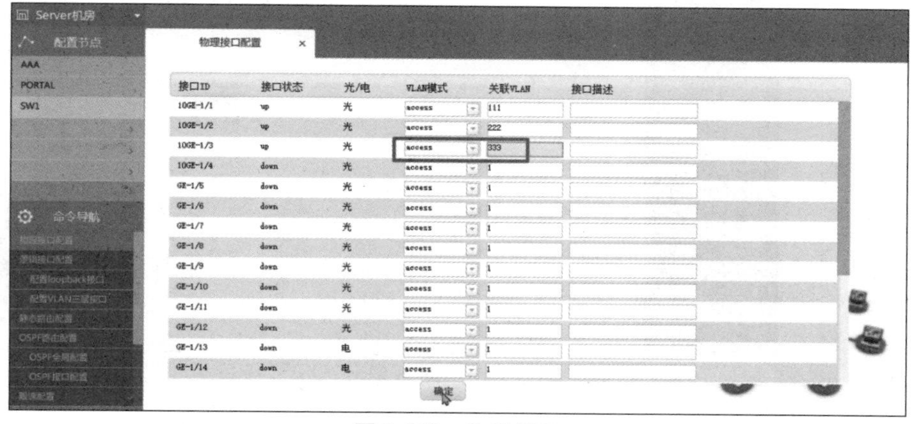 图 3.112　物理接口 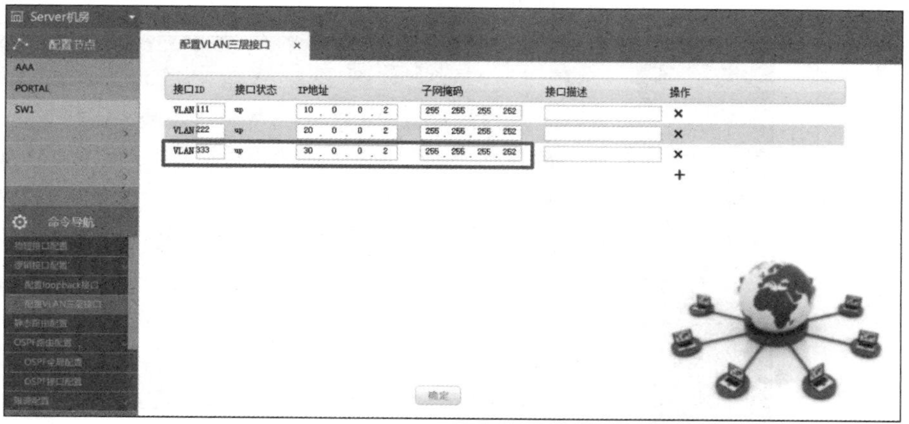 图 3.113　VLAN 接口

续表

步骤 8

设置 SW 的动态路由，如图 3.114 和图 3.115 所示。

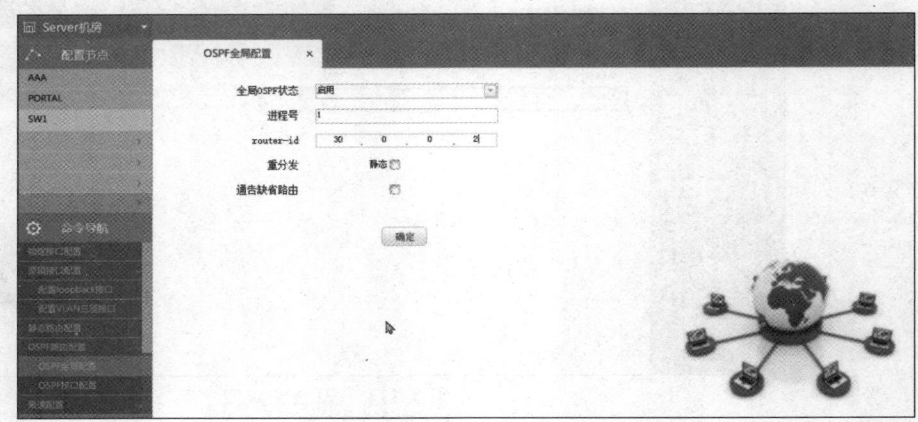

图 3.114　OSPF 全局

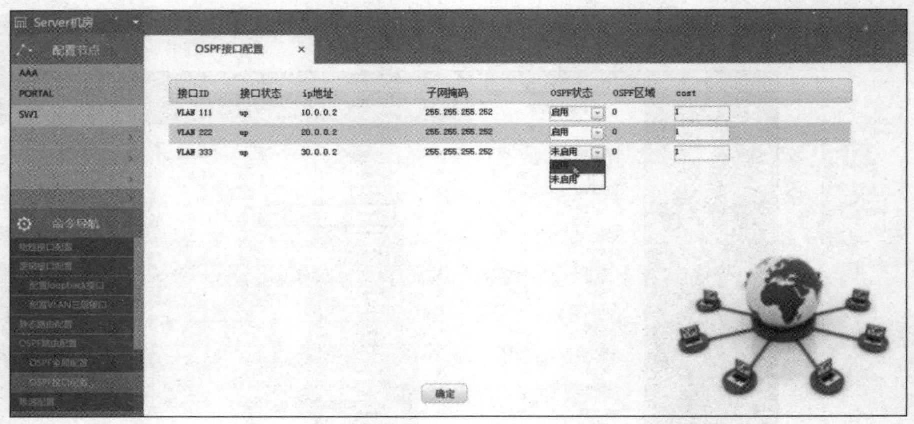

图 3.115　OSPF 接口

步骤 9

由 AAA 服务器机房退出，进入中心机房进行 RT 的数据配置。先配置与 Server 机房的 SW 对接的物理接口数据，如图 3.116 所示。

接口ID	接口状态	光/电	IP地址	子网掩码	接口描述
40GE-1/1	up	光	60.0.0.1	255.255.255.252	
40GE-2/1	down	光			
40GE-3/1	down	光			
40GE-4/1	down	光			
40GE-5/1	down	光			
10GE-6/1	up	光	30.0.0.1	255.255.255.252	
10GE-6/2	down	光			
10GE-6/3	down	光			
10GE-6/4	down	光			
GE-7/1	down	光			
GE-7/2	down	光			
GE-7/3	down	光			
GE-7/4	down	光			
GE-7/5	down	光			

图 3.116　物理接口

续表

步骤 10	配置 RT 与东城区汇聚机房的 BRAS 对接的数据，如图 3.117 所示。 中心机房 配置节点 OTN RT1 命令导航 物理接口配置 接口ID 接口状态 光/电 IP地址 子网掩码 接口描述 40GE-1/1 up 光 60 . 0 . 0 . 1 255 . 255 . 255 . 252 40GE-2/1 down 光 40GE-3/1 down 光 40GE-4/1 down 光 40GE-5/1 down 光 10GE-6/1 up 光 30 . 0 . 0 . 1 255 . 255 . 255 . 252 10GE-6/2 down 光 10GE-6/3 down 光 10GE-6/4 down 光 GE-7/1 down 光 GE-7/2 down 光 GE-7/3 down 光 GE-7/4 down 光 GE-7/5 down 光 确定 图 3.117　物理接口
步骤 11	配置中心机房 RT 的动态路由，如图 3.118 和图 3.119 所示。 中心机房 配置节点 OTN RT1 命令导航 OSPF全局配置 全局OSPF状态 启用 进程号 1 router-id 60 . 0 . 0 . 1 重分发 静态 通告缺省路由 确定 图 3.118　OSPF 全局 中心机房 配置节点 OTN RT1 命令导航 OSPF接口配置 接口ID 接口状态 ip地址 子网掩码 OSPF状态 OSPF区域 cost 10GE-6/1 up 30.0.0.1 255.255.255.252 启用 0 1 40GE-1/1 up 60.0.0.1 255.255.255.252 启用 0 1 确定 图 3.119　OSPF 接口

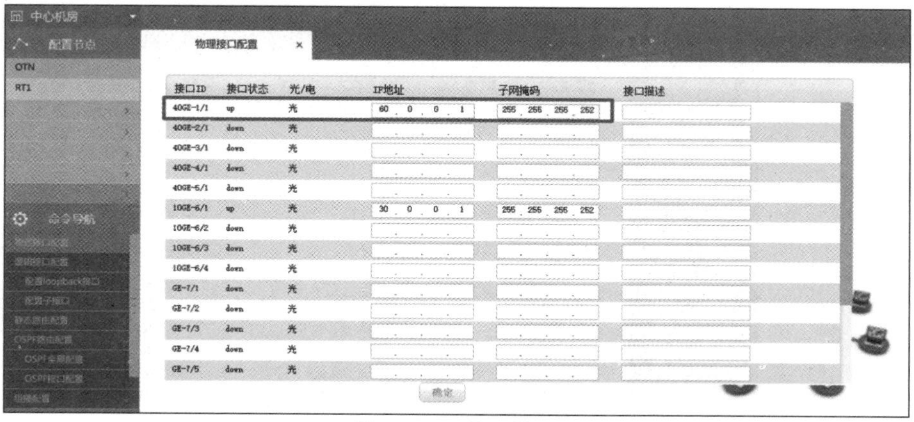

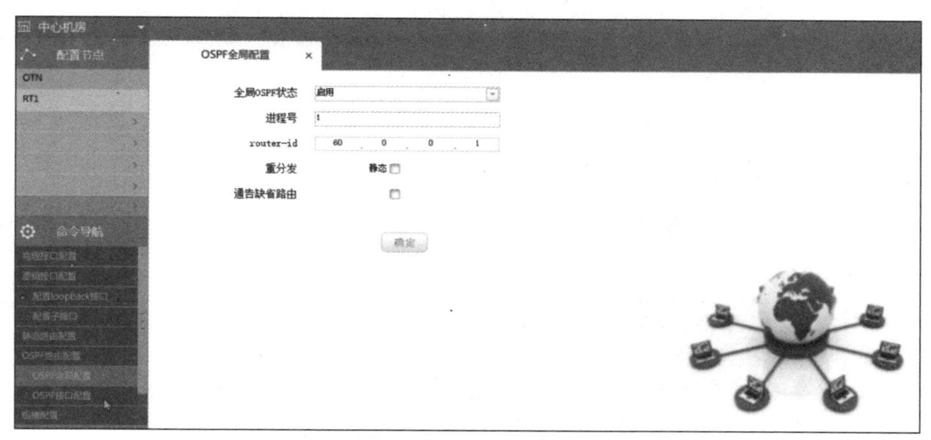

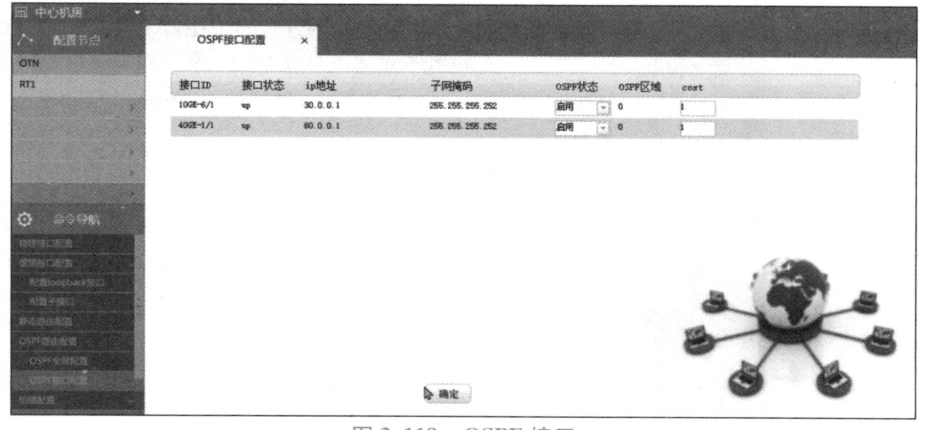

续表

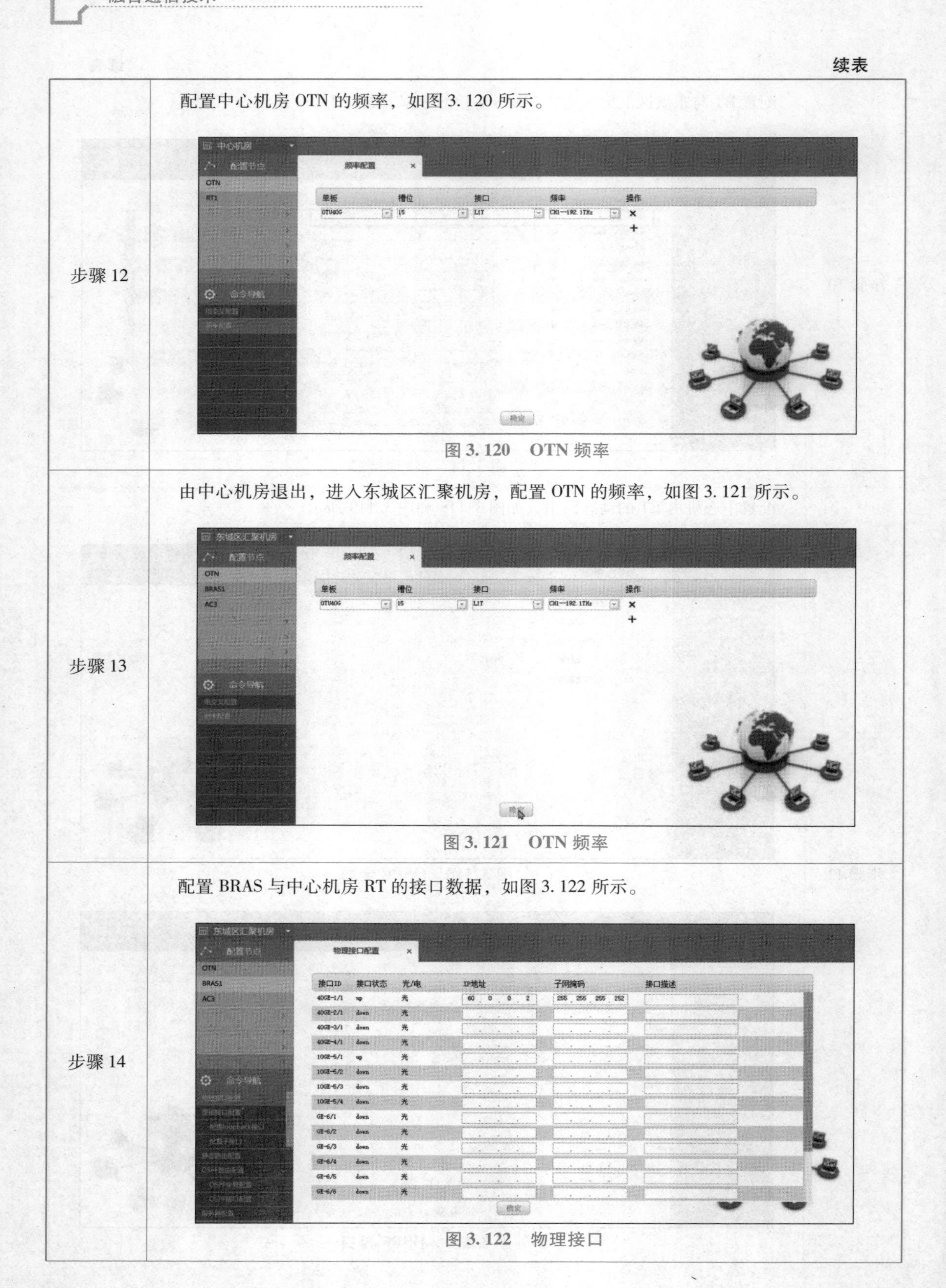

步骤 12	配置中心机房 OTN 的频率，如图 3.120 所示。 图 3.120 OTN 频率
步骤 13	由中心机房退出，进入东城区汇聚机房，配置 OTN 的频率，如图 3.121 所示。 图 3.121 OTN 频率
步骤 14	配置 BRAS 与中心机房 RT 的接口数据，如图 3.122 所示。 图 3.122 物理接口

续表

<table>
<tr><td>步骤 15</td><td>接下来，要对任务描述中的“无线覆盖业务”进行配置。
进入 Server 机房，配置 AAA 服务器的系统设置，如图 3.123 所示。
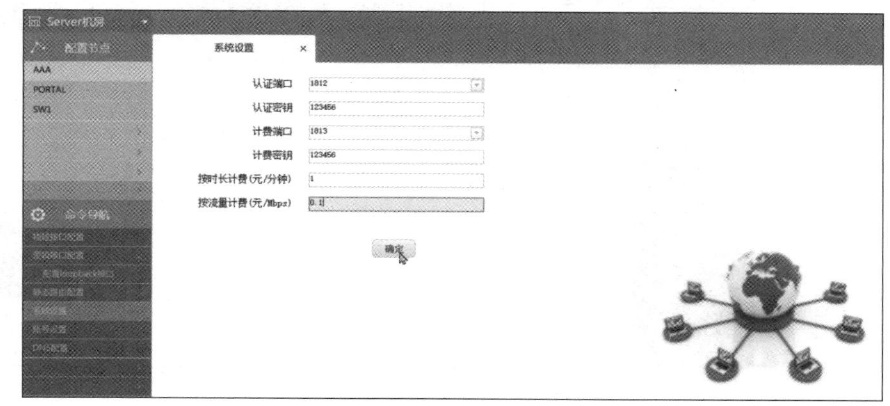

图 3.123　系统设置</td></tr>
<tr><td>步骤 16</td><td>进行 AAA 服务器的账号设置，如图 3.124 所示。
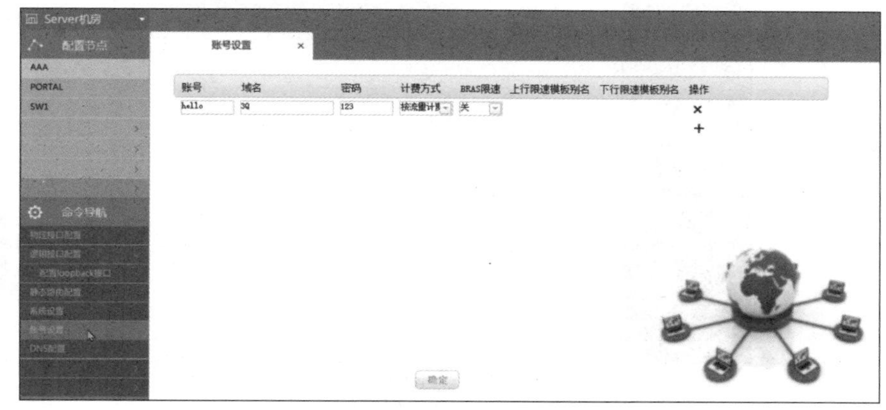

图 3.124　账号设置</td></tr>
<tr><td>步骤 17</td><td>进行 AAA 服务器的 DNS 设置，如图 3.125 所示。
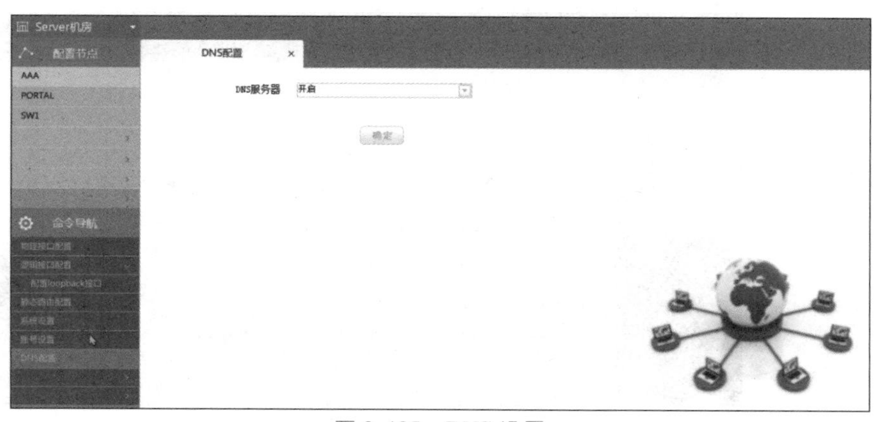

图 3.125　DNS 设置</td></tr>
</table>

续表

步骤 18	进行 Portal 服务器内的 BRAS 添加，如图 3.126 所示。 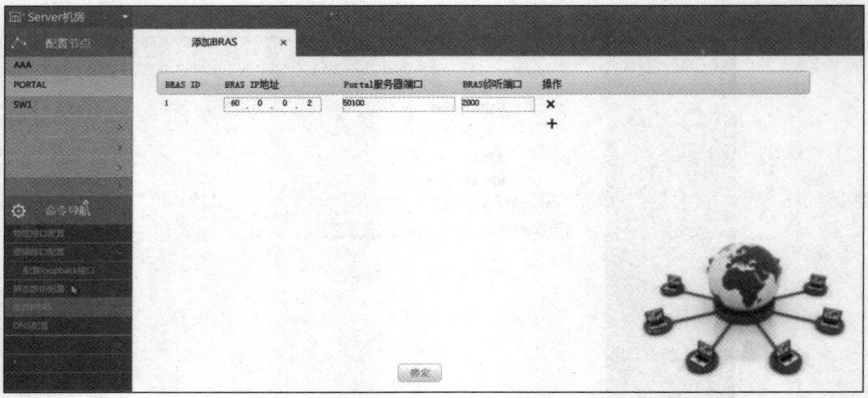 图 3.126　BRAS 添加
步骤 19	进行 Portal 服务器内的 DNS 配置，如图 3.127 所示。 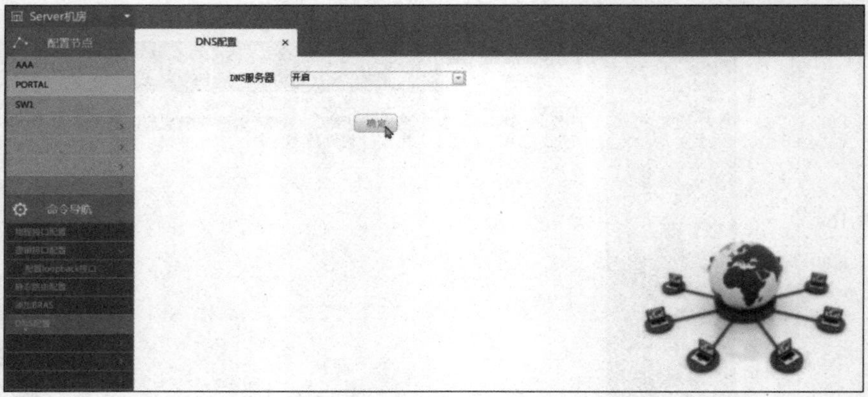 图 3.127　DNS 配置
步骤 20	由 Server 机房退出，进入东城区汇聚机房，配置 BRAS 内的宽带虚接口，如图 3.128 所示。 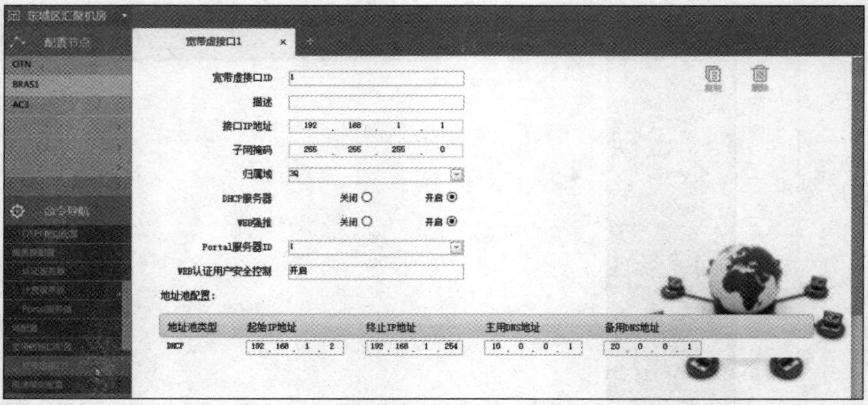 图 3.128　虚接口

续表

<table>
<tr><td>步骤 21</td><td>配置 BRAS 的动态路由，如图 3.129 和图 3.130 所示。
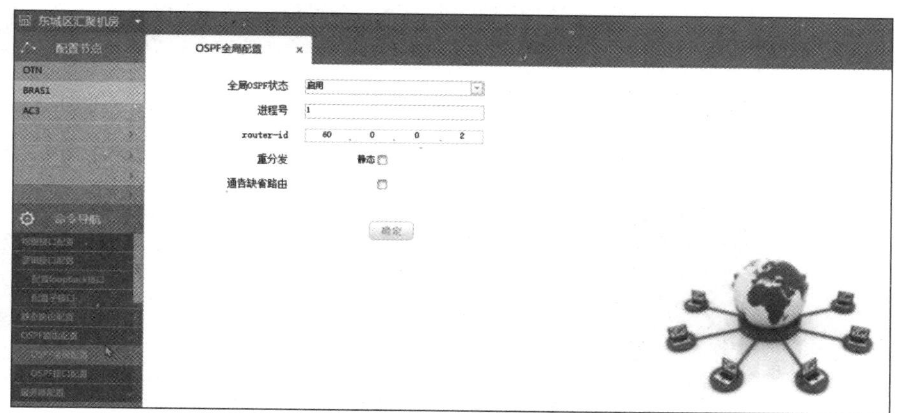

图 3.129　OSPF 全局
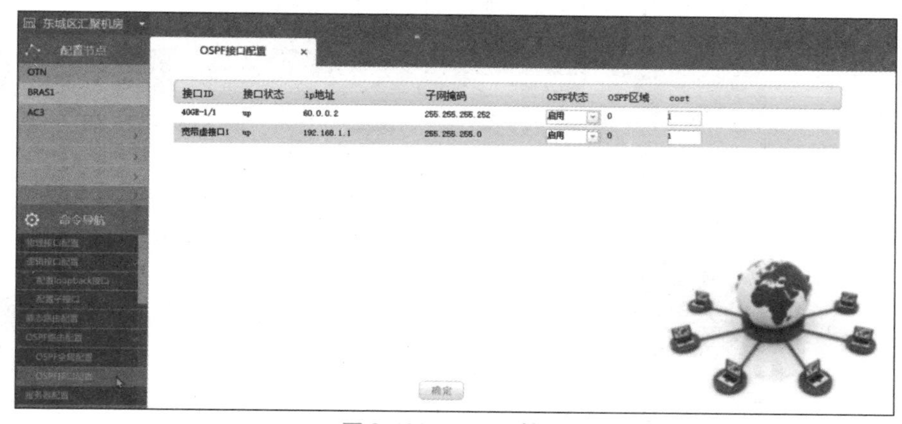

图 3.130　OSPF 接口</td></tr>
<tr><td>步骤 22</td><td>配置 BRAS 内的认证服务器，如图 3.131 所示。
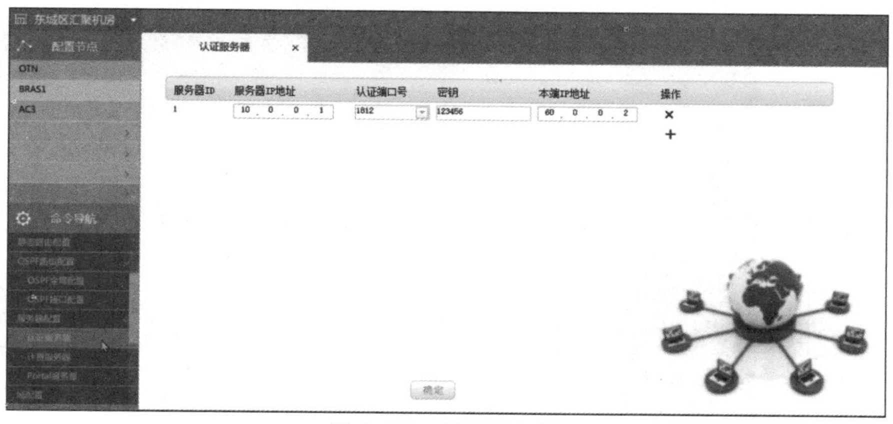

图 3.131　认证服务器</td></tr>
</table>

续表

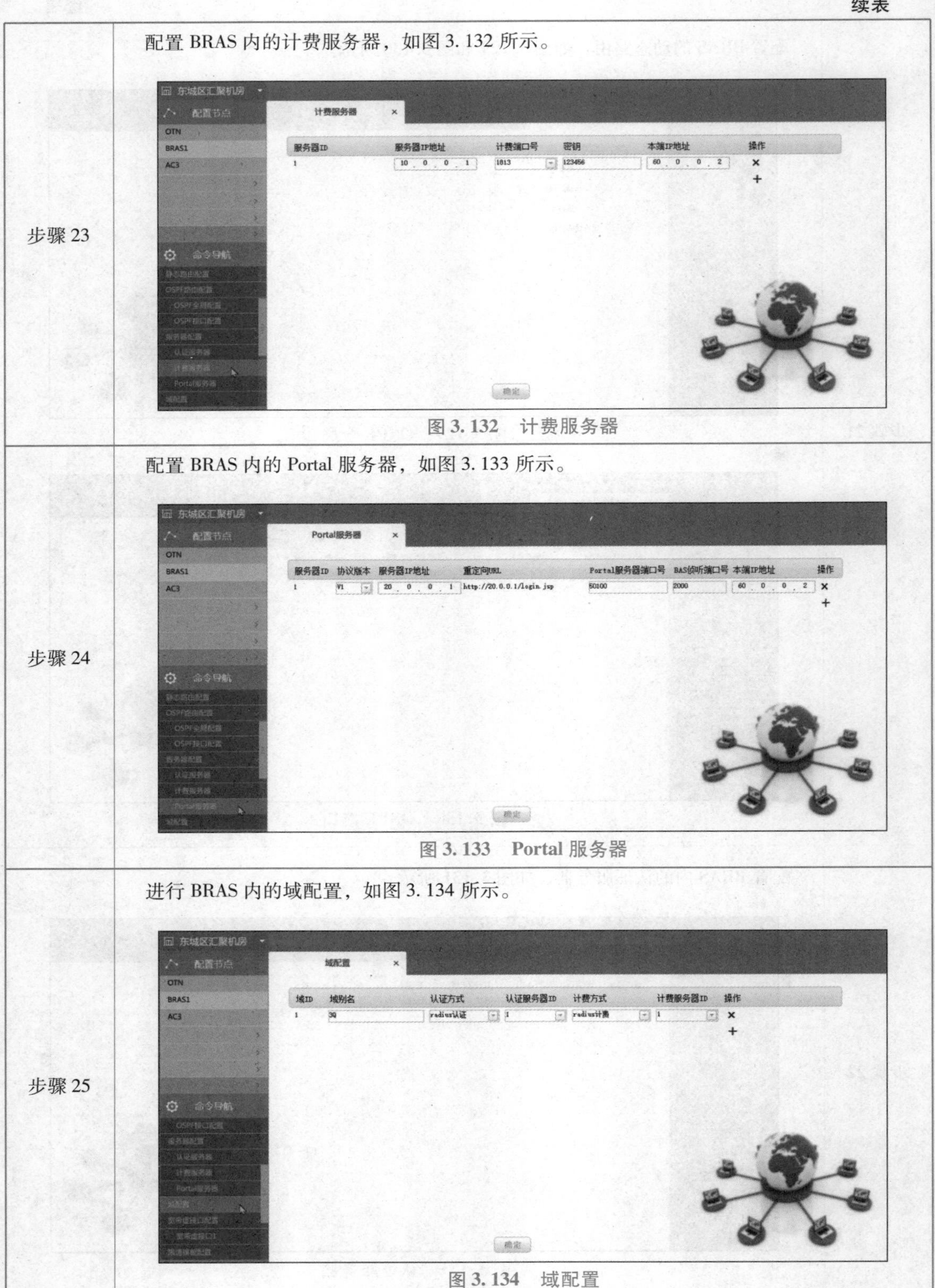

步骤 23	配置 BRAS 内的计费服务器，如图 3.132 所示。 图 3.132　计费服务器
步骤 24	配置 BRAS 内的 Portal 服务器，如图 3.133 所示。 图 3.133　Portal 服务器
步骤 25	进行 BRAS 内的域配置，如图 3.134 所示。 图 3.134　域配置

续表

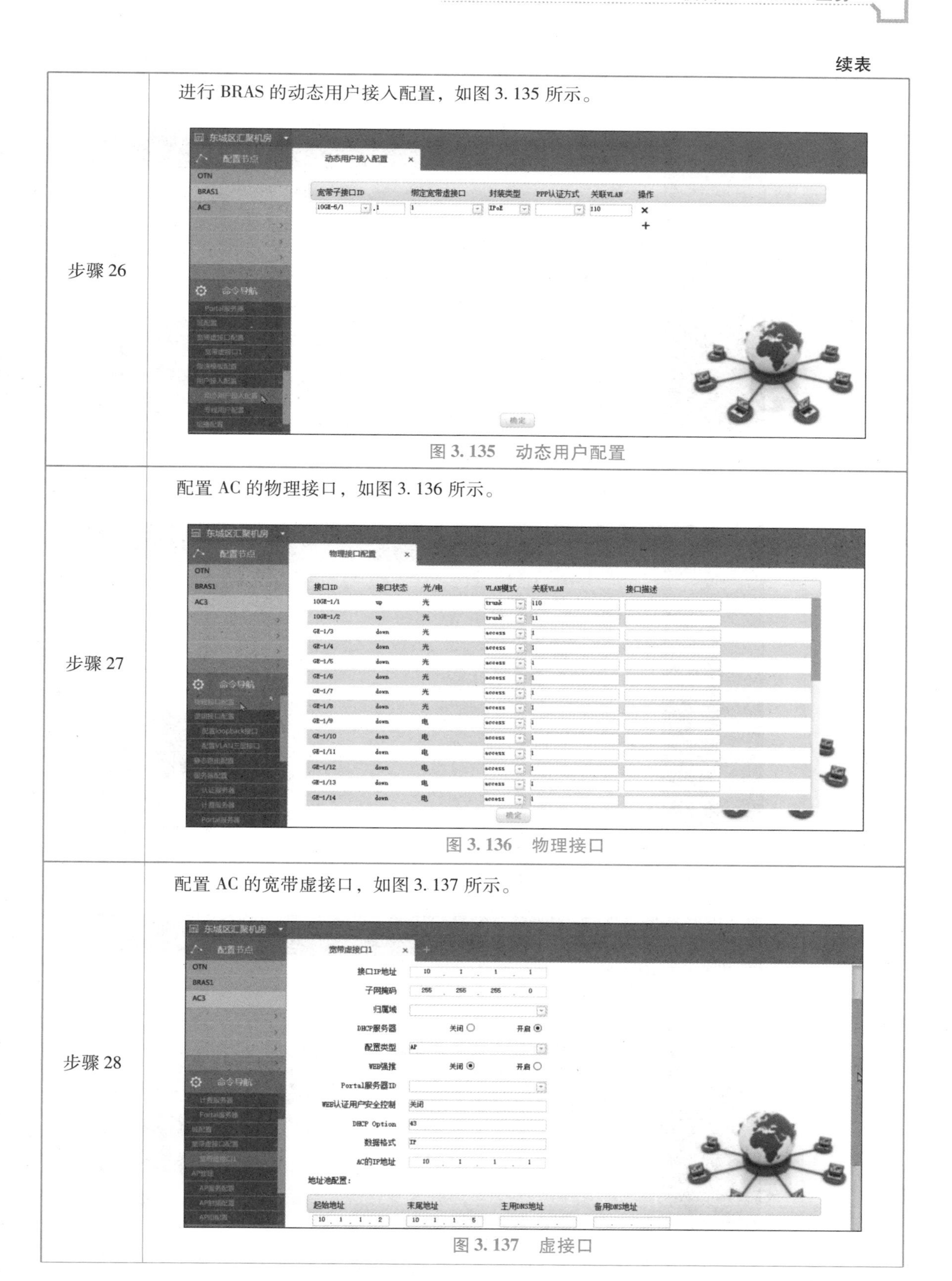

步骤 26	进行 BRAS 的动态用户接入配置，如图 3.135 所示。 图 3.135　动态用户配置
步骤 27	配置 AC 的物理接口，如图 3.136 所示。 图 3.136　物理接口
步骤 28	配置 AC 的宽带虚接口，如图 3.137 所示。 图 3.137　虚接口

续表

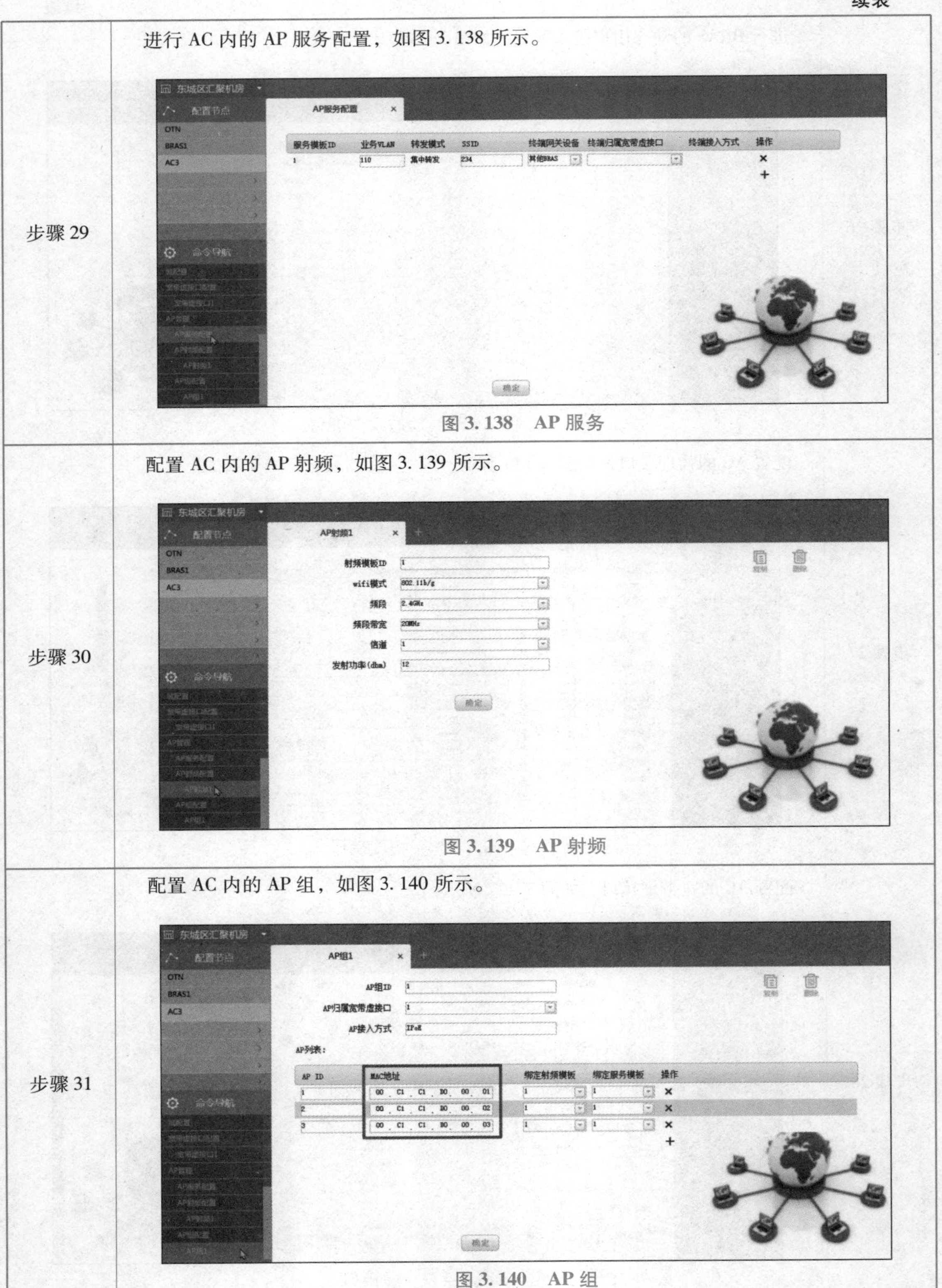

步骤 29	进行 AC 内的 AP 服务配置，如图 3.138 所示。 图 3.138　AP 服务
步骤 30	配置 AC 内的 AP 射频，如图 3.139 所示。 图 3.139　AP 射频
步骤 31	配置 AC 内的 AP 组，如图 3.140 所示。 图 3.140　AP 组

续表

<table>
<tr><td>步骤 31</td><td>在设备配置模块下，在体育馆场景内，单击“AP”可以查询到 AP 的 MAC 地址，如图 3. 141 所示。

图 3. 141　AP 的 MAC</td></tr>
<tr><td>步骤 32</td><td>到此为止，设备配置和数据配置全部完成，单击“业务调测”模块，进行街区 D 的业务验证。
将测试点移动至 AP 附近（距离的远近会影响数据传输质量），单击手机界面内的浏览器图标，如图 3. 142 所示。

图 3. 142　测试位置图</td></tr>
<tr><td>步骤 33</td><td>输入用户名及密码，单击“提交”按钮，如图 3. 143 所示。
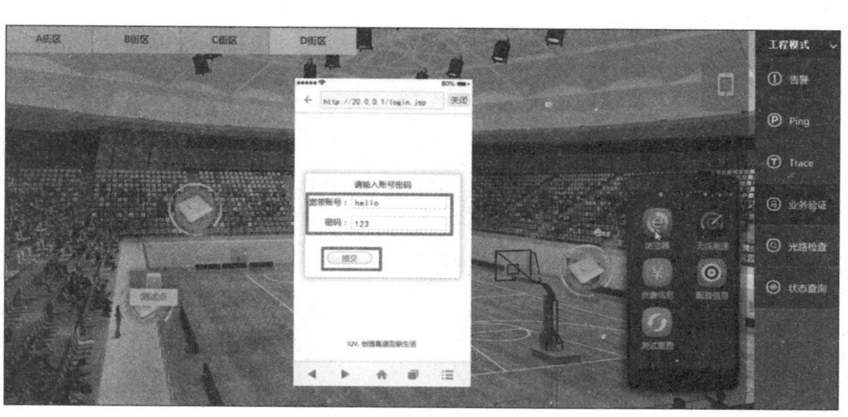
图 3. 143　验证页面</td></tr>
</table>

续表

<table>
<tr><td>步骤 34</td><td>手机浏览器页面如图 3.144 所示。
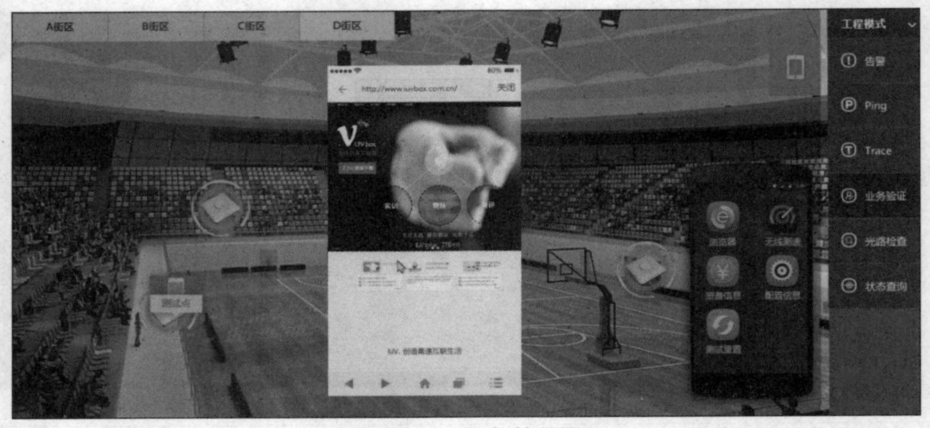

图 3.144　任务效果图</td></tr>
</table>

模块四

VoIP 业务

知识目标

1. 掌握 VoIP 的基本原理。
2. 了解 H. 248 协议。
3. 了解 SIP 协议。

技能目标

1. 熟悉 SS 的基本配置。
2. 熟悉 SIP、H. 248 的业务配置。
3. 掌握 VoIP 的基本配置流程。

项目一　VoIP 技术

理论部分

1. 1　VoIP 基本原理

通过因特网进行语音通信是一个非常复杂的系统工程，其应用面很广，因此涉及的技术也特别多，其中最根本的技术是 VoIP（Voice over Internet Protocol，网络电话）技术，可以说，因特网语音通信是 VoIP 技术的一个最典型的，也是最有前景的应用领域。

VoIP，简而言之，就是将模拟声音信号数字化，将数据压缩后打包成数据包，通过 IP 网络传输到目的地；目的地收到这一串数据包后，将数据重组，解压缩后再还原成声音。这样，网络两端的人就可以听到对方的声音。

VoIP 最大的优势是能广泛地采用 Internet 和全球 IP 互联的环境，提供比传统业务更多、更好的服务。由于 Internet 四通八达、无处不在，并具有免费传输信息的特点，因此，我们利用 Internet 廉价的上网费用和全世界无处不通的特点来传输语音。这样，国内和国际长途的费用将能降低到传统电话网电话费用的50%以上。利用 VoIP 技术可以在 IP 网络上便宜地传送语音、传真、视频和数据等业务，如虚拟电话、虚拟语音/传真邮箱、查号业务、Internet 呼叫中心、Internet 呼叫管理、电视会议、电子商务、传真存储转发和各种信息的存储转发等。

1.1.1 VoIP 功能结构

VoIP 技术主要用于处理语音和信令，因此可以将它分为 4 个功能模块：语音包处理模块、电话信令网关模块、网络协议模块和网络管理模块。

1. 语音包处理模块

语音包处理模块主要在数字信号处理器（DSP）芯片上运行，主要实现语音的编码及解码、静音检测、回音抵消、自适应语音恢复和语音包处理的功能。

2. 电话信令网关模块

电话信令网关模块主要在 Host CPU 上运行。作为一个“网关处理器”，它主要是作为电话信令，在电信设备与网络协议处理间进行协议转换。这些信令包括挂机、摘机、呼入保持、来电显示等。它主要是指原有传统电话设备上的业务及其将来的增值服务。

3. 网络协议模块

这个模块主要用于处理信令的信息。同时，也可以将信令信息转换成相应的特殊网络的信令协议，通过交换网络传输。例如 H.248、SIP 协议等。

4. 网络管理模块

主要是提供一个语音管理的接口，实现 VoIP 的配置及维护。管理信息是基于国际标准 ASN.1 及 SNMP 简单网络管理协议的要求所建立的。

1.1.2 VoIP 数据传输过程

传统的电话网是以电路交换方式传输语音的，所要求的传输宽带为 64 kb/s，而 VoIP 是以 IP 分组交换网络为传输平台，对模拟的语音信号进行压缩、打包等一系列的特殊处理，使之可以采用无连接的 UDP 协议进行传输。

为了在一个 IP 网络上传输语音信号，要有几个元素和功能。最简单形式的网络由两个或多个具有 VoIP 功能的设备组成，这一设备通过一个 IP 网络连接。从图 4.1 中可以发现 VoIP 设备是如何把语音信号转换为 IP 数据流，并把这些数据流转发到 IP 目的地的，IP 目的地又把它们转换回到语音信号。两者之间的网络必须支持 IP 传输，并且可以是 IP 路由器和网络链路的任意组合。

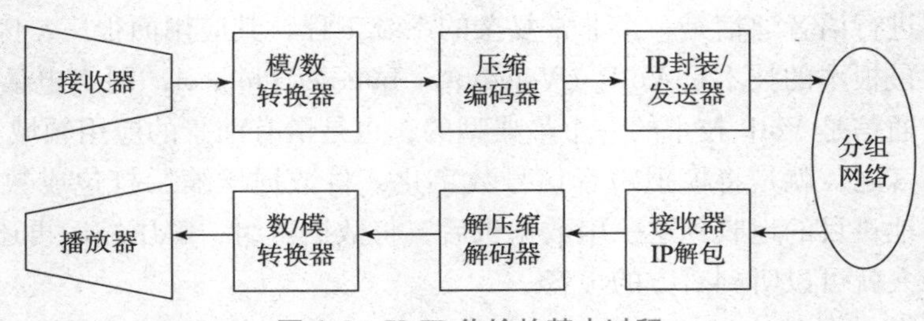

图 4.1 VoIP 传输的基本过程

VoIP 的传输过程分为语音信号数字化、信号编码分组、打包传送、解包及解压缩、数字语音模拟化 5 个过程。

1. 语音信号数字化

语音信号是模拟波形，通过 IP 方式来传输语音，不管是实时应用业务还是非实时应用业务，首先都要对语音信号进行模拟数据转换，也就是对模拟语音信号进行 8 位或 6 位的量化，然后送入缓冲存储区中，缓冲器的大小可以根据延迟和编码的要求选择，许多低比特率的编码器是采取以帧为单位进行编码的，典型帧长为 10 ~ 30 ms。考虑传输过程中的代价，语间包通常由 60 ms、120 ms 或 240 ms 的语音数据组成。数字化可以使用各种语音编码方案来实现，目前采用的语音编码标准主要是 ITU – TG. 711。源和目的地的语音编码器必须实现相同的算法，这样目的地的语音设备才可以还原模拟语音信号。

2. 信号编码分组

语音信号进行数字编码后，下一步就是对语音包以特定的帧长进行压缩编码。大部分的编码器都有特定的帧长，若一个编码器使用 15 ms 的帧，则把从第一个来的 60 ms 的包分成 4 帧，并按顺序进行编码。每个帧合 120 个语音样点（抽样率为 8 kHz）。编码后，将 4 个压缩的帧合成一个压缩的语音包送入网络处理器。网络处理器为语音添加包头、时标和其他信息后，通过网络传送到另一端点。IP 网络不像电路交换网络，它要求把数据放在可变长的数据报或分组中，然后给每个数据报附带寻址和控制信息，并通过网络发送，一站一站地转发到目的地。

3. 打包传送

在这个通道中，全部网络被看成一个从输入端接收语音包，然后在一定时间内将其传送到网络输出端。网络中的各节点检查每个 IP 数据附带的寻址信息，并使用这个信息把该数据报转发到目的路径的下一站。网络链路可以是支持 IP 数据流的任何拓扑结构或访问方法。

4. 解包及解压缩

目的地 VoIP 接收设备接收这个 IP 数据并开始处理。首先，接收设备提供一个可变长度的缓冲器，用来调节网络产生的抖动。该缓冲器可容纳许多语音包，用户可以选择缓冲器的大小，小的缓冲器产生延迟较小，但不能调节大的抖动。其次，解码器将经编码的语音包解压缩后产生新的语音包，这个模块也可以按帧进行操作，完全和解码器的长度相同。若帧长度为 15 ms，则 60 ms 的语音包被分成 4 帧，然后它们被解码还原成 60 ms 的语音数据流送入解码缓冲器。最后，在数据报的处理过程中，去掉寻址和控制信息，保留原数据，然后把这个原数据提供给解码器。

5. 数字语音模拟化

播放驱动器将缓冲器中的语音样点取出送入声卡，通过扬声器按预定的频率播出。简而言之，语音信号在 IP 网络上的传送要经过从模拟信号到数字信号的转换、数字语音封装成 IP 分组、IP 分组通过网络传送、IP 分组的解包和数字语音还原到模拟信号等过程。

1.2　VoIP 的常用协议

VoIP 所涉及的协议分为两大类：信令协议和媒体协议。信令协议用于建立、维护和拆除一个呼叫连接，如 H. 323、MGCP、H. 248 和 SIP。媒体协议用于建立呼叫连接后语音数据流的传送，如 RTP、RTCP、T38 和语音编解码协议等。

1. 2. 1 VoIP 信令协议

随着时代的发展和客户需求的变化，信令协议的变化大致经历了三个阶段。

第一阶段：H. 323 协议

目前全球大多数商用 VoIP 网络都是基于 H. 323 协议构建的。H. 323 协议是 ITU - T 为包交换网络的多媒体通信系统设计的（目前主要用于 VoIP），主要由网关、网守以及后台认证和计费等支撑系统组成。网关是完成协议转换和媒体编解码的主要设备，而网守则是完成网关之间的路由交换、用户认证和计费的控制层设备。

基于 H. 323 协议的 VoIP 系统本身就是从电信级网络的角度出发设计的，有着传统电信网的多种优点，如易于构建大规模网络、网络的可运营可管理性较好、不同厂商设备之间的互通性较好等。然而，在实际部署和实施时也遇到了一些问题，比如协议设计过于复杂、设备成本高、投资建设成本高和协议扩展较差等。

第二阶段：H. 248/MGCP 协议

在下一代网络（NGN）的研究过程中，出现了“以软交换为核心的下一代网络”的说法。所谓软交换，其核心思想是控制、承载和业务分离，采用软交换做控制，不同媒体网关做媒体处理来提供话音、数据、视讯等多媒体业务（甚至支持移动性）的实现方式。其核心协议是与媒体相关的控制协议，主流的协议是 ITU - T 制定的 H. 248 和 IETF 制定的 MGCP。

软交换的主要作用是逐步把传统电话网络 IP 化，可以起到承上启下的作用，但当用户都以 IP 方式连接在网络上的时候，软交换就完成了其历史使命，因此软交换属于一种 VoIP 的过渡技术。

第三阶段：SIP/IMS

在向 NGN 的演进过程中，会话初始协议（SIP）越来越引起业务的关注，用户终端无论在何处接入互联网，都可以通过域名找到其归属服务器来进行语音和视频等的通信。自 3GPP 在 R5 的 IP 多媒体子系统（IMS）中宣布以 SIP 为核心协议以来，ETSI 和 ITU - T 又在其 NGN 体系中采用了 IMS，使得 SIP 协议正在成为人们关注的热点。

SIP 协议本身在消息发送和处理机制上具有一定的灵活性，使得使用 SIP 协议可以很方便地实现一些 VoIP 的补充业务，比如各种情况下的呼叫前转、呼叫转接、呼叫保持、即时消息等业务。

1. 2. 2 VoIP 媒体协议

1. 实时传输协议（Real - Time Transport Protocol，RTP）

RTP 是针对 Internet 上多媒体数据流的一个传输协议。RTP 被定义为在一对一或一对多的传输情况下工作，其目的是提供时间信息和实现流同步。RTP 的典型应用建立在 UDP 上，但也可以在 TCP 或 ATM 等其他协议之上工作。RTP 本身只保证实时数据的传输，并不能为按顺序传送数据包提供可靠的传送机制，也不提供流量控制或拥塞控制，它依靠 RTCP 提供这些服务。

2. 实时传输控制协议（Real - Time Transport Control Protocol，RTCP）

RTCP 负责管理在应用进程之间交换控制信息。在 RTP 会话期间，各参与者周期性地传送 RTCP 包，包中含有已发送的数据包的数量、丢失的数据包的数量等统计资料。因此，服务器可以利用这些信息动态地改变传输速率，甚至改变有效载荷类型。RTP 和 RTCP 配合使用，能以有效的反馈和最小的开销使传输效率最佳化，故特别适合传送网上的实时数据。

3. 资源预订协议（Resorce Reservation Protocol，RSVP）

由于音频和视频数据流比传统数据对网络的延时更敏感，要在网络中传输高质量的音频、视频信息，除带宽要求之外，还需其他更多的条件。RSVP 是 Internet 上的资源预订协议，使用 RSVP 预留部分网络资源（即带宽），能在一定程度上为流媒体的传输提供 QoS。

1.3 H.248 协议

H.248/MeGaCo 协议（Media Gataway Control Protocal），简称 H.248 协议，H.248 和 MeGaCo 是同一种协议，ITU－T 称为 H.248 协议，而 IETF 称为 MeGaCo 协议。

H.248 协议是 2000 年由 ITU－T 第 16 工作组提出的媒体网关控制协议，它是在早期的 MGCP 协议基础上，结合其他媒体网关控制协议的特点发展而成的一种协议。H.248 协议用于媒体网关控制器（MGC）和媒体网关（MG）之间的通信，主要功能是将呼叫和承载连接进行分离，通过对 TG（中继网关）、AG（接入网关）等各种业务网关的管理，实现分组网络和 PSTN 网络的业务互通。

由于 MGCP 协议在描述能力上的欠缺，限制了其在大型网关上的应用。与 MGCP 用户相比，H.248 除了支持文本编码方式外，还增加了二进制编码方式。此外，传输层协议也可选择 UDP/TCP/SCTP 等多种协议承载。

H.248 协议栈结构如图 4.2 所示。网络层协议一般采用 IP 协议，也可以采用 ATM 协议。传输层协议可以采用 UDP、TCP 和 SCTP 协议。H.248 定义的通信端口号固定为 2944（文本方式编码）和 2945（二进制方式编码）。

H.248 协议
UDP/TCP/SCTP
IP
MAC

图 4.2 H.248 协议栈结构

1.3.1 H.248 网关分解模型

H.248 网关分解模型如图 4.3 所示，H.248 将 IP 电话网关分离成三部分：信令网关 SG、媒体网关 MG 和媒体网关控制器 MGC。SG 负责处理信令消息，将其终结、翻译或中继；MG 负责处理媒体流，将媒体流从窄带网打包送到 IP 网或者从 IP 网接收后解包送给窄带网；MGC 负责 MG 的资源注册和管理，以及呼叫控制。在这种分布式的网关体系结构中，MG 和 MGC 之间采用的是 H.248 协议，SG 和 MGC 之间采用的是 SIGTRAN 协议。这些分离网关结构的重要特点是将控制智能集中到 MGC 中，其思路和传统电信交换网类似。

MGC 的功能有处理与网守间的 H.225 RAS 消息、处理 No.7 信令、处理 H.323 信令。

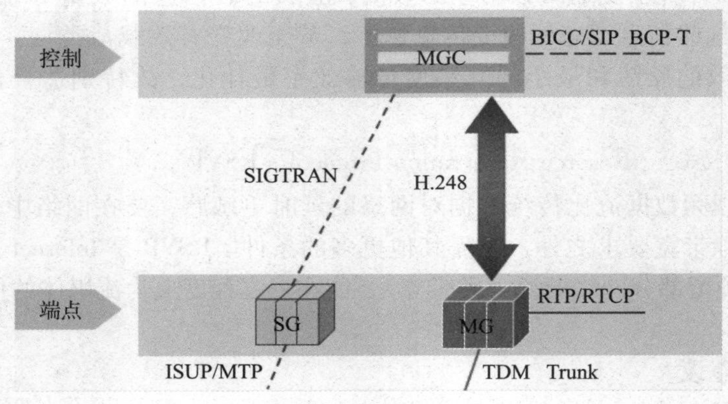

图 4.3　网关分解模型

MG 的功能有处理 H.323 信令、处理带有 RAS 功能的电路交换信令、处理媒体流。

1.3.2　H.248 呼叫控制流程

H.248 协议定义了 8 个命令用于对协议连接模型中的逻辑实体（关联和终端）进行操作和管理。命令提供了实现对关联和终端节点进行完全控制的机制。H.248 协议规定的命令大部分都是用于 MGC 对 MG 的控制，通常 MGC 作为命令的始发者发起，MG 作为命令的响应者接收。但是 Notify 命令和 ServiceChange 命令除外，Notify 命令由 MG 发送给 MGC，而 ServiceChange 命令既可以由 MG 发起，也可以由 MGC 发起，如图 4.4 所示。命令的解释见表 4.1。

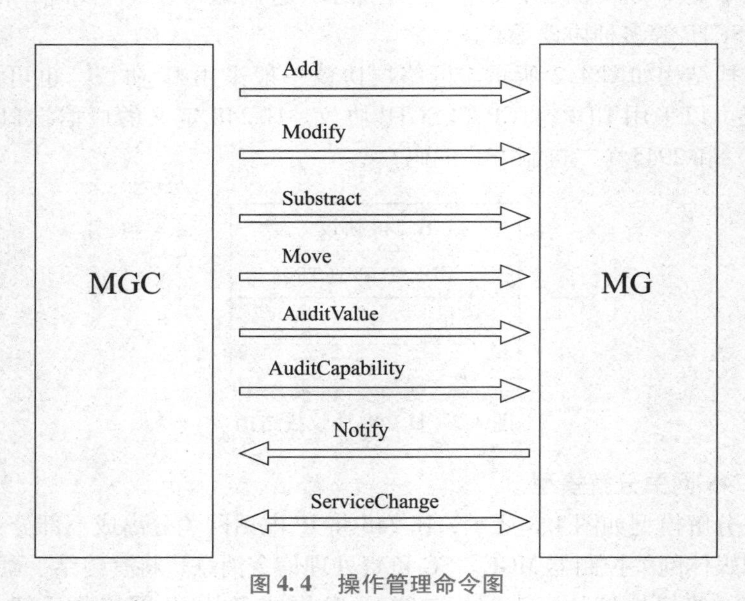

图 4.4　操作管理命令图

表 4.1 命令解释表

命令	含义
Add	当 MG 发起呼叫时，MGC 建立一个新的关联，并使用 Add 命令将 RTP 流和模拟线这两个终端分别添加到关联中
Modify	修改终端属性、事件和信号参数
Substract	当 MG 结束呼叫后，MGC 使用 Substract 命令将终端从关联中删除，释放资源
Move	将终端从一个关联转到另一个关联
AuditValue	获取终端属性、事件、信号和统计的当前信息
AuditCapability	获取终端属性、事件、信号和统计的所有可能的信息值
Notify	允许 MG 将检测到的事件通知 MGC
ServiceChange	允许 MG 通知 MGC 一个或多个终端将要脱离或加入业务，也可以用于 MG 注册到 MGC 表示可用性，以及 MGC 的挂起和 MGC 的主、备转换通知等

H.248 典型呼叫过程如下：

①MG 检测到主叫摘机后，通过 Notify 命令将事件（Off－Hook）报告给 MGC。

②MGC 通过 Add 命令让 MG 将主叫端口加入一个关联，并将拨号音发送给主叫。

③用户拨号，MG 将收到的号码通过 Notify 命令报告给 MGC。

④MGC 分析被叫号码，找出被叫端口，命令 MG 将被叫端口加入一个关联。

⑤MGC 命令 MG 向主叫发送回铃音，向被叫发送振铃音。

⑥被叫摘机，MGC 命令 MG 连接主叫/被叫。

⑦主叫/被叫挂机，MGC 命令 MG 释放主叫/被叫连接，将主叫/被叫端口放空关联。

1.4 SIP 协议

SIP（Session Initiation Protocol，会话发起协议）是一个基于文本的应用层控制协议，是另一套 IP 电话的体系结构。它工作在 TCP/IP 应用层，用于建立、修改和终止 IP 网上的双方或多方的多媒体会话。它的消息都是由 ASCII 码组成的，因此易于阅读和理解。

SIP 协议支持代理、重定向、登记定位用户等功能，支持用户移动，与 RTP/RTCP、SDP、RTSP、DNS 等协议配合，可支持和应用于语音、视频、数据等多媒体业务，同时，可以应用于即时消息、呈现业务、同时振铃、依次振铃、用户漫游、用户号码可携带、第三方控制业务等多种业务。

SIP 协议的主要目的是解决 IP 网路中的信令控制，以及同 SoftSwitch 进行通信，从而构成下一代的增值业务平台，向电信、银行、金融等行业提供更好的增值业务。

1.4.1 SIP 协议模型

SIP 协议的结构模型如图 4.5 所示。各功能模块说明如下。

①SoftSwitch：主要实现连接、路由、呼叫控制、网守和带宽的管理，以及话务记录的生成。

②Media Gateway：提供电路交换网（即传统的 PSTN）与包交换网（即 IP、ATM 网）中信息的转换（包括语音压缩、数据检测等）。

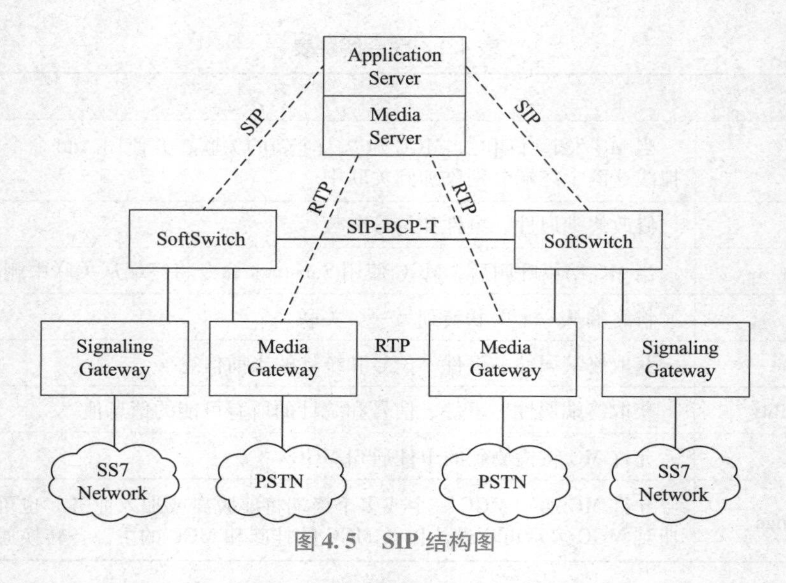

图 4.5　SIP 结构图

③Signaling Gateway：提供 PSTN 网与 IP 网间的协议转换。

④Application Server：运行和管理增值业务的平台，与 SoftSwitch 用 SIP 进行通信。

⑤Media Server：提供媒体和语音资源的平台，同时与 Media Gateway 进行 RTP 流的传输。

使用 SIP 作为 SoftSwitch 和 Application Server 之间的接口，可以实现呼叫控制的所有功能。同时，SIP 已被 SoftSwitch 接受为通用的接口标准，从而可以实现 SoftSwitch 之间的互联。

SIP 协议虽然主要是为 IP 网络设计的，但它并不关心承载网络，也可以在 ATM、帧中继等承载网中工作，它是应用层协议，可以运行于 TCP、UDP、SCTP 等各种传输层协议之上。

1.4.2　SIP 协议的网络架构

SIP 协议是一个 Client/Server 协议。按照逻辑功能分区，SIP 系统由 4 种元素组成：用户代理、代理服务器、重定向服务器以及注册服务器，如图 4.6 所示。

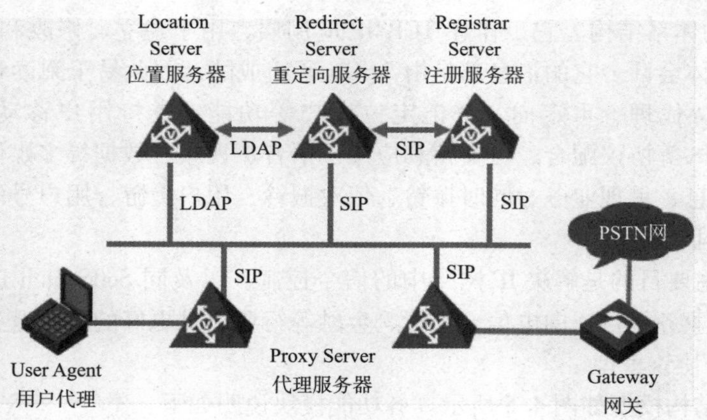

图 4.6　SIP 分布式网络架构

(1) 用户代理（User Agents，UA）

用户代理分为客户端（User Agent Clients，UAC）和用户代理服务器（User Agent

Server，UAS）两个部分。UAC 负责向 UAS 发起 SIP 呼叫请求，UAS 负责接受呼叫并做出响应。二者组成用户代理存在于用户终端中。按照是否保存状态，可分为有状态代理、有部分状态用户代理和无状态用户代理。

（2）代理服务器（Proxy Server）

代理服务器负责接收用户代理发来的请求，根据网络策略将请求发给相应的服务器，并根据收到的应答对用户做出响应。它可以根据需要对收到的消息改写后再发出。

从逻辑上来讲，代理最主要的功能是将 SIP 信息包转发给目的用户。它最低限度要包括 UA 功能。在现实中，它还能实现以下的功能：

①呼叫计费，包括强制路由选择。

②防火墙。

③通过查询 DNS 选择 SIP 服务器。

④检测环路。

⑤非 SIPURI 解释功能。

（3）位置服务器（Location Server）

这是一个信息数据库，存储了终端用户的当前位置信息。主要面向代理服务器和重定向服务器。

（4）重定向服务器（Redirect Server）

它也是一个信息数据库，接收用户请求，把请求中的原地址映射为零个或多个地址，返回给客户机，客户机根据此地址重新发送请求。用于在需要的时候将用户新的位置返回给呼叫方，呼叫方可以根据得到的新的位置重新呼叫。

（5）注册服务器（Registrar Server）

它同样是一个信息数据库，用于接收和处理用户端的注册请求，完成用户地址的注册。

以上几种服务器可共存于一个设备，也可以分布在不同的物理实体中。客户端、用户代理服务器、代理服务器、重定向服务器在一个具体呼叫事件中扮演不同角色，而这样的角色不是固定不变的。

1.4.3 SIP 基本消息流程

1. 注册/注销过程

SIP 为用户定义了注册和注销过程，其目的是可以动态建立用户的逻辑地址和其当前联系地址之间的对应关系，以便实现呼叫路由和对用户移动性的支持。逻辑地址和联系地址的分离也方便了用户，它不论在何处、使用何种设备，都可以通过唯一的逻辑地址进行通信。逻辑地址用于标识用户，联系地址表明用户的当前地址。

注册/注销过程是通过 REGISTER 消息和 200 成功响应来实现的。在注册/注销时，用户将其逻辑地址和当前联系地址通过 REGISTER 消息发送给其注册服务器，注册服务器对该请求消息进行处理，并以 200 成功响应消息通知用户注册/注销成功，如图 4.7 所示。

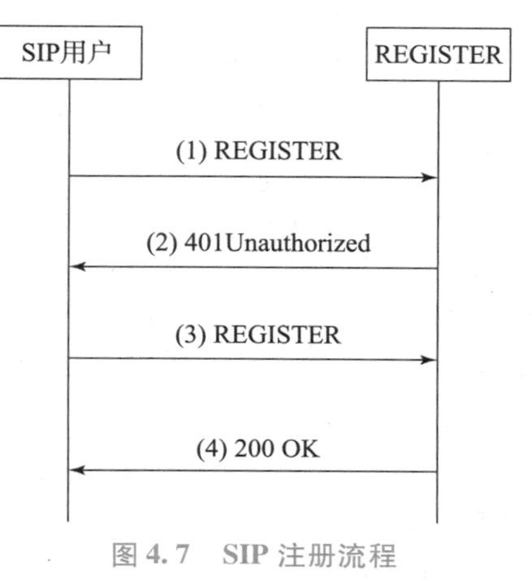

图 4.7 SIP 注册流程

①SIP 用户向其所属的注册服务器发起 REGISTER 注册请求。

②注册服务器返回 401 响应，要求用户进行鉴权。

③SIP 用户发送带有鉴权信息的注册请求。

④注册成功。

2. 呼叫/终止过程

SIP 电话系统中，当主叫用户代理要发起呼叫时，它构造一个 INVITE 消息，并发送给被叫，被叫收到邀请后决定接收该呼叫，就回送一个成功响应（状态码为 200），主叫方收到成功响应后，向对方发送 ACK 请求，被叫收到 ACK 请求后，呼叫成功建立。

呼叫的终止通过 BYE 请求消息来实现。当参与呼叫的任一方要终止呼叫时，它就构造一个 BYE 请求消息，并发送给对方。对方收到 BYE 请求后，释放与此呼叫相关的资源，回送一个成功响应，表示呼叫已经终止。

当主、被叫双方已建立呼叫，如果任一方想要修改当前的通信参数（通信类型、编码等），可以通过发送一个对话内的 INVITE 请求消息（称为 re – INVITE）来实现。

3. 重定向过程

当重定向服务器收到主叫用户代理的 INVITE 邀请消息时，它通过查找定位服务器发现该呼叫应该被重新定向，就构造一个重定向响应消息（状态码为 3 ××），将新的目标地址回送给主叫用户代理。主叫用户代理收到重定向响应消息后，将逐一向新的目标地址发送 INVITE 邀请，直至收到成功响应并建立呼叫。如果尝试了所有的新目标都无法建立呼叫，则本次呼叫失败。

综上所述，通信建立主要是由终端注册、呼叫建立、释放呼叫组成的，可细化为以下 6 个步骤：

①注册、发起和定位用户。

②进行媒体协商，通常采用 SDP 方式来携带媒体参数。

③由被叫方来决定是否接纳本次呼叫。

④呼叫媒体流建立并交互。

⑤呼叫更改或处理事件（如呼叫转移）。

⑥呼叫终止。

1.5 H. 248 与 SIP 协议分析

1. H. 248 的优缺点

H. 248 是 H. 323 网关分解的产物。其优点是有利于网关的互连，适合构建大规模网络，并且可和 SS7 信令网关配合工作，能够与 SS7 网实现良好集成，具有很好的协议扩展性。此外，由于呼叫控制与媒体处理分离，使得多厂商设备融合互通成为可能。

H. 248 的缺点是目前还不太完善和成熟。H. 248/MEGACO 协议是 ITU 和 IETF 取得共识、共同推进的一种网关控制协议。在解决了 H. 323 的复杂、伸缩性差等问题之后，H. 248 得到厂商的广泛支持，成为下一代网络关键的媒体网关控制协议。

2. SIP 的优缺点

SIP 的优点包括：该协议具有扩展特性，可以轻松定义并迅速实现新功能；可以简单易行地嵌入廉价终端用户设备。该协议可确保互操作能力，并使不同的设备进行通信；便于那些非电话领域的开发人员理解该协议；SIP 协议与其他协议协同使用时，具有较强的灵活性，与其他软件系统融合可以构建完整的统一通信解决方案。

SIP 的缺点是 SIP 协议还是一个发展中的协议，尽管大量应用于各行业的 VoIP 解决方案中，但许多功能协议还在完善中。

低成本终端产品无疑是 SIP 最自然的应用了，像无线电话、置顶分线盒、以太网电话及其他带有有限计算和内存资源的设备都能使用该协议。由于 SIP 是一种优越的呼叫控制协议，因此是当前取代 MGCP 呼叫控制协议的首选。

项目二　VoIP 业务的开通

操作部分

任务一（21）　拓扑规划

任务描述	万绿市南城区建设完成后，街区 B（住宅小区）需要采用 SIP 协议实现 VoIP 功能，街区 C（酒店）需要用 H. 248 协议实现 VoIP 功能。根据实际情况规划出网络拓扑结构。
任务分析	1. 核心层需要架设 SS 服务器。 2. 传输层需要架设 BRAS 服务器。 3. 接入层采用 PON 传输。
任务实施	
步骤 1	拓扑结构如图 4. 8 所示。 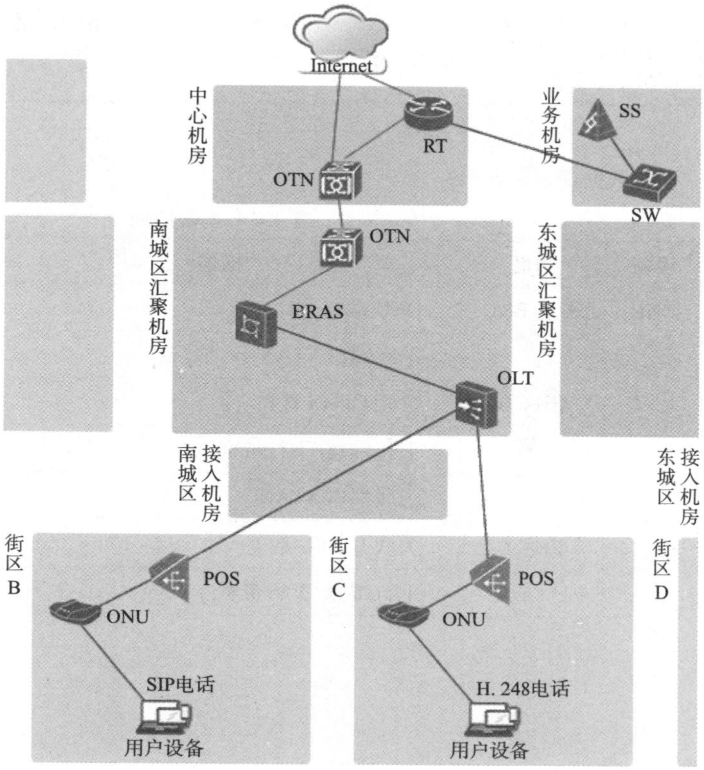 图 4. 8　拓扑结构图

任务二（22） 数据规划

任务描述

万绿市南城区建设完成后，街区 B（住宅小区）需要采用 SIP 协议实现 VoIP 功能，街区 C（酒店）需要用 H.248 协议实现 VoIP 功能。根据接入用户数量及带宽进行数据规划。

任务分析

1. 核心层需要架设 SS 服务器。
2. 传输层需要架设 BRAS 服务器。
3. 接入层采用 PON 传输。
4. SIP 协议与 H.248 协议的设置。

任务实施

步骤 1

路由数据规划见表 4.2。

表 4.2 路由规划

本端设备	端口	端口网络	对端设备	端口
SS 服务器 31.31.31.31/32	GE－7/1	31.0.0.0/30	业务机房 SW（小型）	GE－1/5 VLAN 31
中心机房 RT2（中型）	10GE－6/1	41.0.0.0/30		10GE－1/1 VLAN 41
	40GE－1/1	51.0.0.0/30	南城区汇聚机房 BRAS（大型）	40GE－1/1
南城区汇聚机房 OLT（大型）	40GE－1/1			40GE－2/1

步骤 2

业务数据规划见表 4.3。

表 4.3 业务规划

设备	街区	描述	参数
ONU	街区 B&C	ONU 端口	Post_1/1
OLT	街区 B	上联端口 VLAN	VLAN 611
		关联 GPON 接口	Gpon_3/1
		上行带宽/下行带宽	128 kb/s
	街区 C	上联端口 VLAN	VLAN 612
		关联 GPON 接口	Gpon_4/1
		上行带宽/下行带宽	128 kb/s

续表

续表

	设备	街区	描述		参数
步骤 2	BRAS	街区 B	网关		11. 11. 11. 1
			宽带虚接口 1 地址池	40GE－2/1. 1	11. 11. 11. 2 ~ 11. 11. 11. 254
		街区 C	网关		12. 12. 12. 1
			宽带虚接口 2 地址池	40GE－2/1. 2	12. 12. 12. 2 ~ 12. 12. 12. 254
	SS	街区 B	IAD	SIP 协议	11. 11. 11. 10：5060
			电话号码		66554433
		街区 C	IAD	H. 248 协议	12. 12. 12. 10：2944
			电话号码		77889900

任务三（23） 业务配置

任务描述	万绿市南城区建设完成后，根据任务一（21）的拓扑规划和任务二（22）的数据规划，街区 B（住宅小区）需要采用 SIP 协议实现 VoIP 功能，街区 C（酒店）需要用 H. 248 协议实现 VoIP 功能。
任务分析	1. 核心层需要架设 SS 服务器。 2. 传输层需要架设 BRAS 服务器。 3. 接入层采用 PON 传输。 4. SIP 协议与 H. 248 协议的设置。
任务实施	
步骤 1	根据任务一（21）和任务二（22）以及本部分任务的描述，先单击“容量计算”模块，设置街区 B 为小区场景，街区 C 为酒店场景，如图 4. 9 所示。

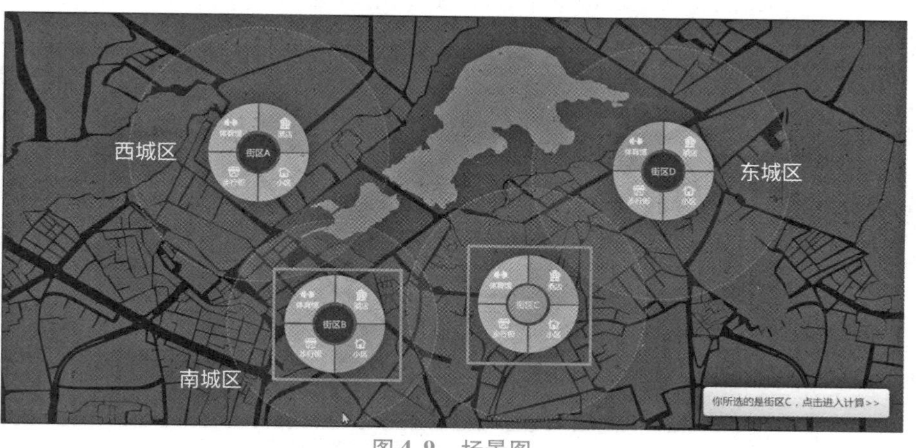

图 4. 9 场景图

续表

<table>
<tr><td>步骤 2</td><td>首先，选取合适的网元设备放置在指定的位置，并进行线缆的连接。
单击“设备配置”模块，进入业务机房，在设备池内选取 SS 设备放入机柜内，如图 4.10 所示。

图 4.10　机柜图</td></tr>
<tr><td>步骤 3</td><td>从设备池内选取小型交换机，放置在另一个机柜中，如图 4.11 所示。 
图 4.11　机柜图</td></tr>
<tr><td>步骤 4</td><td>由业务机房退出，进入中心机房，在设备池内选择一台中型 OTN 设备，并将该设备拖拽至机柜内安放。安放完成后，设备指示图处有显示，如图 4.12 所示。

图 4.12　机柜图</td></tr>
</table>

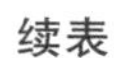

续表

步骤 5	在设备池内选择一台中型路由器，并拖拽至机柜内安放。安放完成后，设备指示图处有显示，如图 4.13 所示。  图 4.13　机柜图
步骤 6	由中心机房退出，进入南城区汇聚机房后，添加中型 OTN 至机柜内，如图 4.14 所示。  图 4.14　机柜图
步骤 7	在设备池内选择一台大型 BRAS，并拖拽至机柜内安放，如图 4.15 所示。  图 4.15　机柜图

续表

步骤 8	在设备池内选择一台大型 OLT，并拖拽至机柜内安放，如图 4.16 所示。  图 4.16　机柜图
步骤 9	由南城区汇聚机房退出，进入街区 B，在设备池选择分光比为 1∶16 的分光器放置在小区光交接箱内，如图 4.17 所示。  图 4.17　光交接箱
步骤 10	进入房间内，选择小型 ONU 放置在书桌上，如图 4.18 所示。 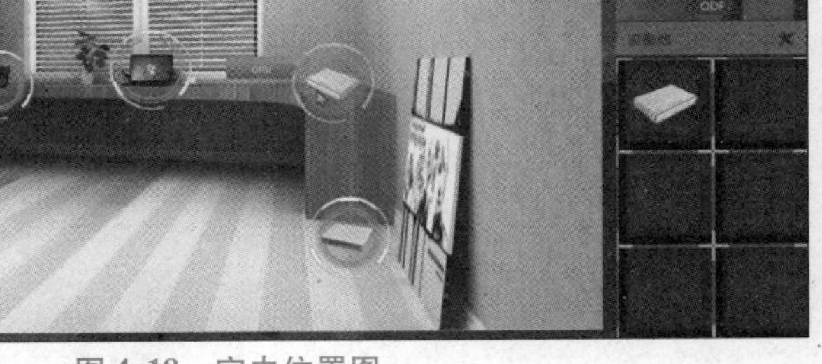 图 4.18　室内位置图

续表

步骤 11	由街区 B 退出，进入街区 C，在设备池选择分光比为 1∶64 的分光器放置在酒店外的光交接箱内，如图 4.19 所示。  图 4.19　光交接箱
步骤 12	进入酒店房间内，选择小型 ONU 放置在房间内，如图 4.20 所示。 图 4.20　酒店场景图
步骤 13	接下来进行各个网元设备之间的线缆连接。进入业务机房后，将 SS 与 SW 连接。从线缆池选取成对 LC－LC 光纤，一端连接在 SS 的 GE_7/1 端口上，另一端连接在小型交换机 SW 的 GE_1/5 端口上，如图 4.21 和图 4.22 所示。 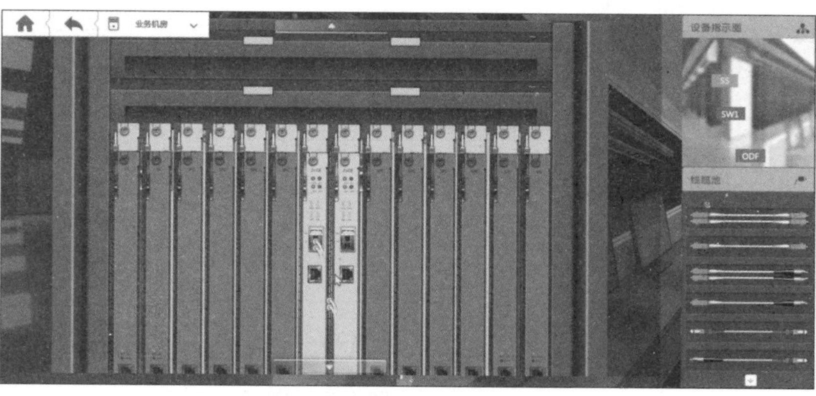 图 4.21　SS 端口图

续表

<table>
<tr><td>步骤 13</td><td>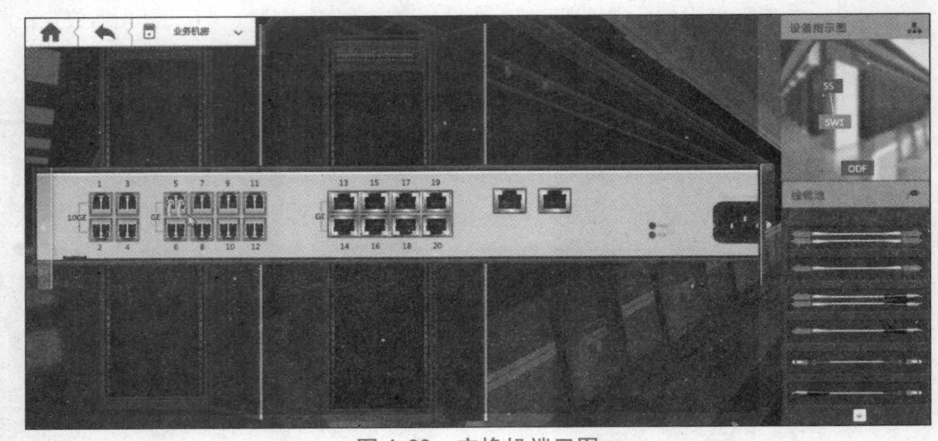
图 4.22　交换机端口图</td></tr>
<tr><td>步骤 14</td><td>从线缆池选取成对 LC－FC 光纤，一端连接在小型交换机 SW 的 10GE_1/1 端口上，另一端连接在 ODF 的 1T1R 端口上，如图 4.23 和图 4.24 所示。
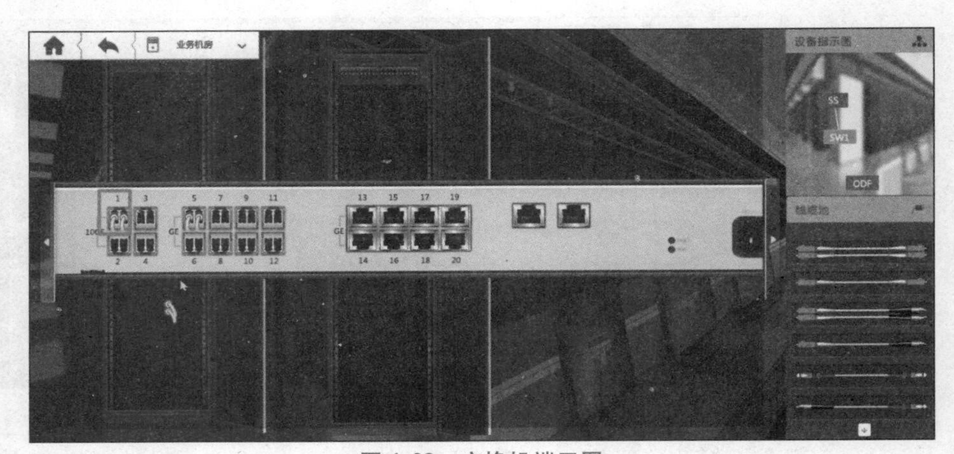
图 4.23　交换机端口图
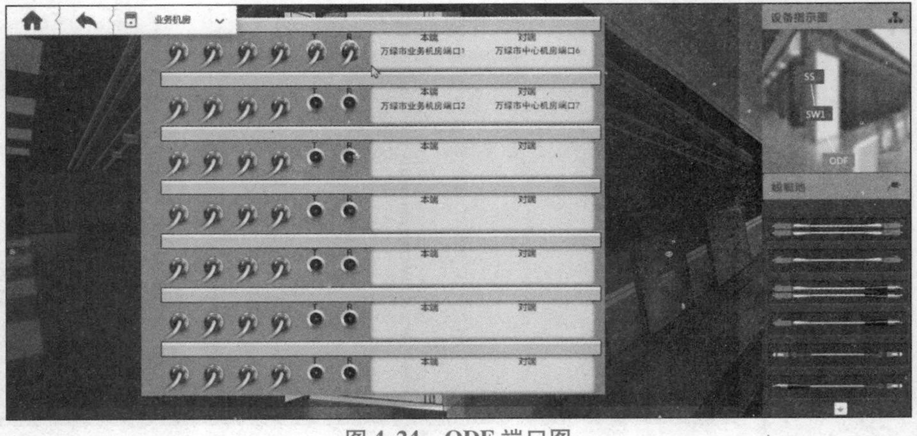
图 4.24　ODF 端口图</td></tr>
</table>

续表

<table>
<tr>
<td>步骤 15</td>
<td>进入中心机房，从线缆池选取成对 LC－FC 光纤，一端连接在 ODF 的 6T6R 端口上，另一端连接在中型路由器 RT 的 6 号槽位的 10GE_6/1 端口上，如图 4.25 和图 4.26 所示。
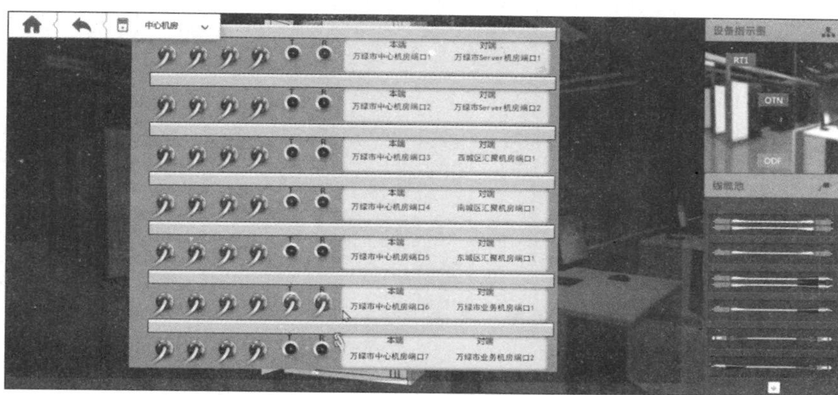

图 4.25　ODF 端口图

图 4.26　路由器端口图</td>
</tr>
<tr>
<td>步骤 16</td>
<td>将 RT 与 OTN 相连，在线缆池内选择成对 LC－LC 光纤，光纤的一端连接到路由器 RT1 的 40GE_1/1 端口上，另一端连接到 OTN 15 号槽位的 OTU40G_C1TC1R 端口上，如图 4.27 和图 4.28 所示。

图 4.27　路由器端口图</td>
</tr>
</table>

续表

<table>
<tr><td>步骤 16</td><td>

图 4.28　OTN 端口图</td></tr>
<tr><td>步骤 17</td><td>在右侧线缆池内选取单根 LC－LC 光纤，一端连接到 OTN 15 号槽位的 OTU40G_L1T 端口上，另一端连接到 OTN 12 号槽位的 OMU10C_CH1 端口上，如图 4.29 所示。

图 4.29　OTN 端口图</td></tr>
<tr><td>步骤 18</td><td>在右侧线缆池内重新选取单根 LC－LC 光纤，一端连接到 OTN 12 号槽位的 OMU10C_OUT 端口上，另一端连接到 OTN 11 号槽位的 OBA_IN 端口上，如图 4.30 所示。

图 4.30　OTN 端口图</td></tr>
</table>

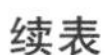

续表

步骤 19	在右侧线缆池内重新选取单根 LC－FC 光纤，一端连接在 OTN 11 号槽位的 OBA_OUT 端口上，然后在设备指示图中单击 ODF 图标，将光纤的另一端连接在 ODF_4T 端口上，如图 4.31 和图 4.32 所示。  图 4.31　OTN 端口图 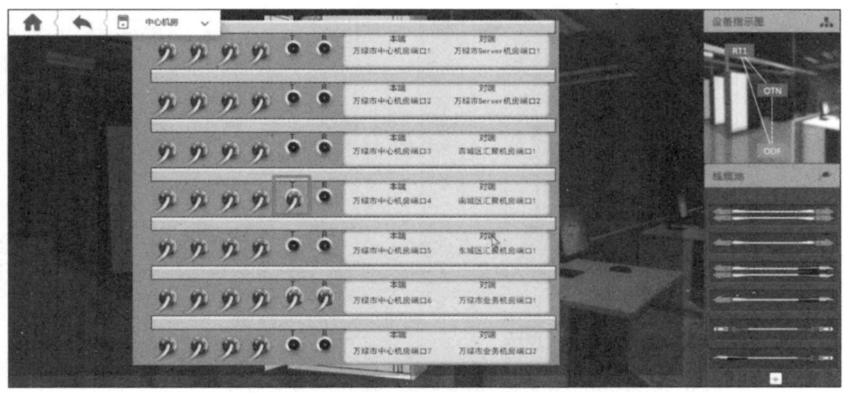 图 4.32　ODF 端口图
步骤 20	在右侧线缆池内选取单根 LC－FC 光纤，一端连接在 ODF_4R 端口上，另一端连接在 OTN 21 号槽位的 OPA_IN 端口上，如图 4.33 和图 4.34 所示。 图 4.33　ODF 端口图

续表

<table>
<tr>
<td>步骤 20</td>
<td>

图 4.34　OTN 端口图</td>
</tr>
<tr>
<td>步骤 21</td>
<td>在右侧线缆池内重新选取单根 LC－LC 光纤，一端连接到 OTN 21 号槽位的 OPA_OUT 端口上，另一端连接到 OTN 22 号槽位的 ODU_IN 端口上，如图 4.35 所示。

图 4.35　OTN 端口图</td>
</tr>
<tr>
<td>步骤 22</td>
<td>在右侧线缆池内重新选取单根 LC－LC 光纤，一端连接到 OTN 22 号槽位的 ODU_CH1 端口上，另一端连接到 OTN 15 号槽位的 OTU40G_L1R 端口上，如图 4.36 所示。
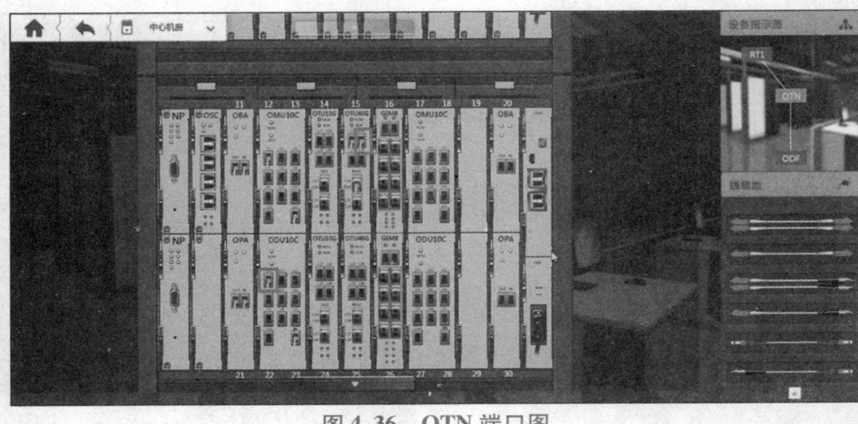

图 4.36　OTN 端口图</td>
</tr>
</table>

续表

<table>
<tr><td>步骤 23</td><td>由中心机房退出，进入南城区汇聚机房，在右侧线缆池内选取单根 LC－FC 光纤，一端连接到 ODF 的 1T 端口上，另一端连接到 OTN 11 号槽位的 OBA 的 OUT 端口上，如图 4.37 和图 4.38 所示。
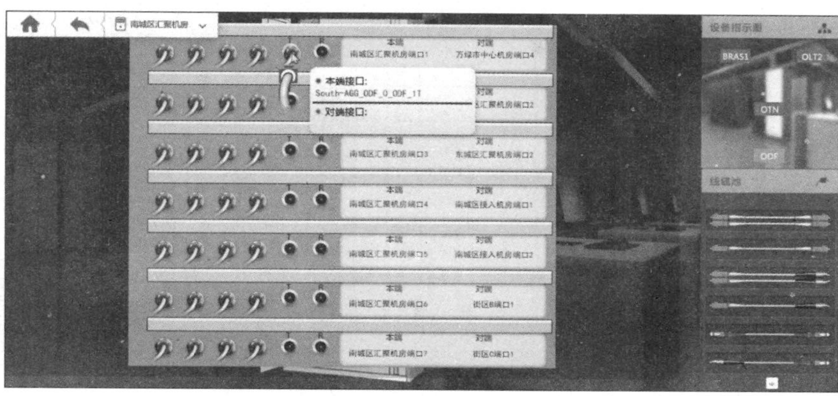

图 4.37 ODF 端口图
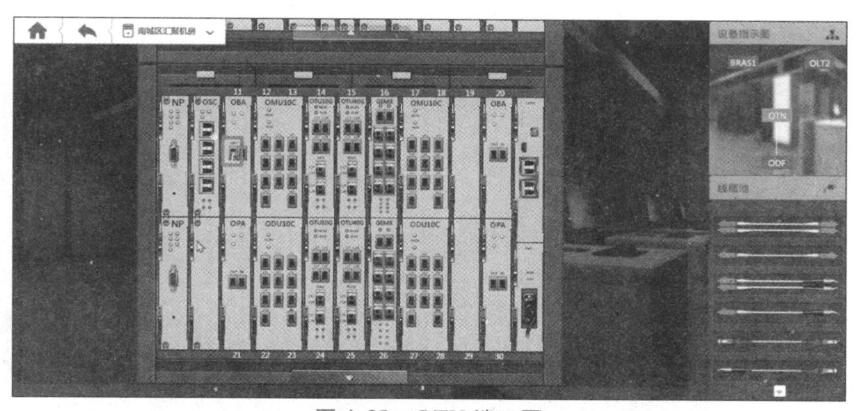

图 4.38 OTN 端口图</td></tr>
<tr><td>步骤 24</td><td>在右侧线缆池内选取单根 LC－LC 光纤，一端连接到 OTN 15 号槽位的 OTU40G_L1T 端口上，另一端连接到 OTN 12 号槽位的 OMU10C_CH1 端口上，如图 4.39 所示。 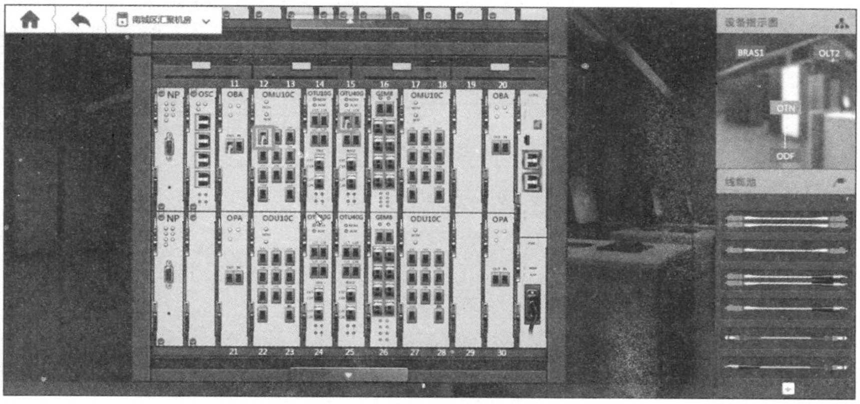
图 4.39 OTN 端口图</td></tr>
</table>

续表

<table>
<tr>
<td>步骤 25</td>
<td>在右侧线缆池内重新选取单根 LC – LC 光纤，一端连接到 OTN 12 号槽位的 OMU10C_OUT 端口上，另一端连接到 OTN 11 号槽位的 OBA_IN 端口上，如图 4.40 所示。

图 4.40　OTN 端口图</td>
</tr>
<tr>
<td>步骤 26</td>
<td>在右侧线缆池内重新选取单根 LC – FC 光纤，一端连接到 OTN 的 OPA_IN 端口上，另一端连接在 ODF 的 1R 端口上，如图 4.41 和图 4.42 所示。

图 4.41　OTN 端口图
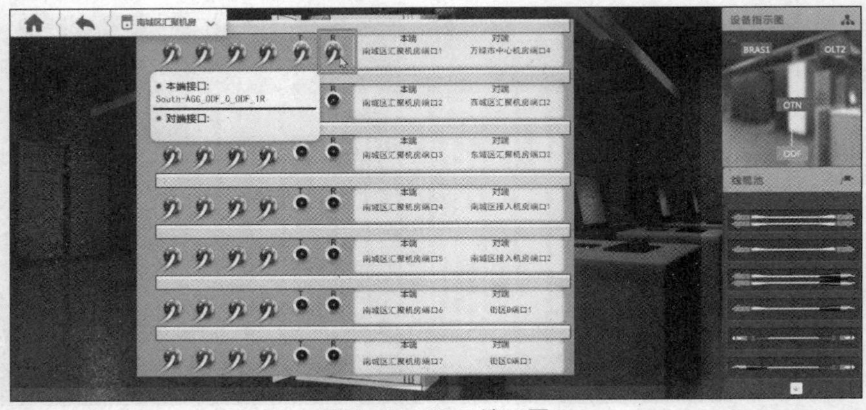

图 4.42　ODF 端口图</td>
</tr>
</table>

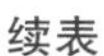

续表

步骤 27	在右侧线缆池内重新选取单根 LC－LC 光纤，一端连接到 OTN 21 号槽位的 OPA_OUT 端口上，另一端连接到 OTN 22 号槽位的 ODU_IN 端口上，如图 4.43 所示。  图 4.43　OTN 端口图
步骤 28	在右侧线缆池内重新选取单根 LC－LC 光纤，一端连接到 OTN 22 号槽位的 ODU_CH1 端口上，另一端连接到 OTN 15 号槽位的 OTU40G_L1R 端口上，如图 4.44 所示。 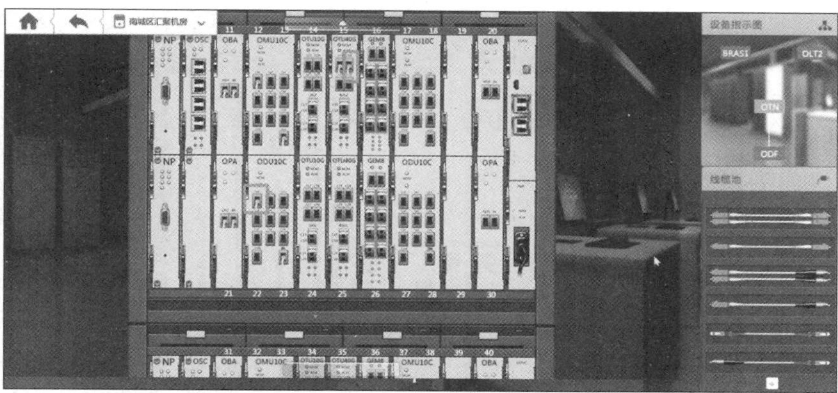 图 4.44　OTN 端口图
步骤 29	在线缆池内选取成对 LC－LC 光纤，一端连接在 OTN 15 号槽位的 OTU40G_C1TC1R 端口上，另一端连接在 BRAS 的 40GE_1/1 端口上，如图 4.45 和图 4.46 所示。 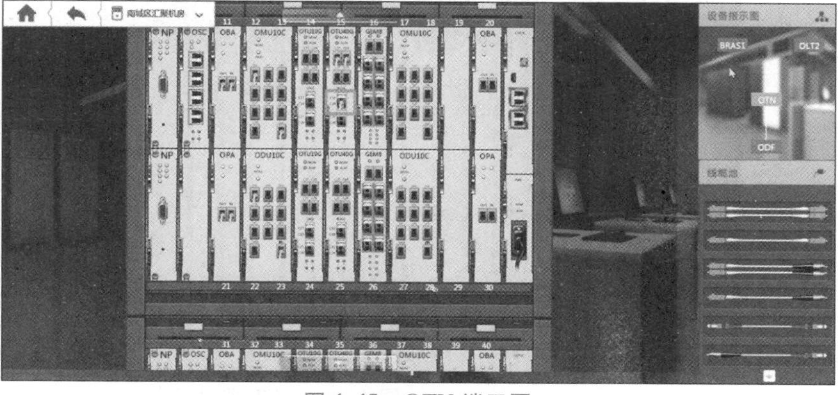 图 4.45　OTN 端口图

续表

<table>
<tr><td>步骤 29</td><td>
图 4.46 BRAS 端口图</td></tr>
<tr><td>步骤 30</td><td>在线缆池内选取成对 LC－LC 光纤，一端连接在 BRAS 的 40GE_2/1 端口上，另一端连接在 OLT 的 40GE_1/1 端口上，如图 4.47 和图 4.48 所示。

图 4.47 BRAS 端口图
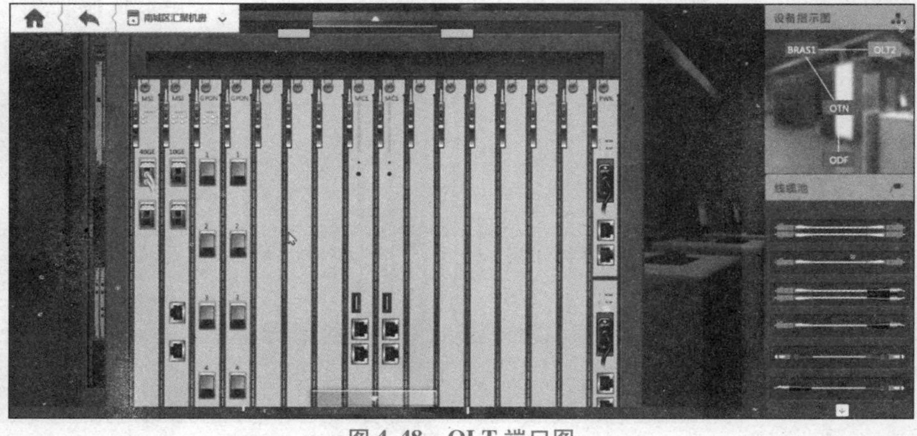
图 4.48 OLT 端口图</td></tr>
</table>

续表

步骤 31	选择单根 SC－FC 光纤，一端连接在 OLT 的 GPON_3/1 端口上，另一端连接在 ODF 的 6T 端口上，如图 4.49 和图 4.50 所示。 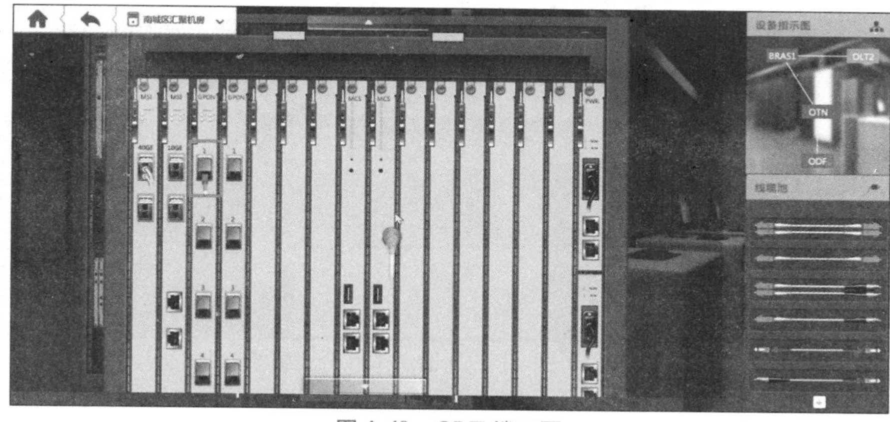 图 4.49　OLT 端口图 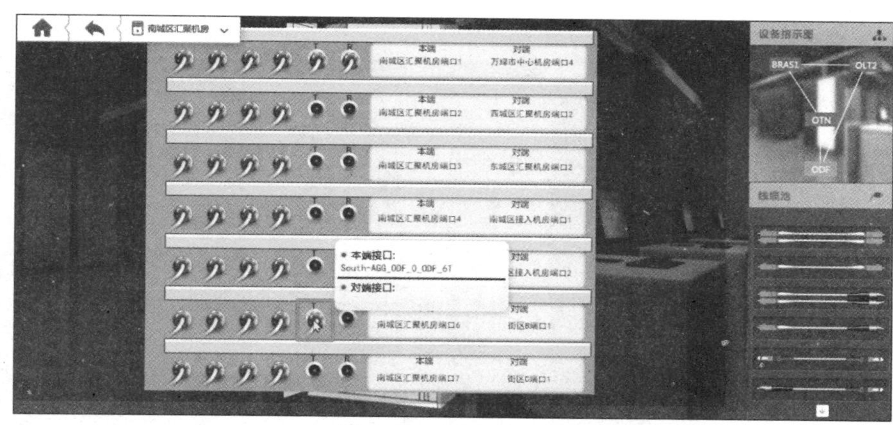 图 4.50　ODF 端口图
步骤 32	接下来，先进入 B 街区，连接 B 街区内的网元设备。选择单根 SC－FC 光纤，一端连接在 ODF 的 1R 端口上，另一端连接在分光器的 IN 端口上，如图 4.51 和图 4.52 所示。 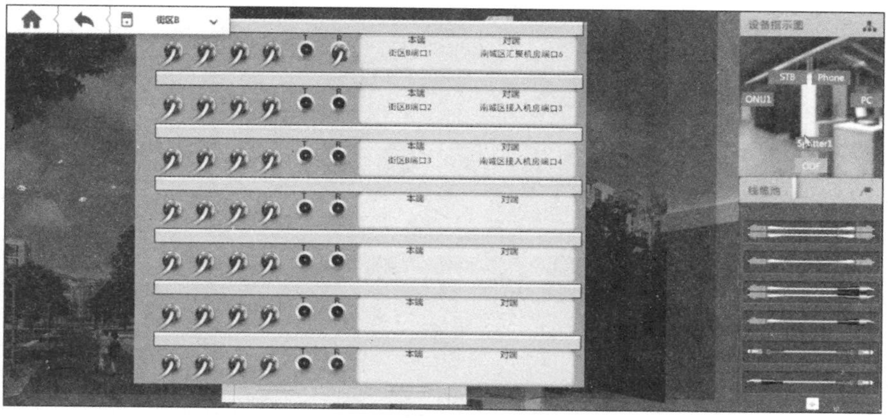 图 4.51　ODF 端口图

续表

<table>
<tr><td>步骤 32</td><td>

图 4.52　分光器端口图</td></tr>
<tr><td>步骤 33</td><td>选择单根 SC－SC 光纤，一端连接在分光器输出端的 1 号端口上，另一端连接在 ONU 的 PON 端口上，如图 4.53 和图 4.54 所示。

图 4.53　分光器端口图
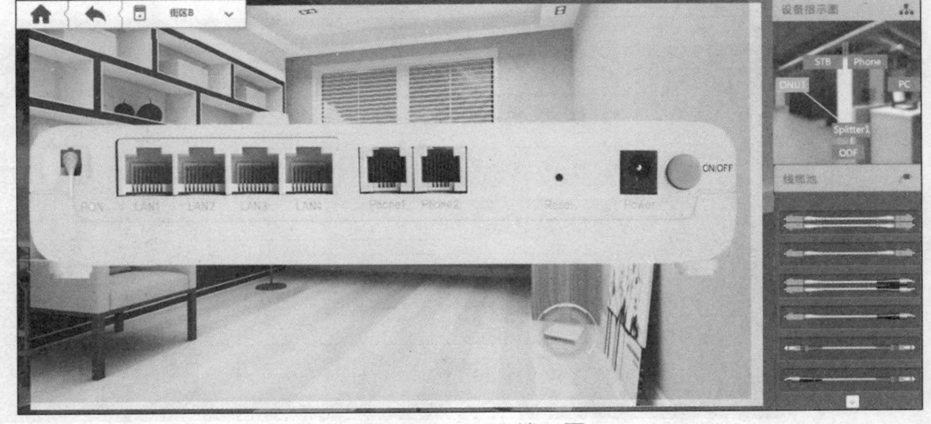

图 4.54　ONU 端口图</td></tr>
</table>

续表

步骤 34	选择 RJ11 电话线，一段连接在 ONU 的 Phone1 端口上，另一端连接在电话 RJ11 插口上，如图 4.55 和图 4.56 所示。 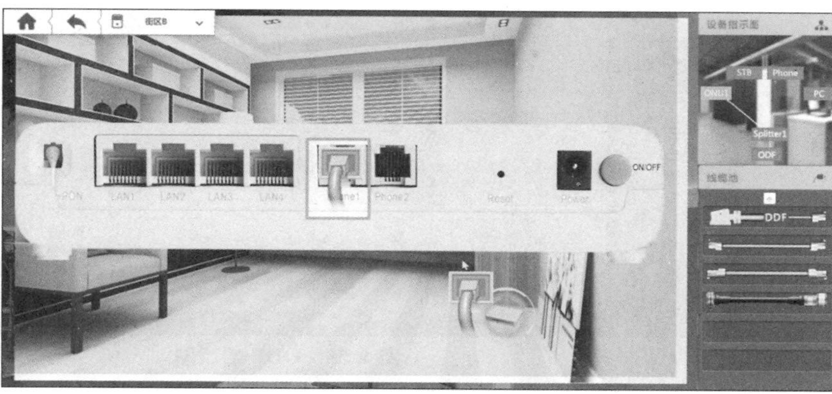 图 4.55　ONU 端口图  图 4.56　电话端口图
步骤 35	B 街区的连接全部完成后，需要做 OLT 到 C 街区的网元连接。进入南城区汇聚机房，选择单根 SC－FC 光纤，一端连接在 OLT 的 GPON_4/1 端口上，另一端连接在 ODF 的 7T 端口上，如图 4.57 和图 4.58 所示。 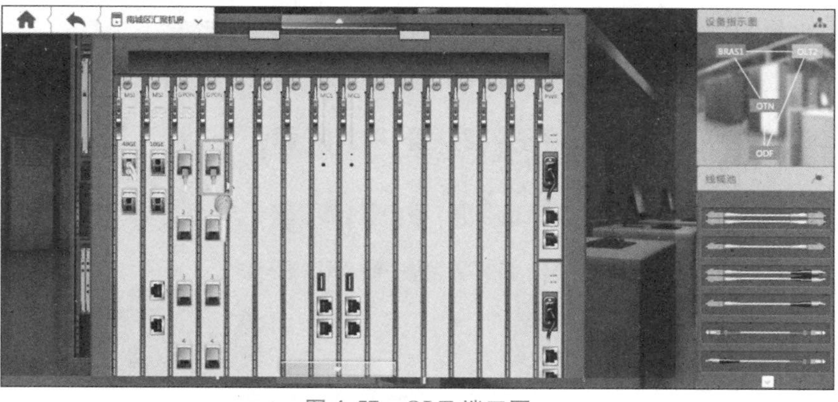 图 4.57　OLT 端口图

续表

步骤 35	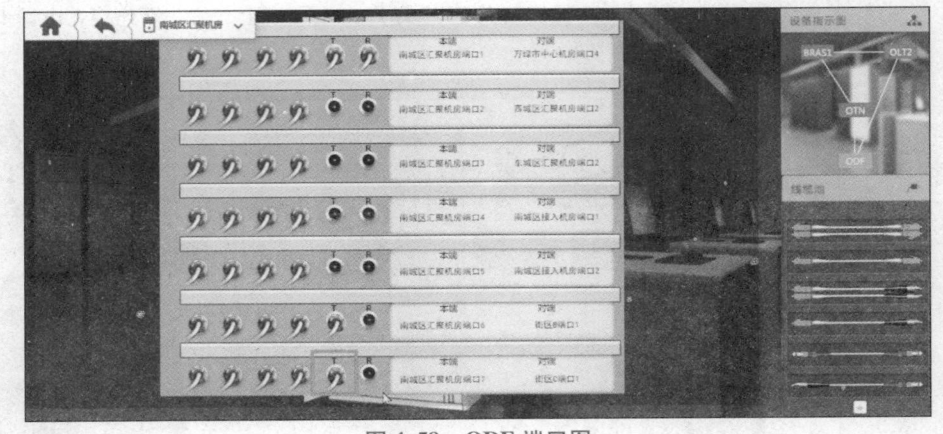 图 4.58　ODF 端口图
步骤 36	接下来，进入 C 街区，连接 C 街区内的网元设备。选择单根 SC－FC 光纤，一端连接在 ODF 的 1R 端口上，另一端连接在分光器的 IN 端口上，如图 4.59 和图 4.60 所示。 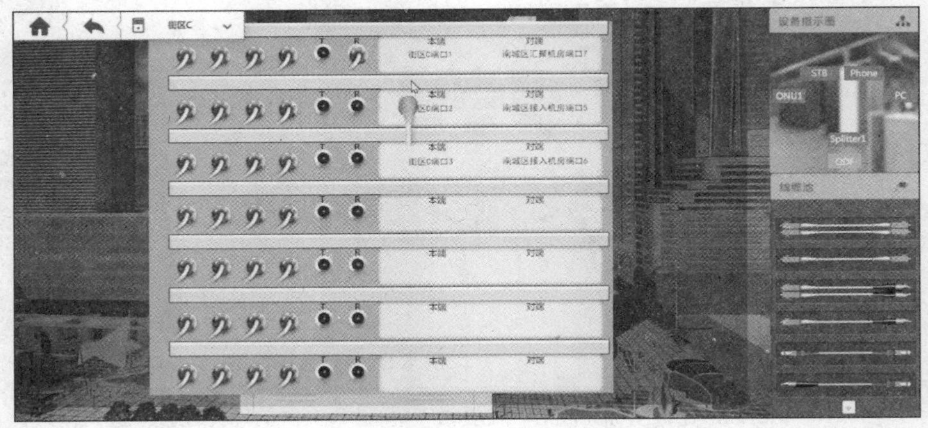 图 4.59　ODF 端口图 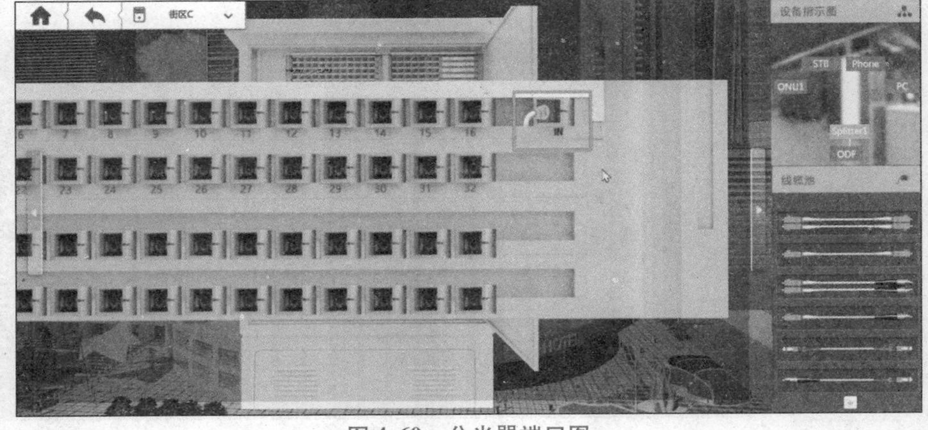 图 4.60　分光器端口图

续表

步骤 37	选择单根 SC - SC 光纤，一端连接在分光器输出端的 1 号端口上，另一端连接在 ONU 的 PON 端口上，如图 4.61 和图 4.62 所示。  图 4.61　分光器端口图 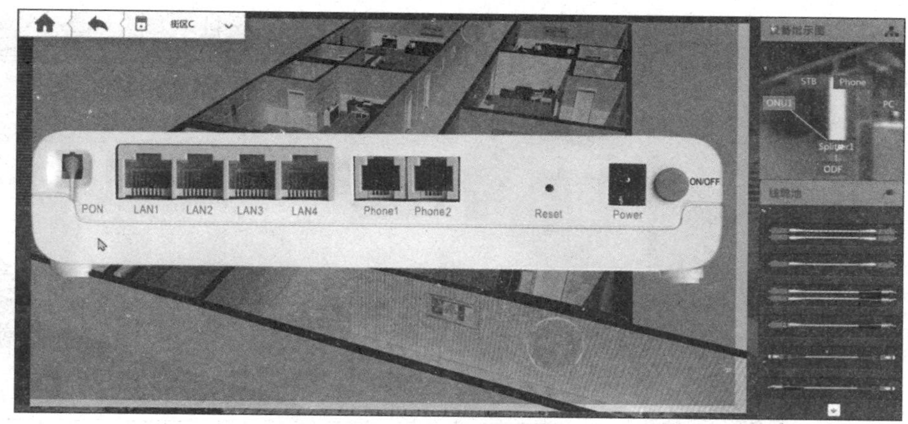 图 4.62　ONU 端口图
步骤 38	选择 RJ11 电话线，一段连接在 ONU 的 Phone1 端口上，另一端连接在电话 RJ11 插口上，如图 4.63 和图 4.64 所示。 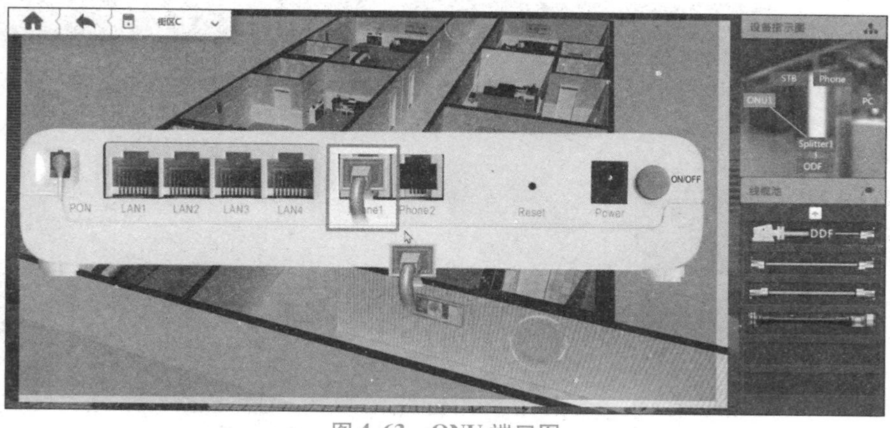 图 4.63　ONU 端口图

续表

步骤 38	 图 4.64　电话端口图
步骤 39	接下来，进行数据配置。单击进入业务机房，配置 SS 的物理接口，如图 4.65 所示。 图 4.65　物理接口
步骤 40	配置 SS 的 loopback 接口，如图 4.66 所示。 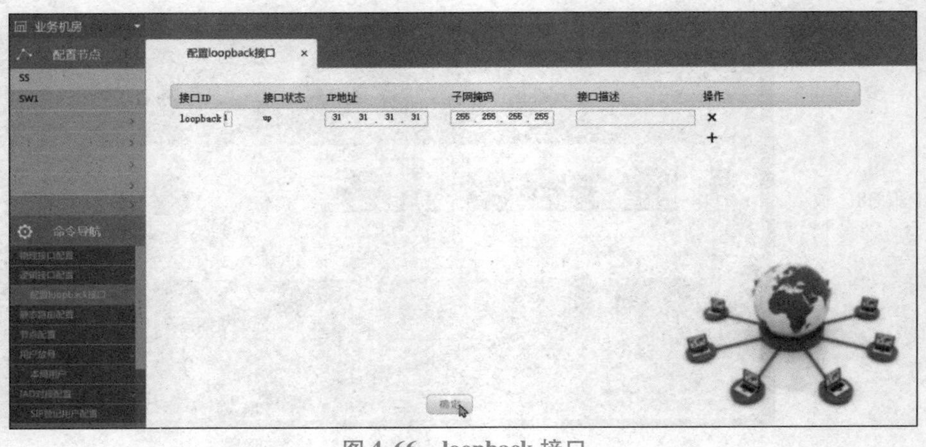 图 4.66　loopback 接口

续表

<table>
<tr><td>步骤 41</td><td>配置 SS 的静态路由，如图 4.67 所示。
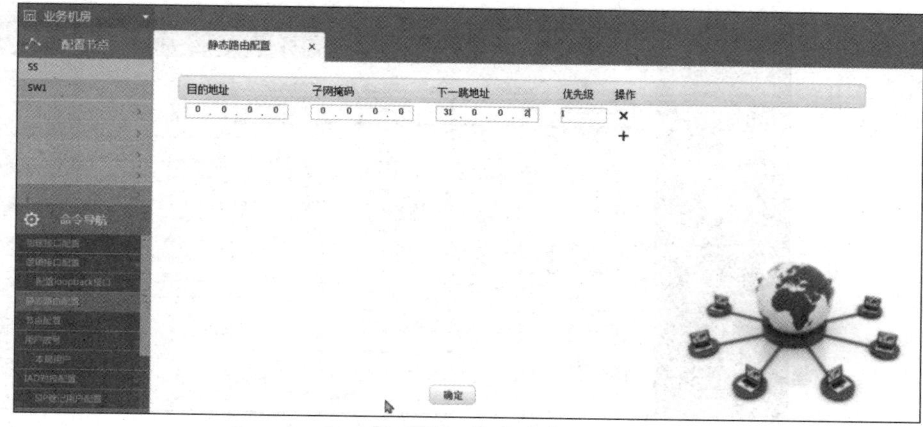
图 4.67　静态路由</td></tr>
<tr><td>步骤 42</td><td>配置 SW 与 SS 相连的物理接口及 VLAN 三层接口，如图 4.68 和图 4.69 所示。
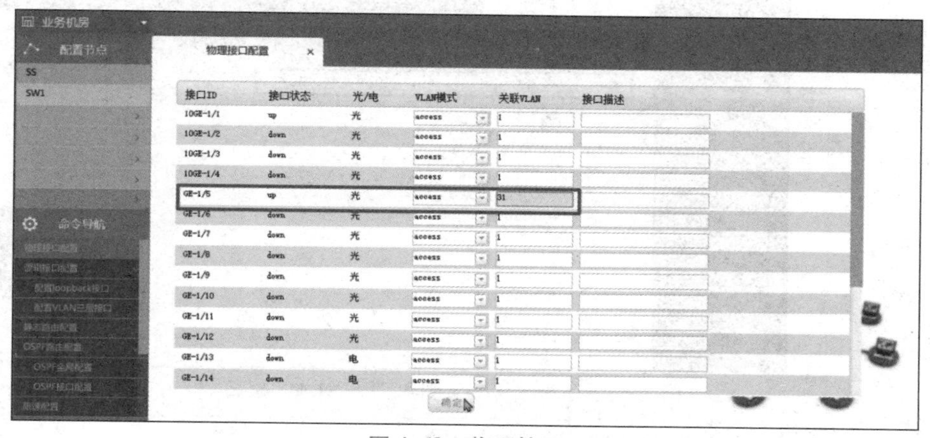
图 4.68　物理接口
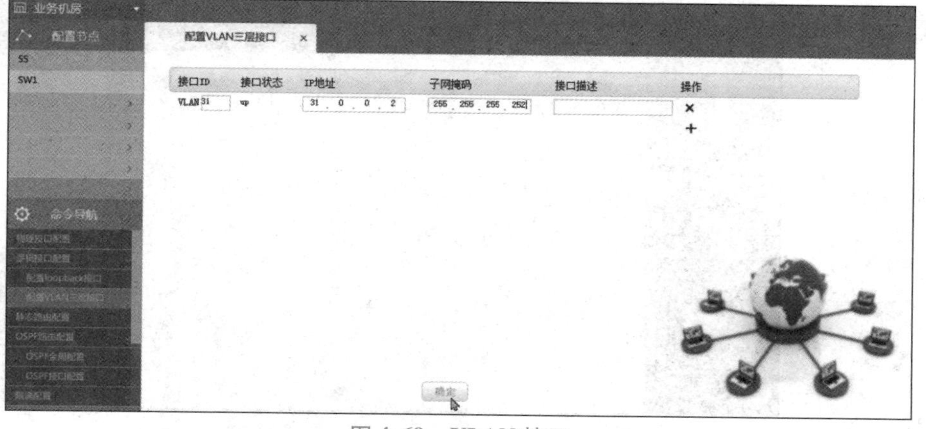
图 4.69　VLAN 接口</td></tr>
</table>

续表

步骤 43	配置 SW 与中心机房 RT 的相连接口及 VLAN 三层接口，如图 4.70 和图 4.71 所示。 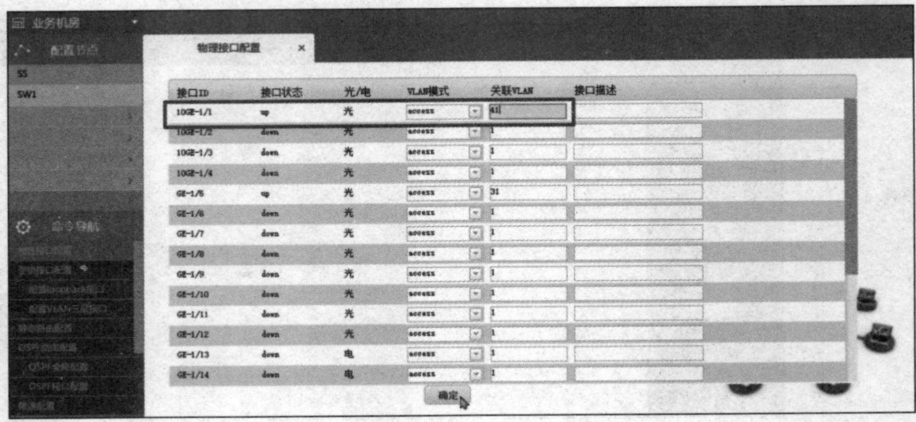 图 4.70　物理接口 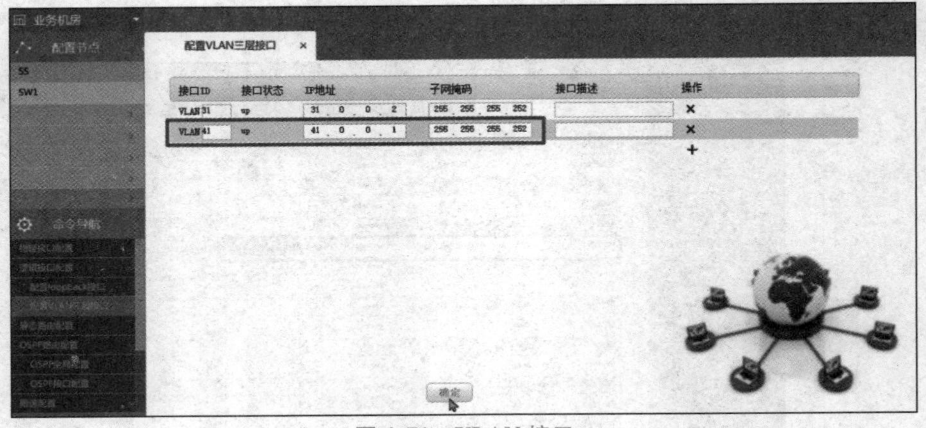 图 4.71　VLAN 接口
步骤 44	配置 SW 的静态路由，如图 4.72 所示。 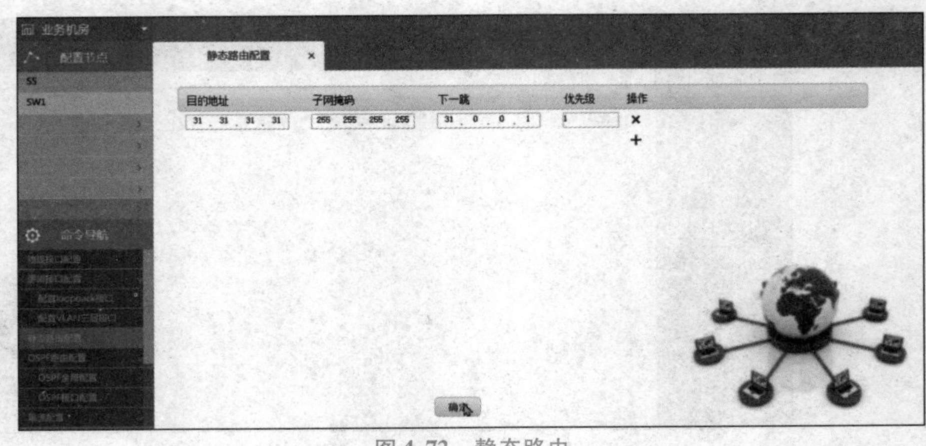 图 4.72　静态路由

续表

步骤 45

配置 SW 的动态路由，如图 4.73 和图 4.74 所示。

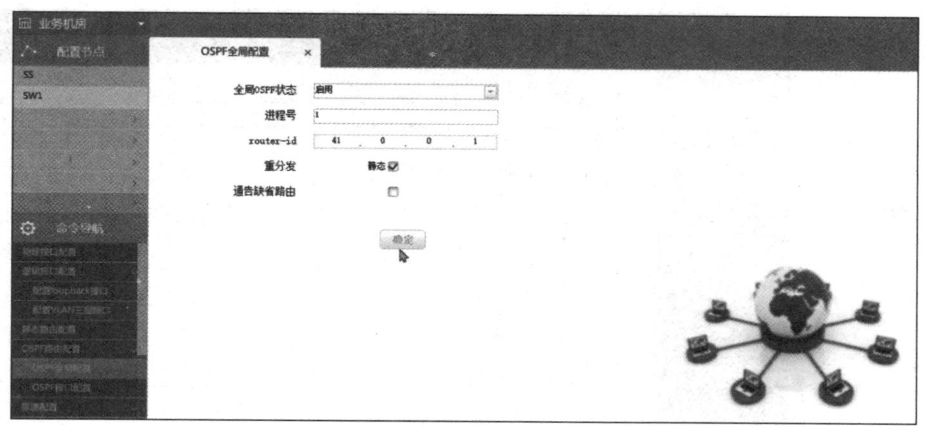

图 4.73 OSPF 全局

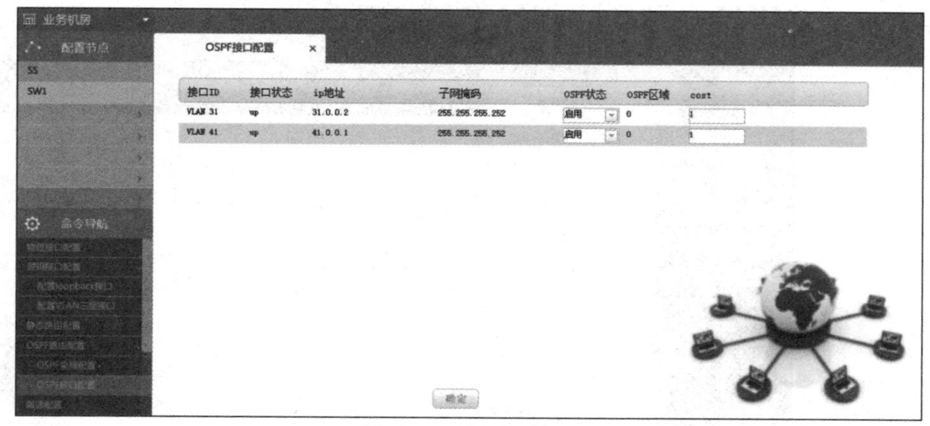

图 4.74 OSPF 接口

步骤 46

进入中心机房，配置 RT 与业务机房 SW 相连的物理接口，如图 4.75 所示。

中心机房　配置节点　OTN　RT1　命令导航　物理接口配置

接口ID	接口状态	光/电	IP地址	子网掩码	接口描述
40GE-1/1	up	光			
40GE-2/1	down	光			
40GE-3/1	down	光			
40GE-4/1	down	光			
40GE-5/1	down	光			
10GE-6/1	up	光	41 . 0 . 0 . 2	255 . 255 . 255 . 25	
10GE-6/2	down	光			
10GE-6/3	down	光			
10GE-6/4	down	光			
GE-7/1	down	光			
GE-7/2	down	光			
GE-7/3	down	光			
GE-7/4	down	光			
GE-7/5	down	光			

确定

图 4.75 物理接口

续表

步骤 47	配置 RT 与南城区汇聚机房 BRAS 相连的物理接口，如图 4.76 所示。 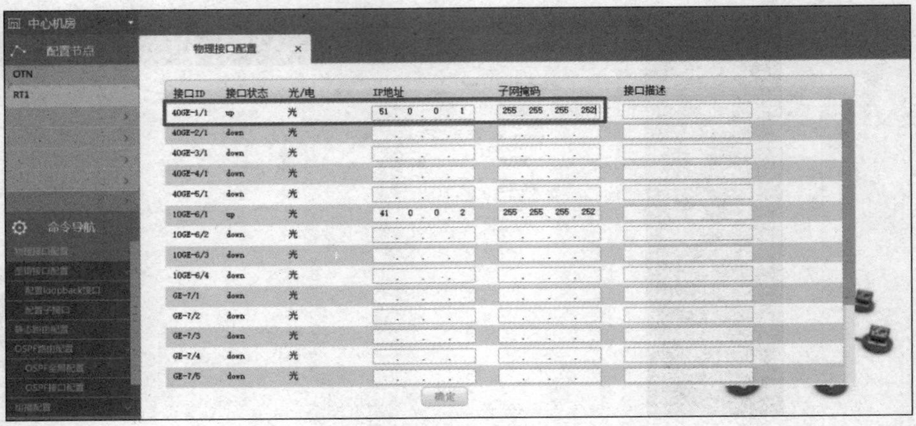 图 4.76　物理接口
步骤 48	配置 RT 的动态路由，如图 4.77 和图 4.78 所示。 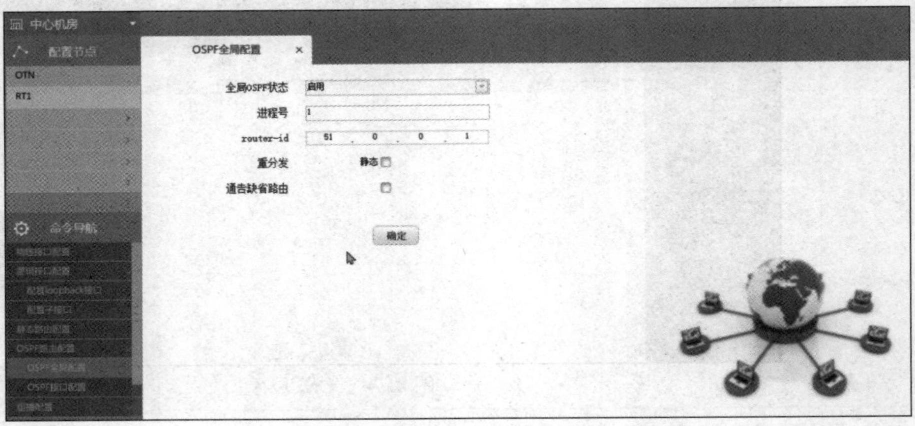 图 4.77　OSPF 全局 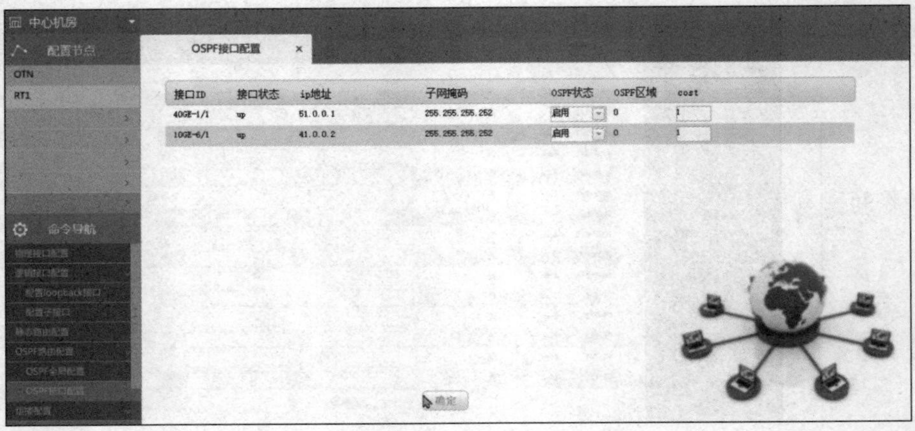 图 4.78　OSPF 接口

续表

<table>
<tr><td>步骤 49</td><td>配置中心机房 OTN 的频率，如图 4.79 所示。
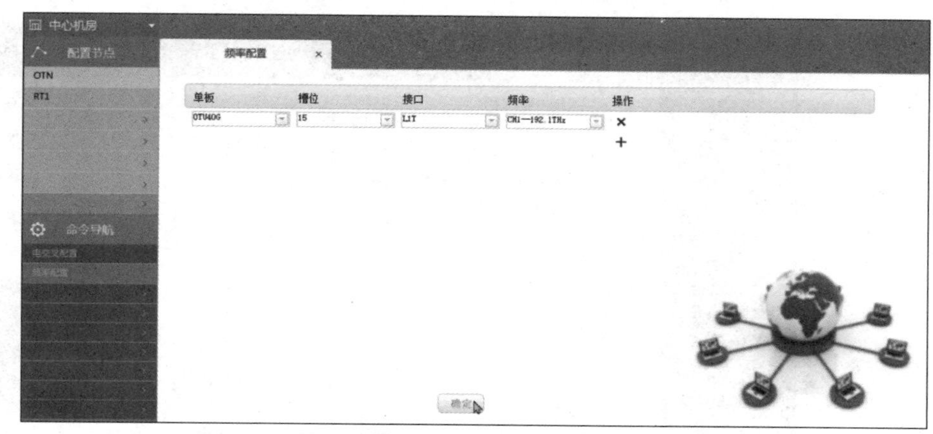

图 4.79　OTN 频率</td></tr>
<tr><td>步骤 50</td><td>进入南城区汇聚机房，配置 OTN 的频率，如图 4.80 所示。
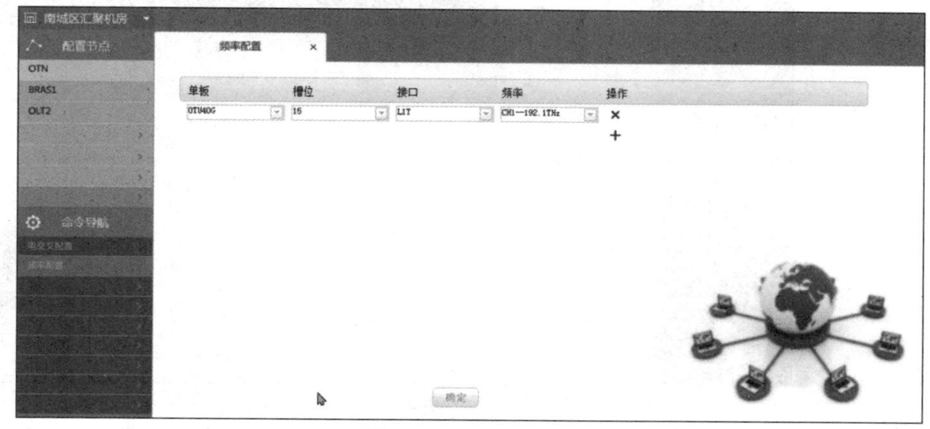

图 4.80　OTN 频率</td></tr>
<tr><td>步骤 51</td><td>配置 BRAS 与中心机房 RT 相连的物理接口，如图 4.81 所示。

图 4.81　物理接口</td></tr>
</table>

续表

步骤 52	配置 BRAS 的动态路由，如图 4.82 和图 4.83 所示。 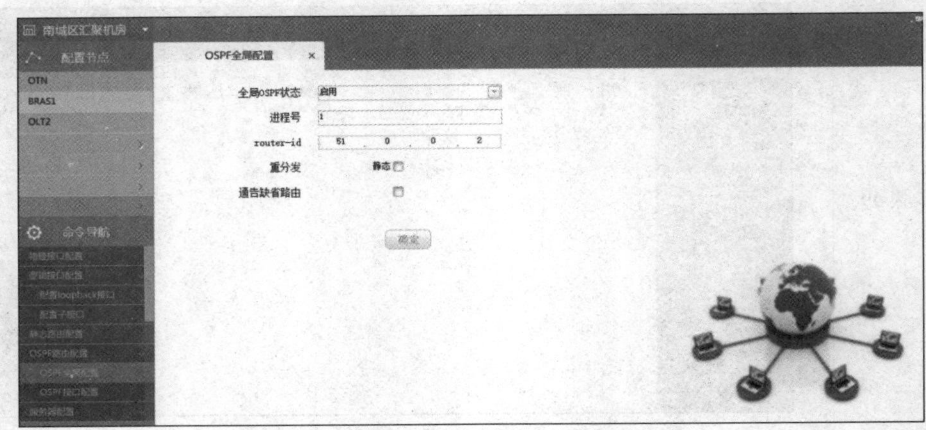 图 4.82　OSPF 全局 图 4.83　OSPF 接口
步骤 53	配置 OLT 连接到 B 街区和 C 街区的上联端口，如图 4.84 所示。 图 4.84　上联端口

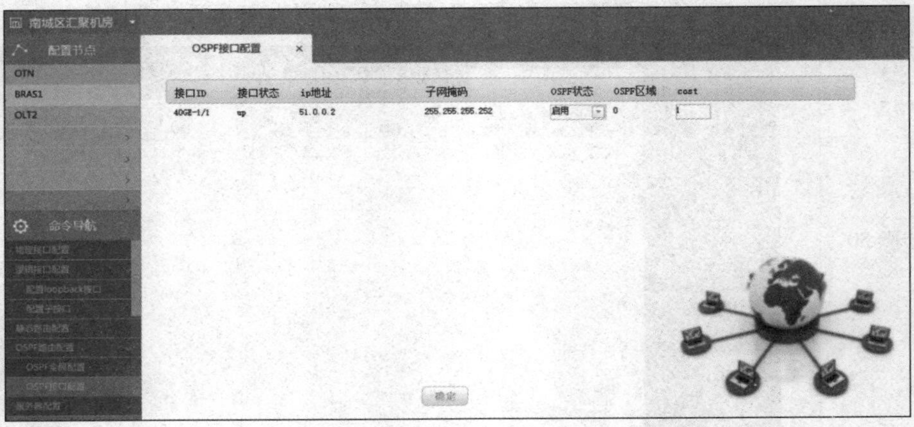

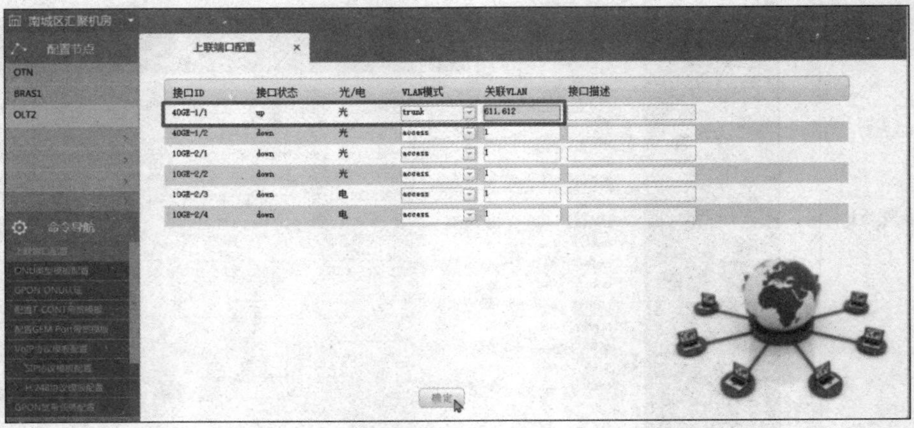

续表

步骤 54	到此为止，设备配置和基础数据配置全部完成。接下来对 SIP 协议和 H.248 协议下的 VoIP 业务进行配置。 进入业务机房，配置 SS 的节点，如图 4.85 所示。 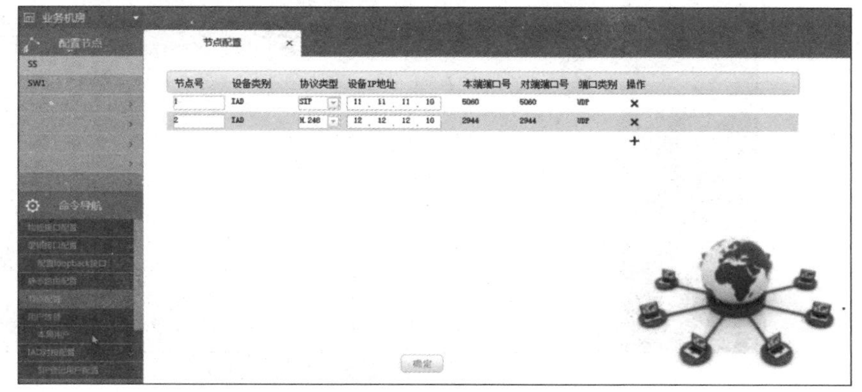 图 4.85　节点配置
步骤 55	配置 SS 管理下的 B、C 街区用户号码，6 开头的是 B 街区用户号码，7 开头的是 C 街区用户号码，如图 4.86 所示。 图 4.86　本局用户
步骤 56	配置 SIP 登记用户，如图 4.87 所示。 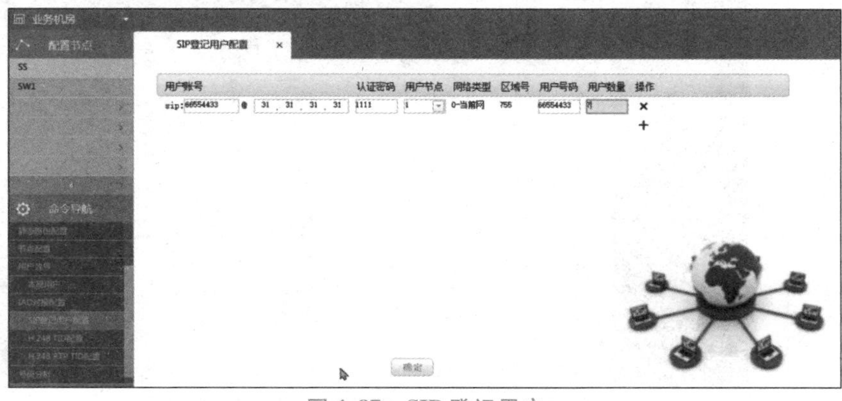 图 4.87　SIP 登记用户

续表

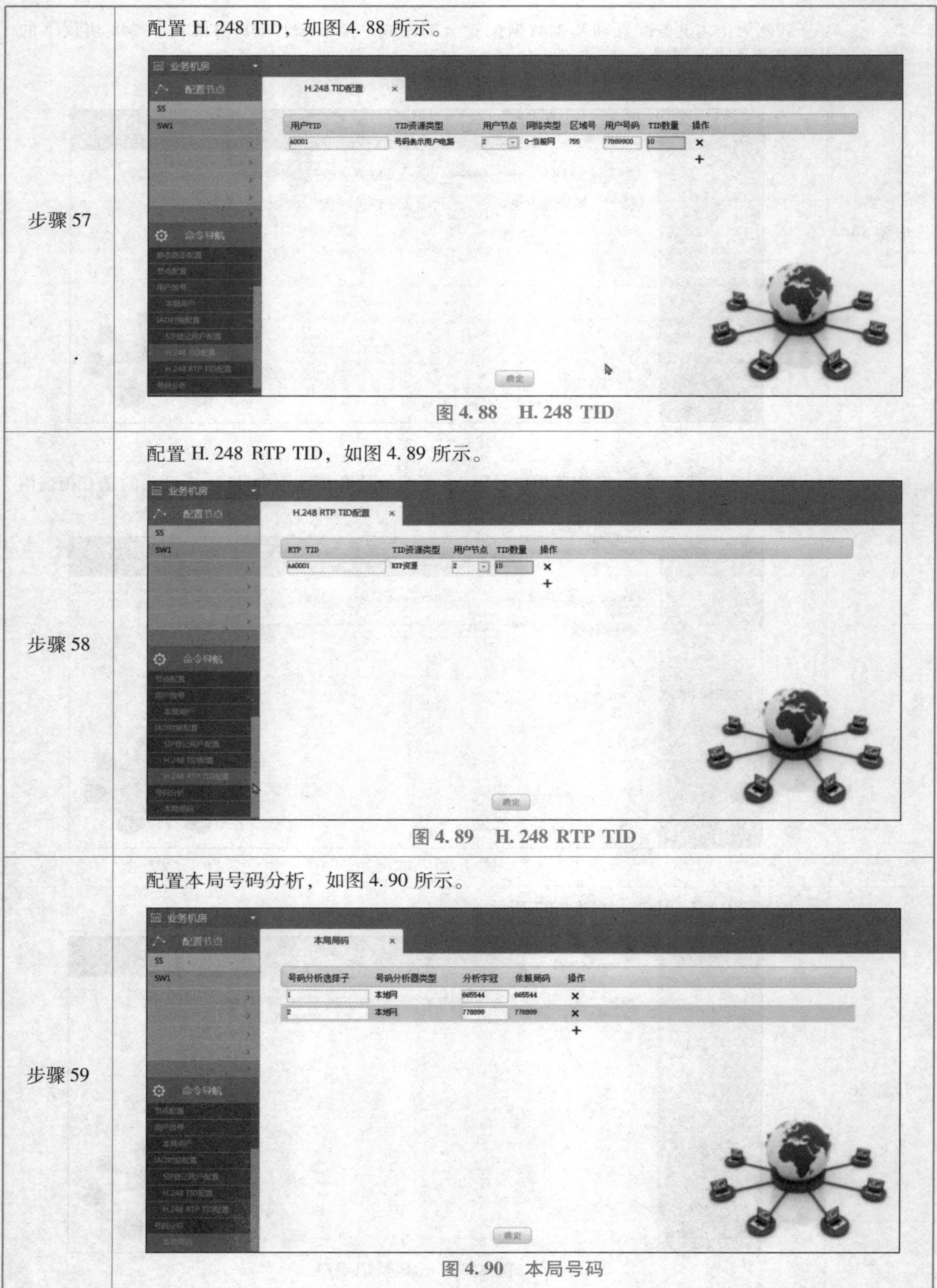

步骤 57	配置 H. 248 TID，如图 4. 88 所示。 图 4. 88　H. 248 TID
步骤 58	配置 H. 248 RTP TID，如图 4. 89 所示。 图 4. 89　H. 248 RTP TID
步骤 59	配置本局号码分析，如图 4. 90 所示。 图 4. 90　本局号码

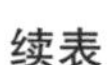

续表

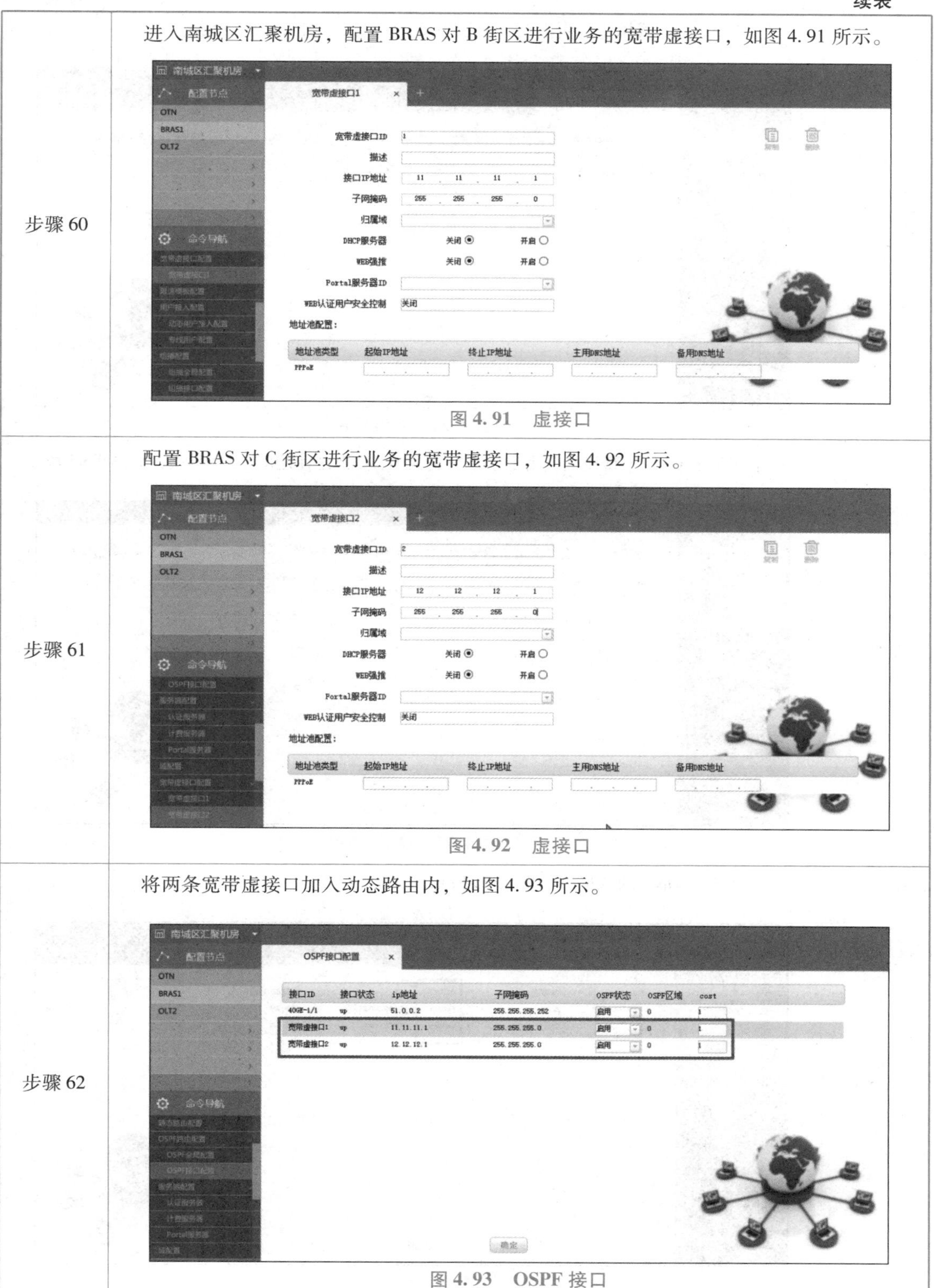

步骤 60	进入南城区汇聚机房，配置 BRAS 对 B 街区进行业务的宽带虚接口，如图 4.91 所示。 图 4.91　虚接口
步骤 61	配置 BRAS 对 C 街区进行业务的宽带虚接口，如图 4.92 所示。 图 4.92　虚接口
步骤 62	将两条宽带虚接口加入动态路由内，如图 4.93 所示。 图 4.93　OSPF 接口

续表

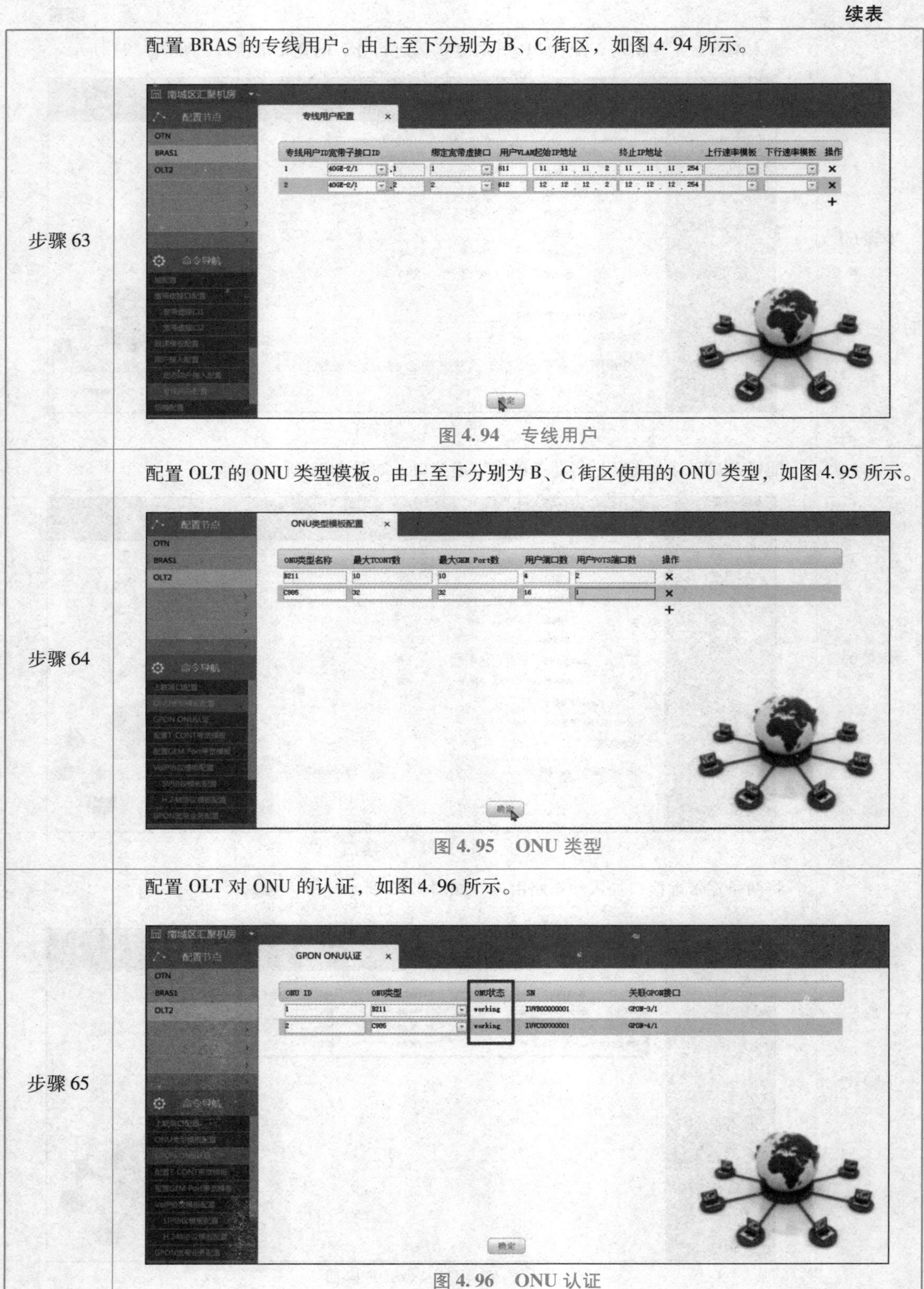

步骤 63	配置 BRAS 的专线用户。由上至下分别为 B、C 街区，如图 4. 94 所示。 图 4. 94　专线用户
步骤 64	配置 OLT 的 ONU 类型模板。由上至下分别为 B、C 街区使用的 ONU 类型，如图 4. 95 所示。 图 4. 95　ONU 类型
步骤 65	配置 OLT 对 ONU 的认证，如图 4. 96 所示。 图 4. 96　ONU 认证

续表

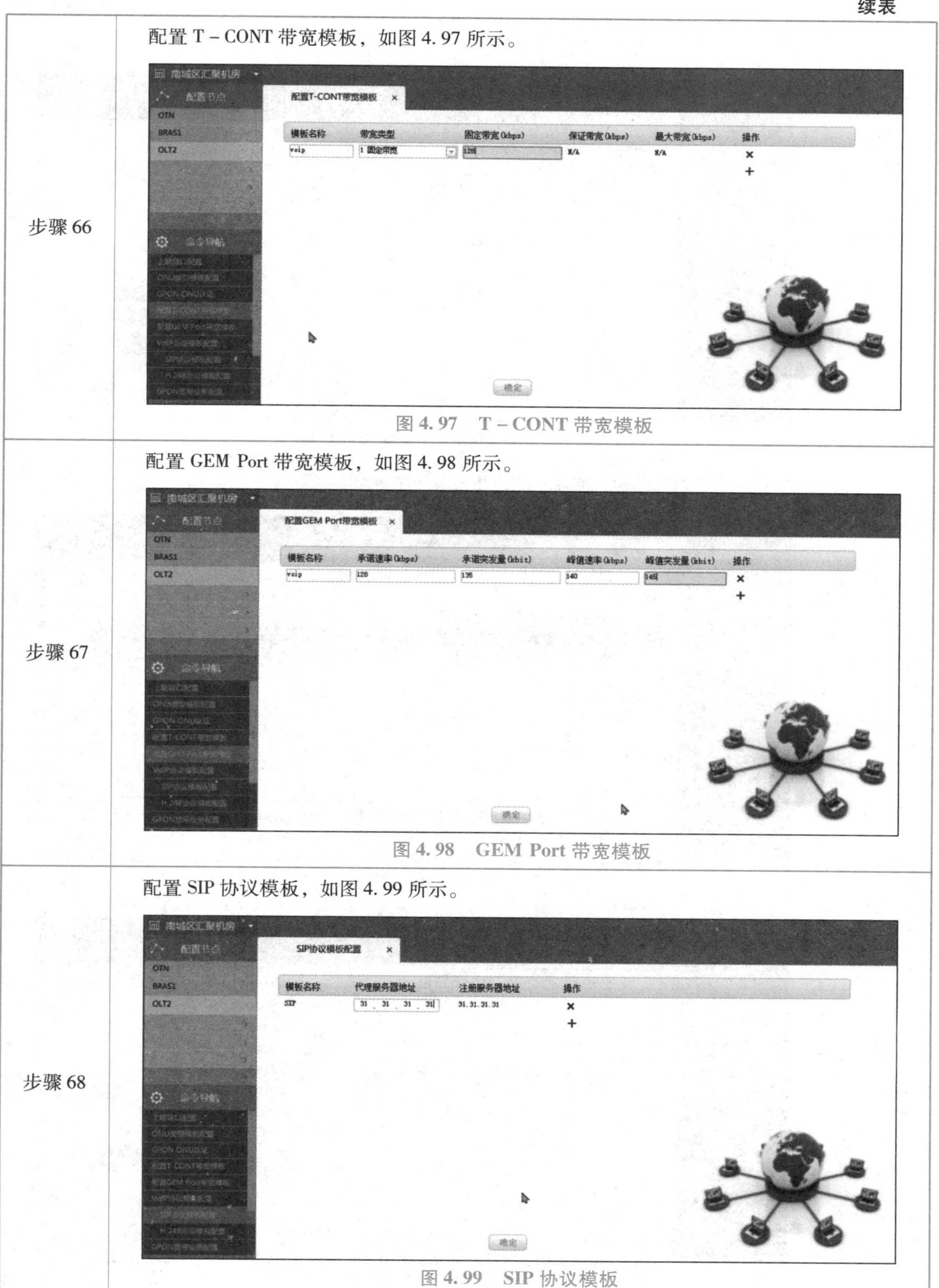

步骤 66	配置 T－CONT 带宽模板，如图 4.97 所示。 图 4.97　T－CONT 带宽模板
步骤 67	配置 GEM Port 带宽模板，如图 4.98 所示。 图 4.98　GEM Port 带宽模板
步骤 68	配置 SIP 协议模板，如图 4.99 所示。 图 4.99　SIP 协议模板

续表

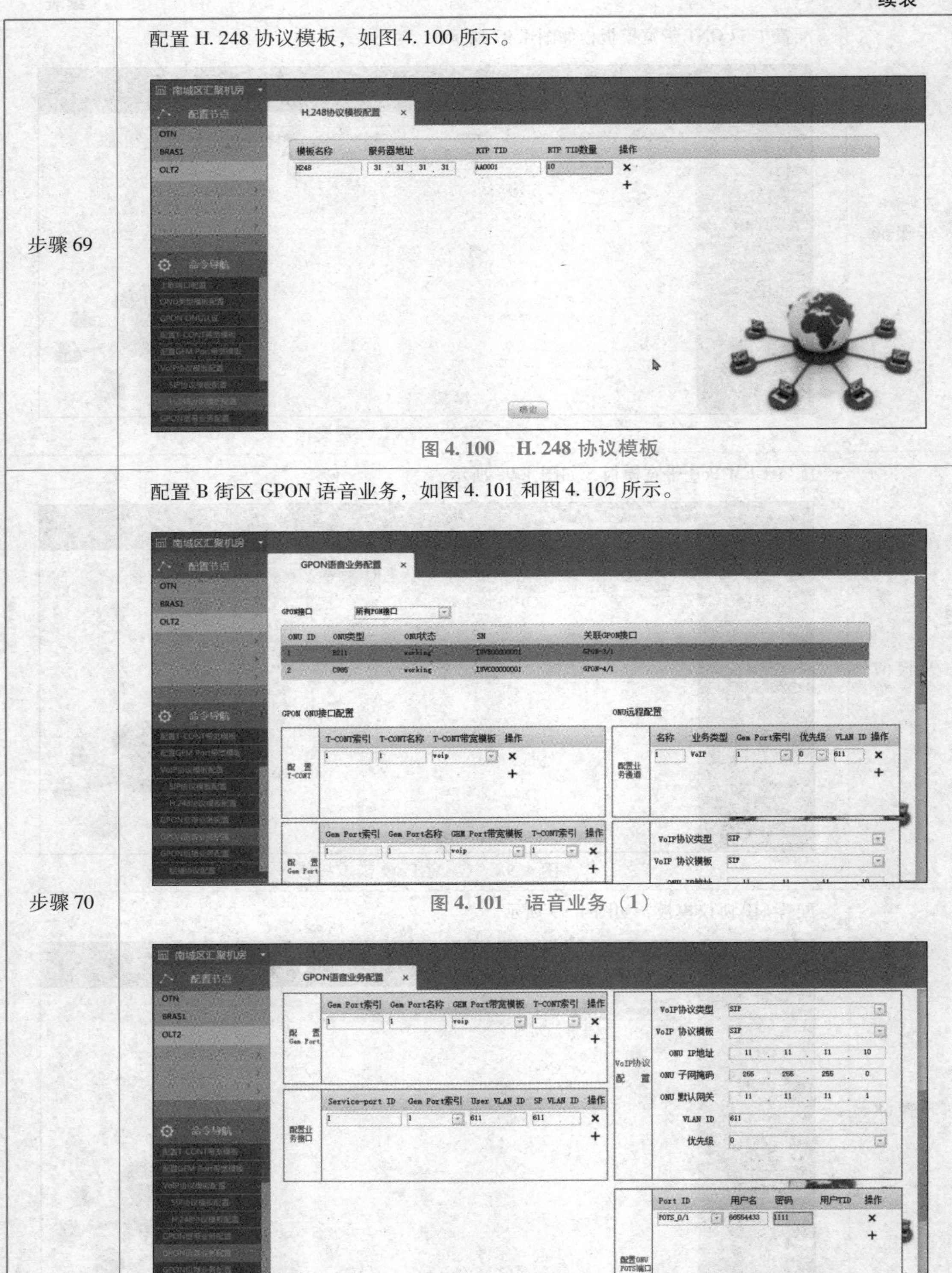

步骤 69	配置 H. 248 协议模板，如图 4. 100 所示。 图 4. 100　H. 248 协议模板
步骤 70	配置 B 街区 GPON 语音业务，如图 4. 101 和图 4. 102 所示。 图 4. 101　语音业务（1） 图 4. 102　语音业务（2）

续表

步骤 71	配置 C 街区 GPON 语音业务，如图 4.103 和图 4.104 所示。 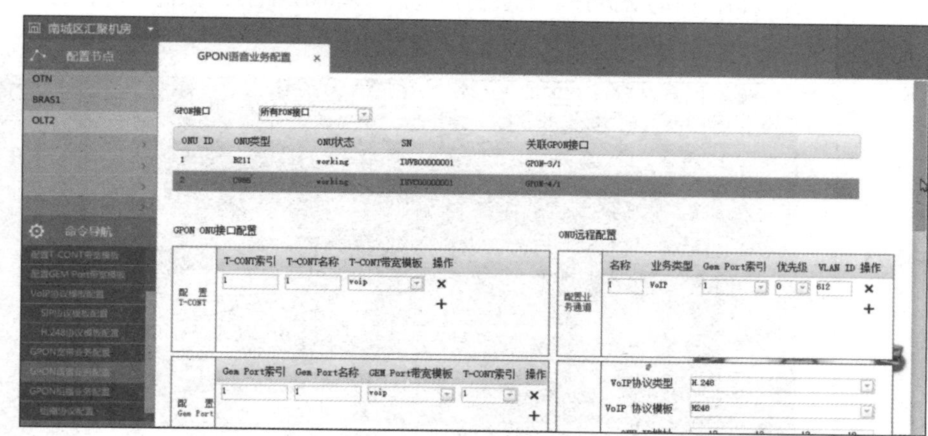 图 4.103 语音业务（1） 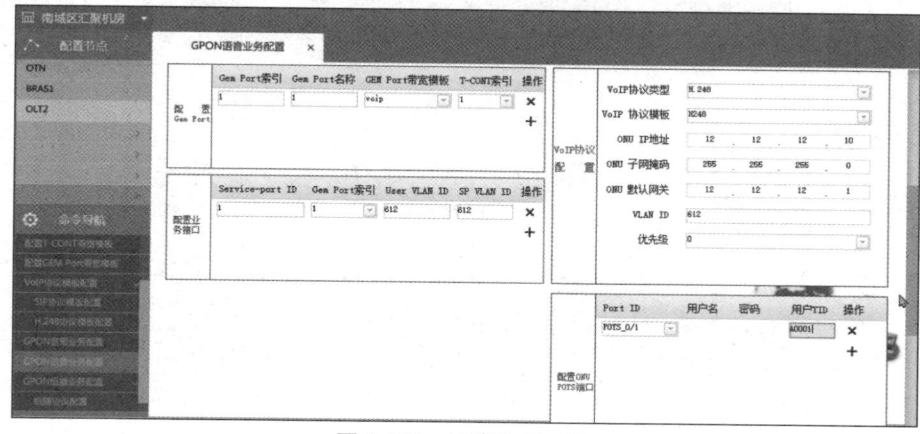 图 4.104 语音业务（2）
步骤 72	到此为止，所有配置均已完成。单击“业务调测”模块内的“业务验证”，先用 B 街区的电话拨打 C 街区内的电话号码 77889900，“摘机”后画面显示“正在通话中……”，如图 4.105 所示。 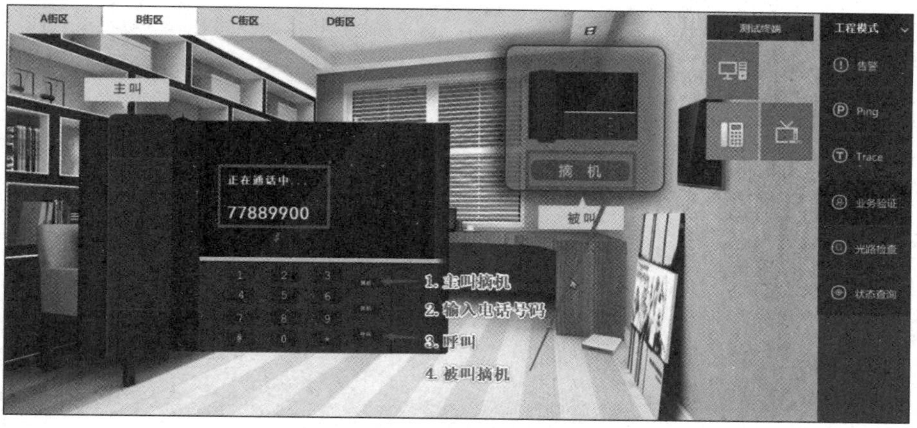 图 4.105 任务效果图

续表

<table>
<tr><td>步骤 73</td><td>用 C 街区的电话拨打 B 街区内的电话号码 66554433,“摘机”后画面显示“正在通话中……”，如图 4.106 所示。 

图 4.106　任务效果图</td></tr>
</table>

模块五

IPTV 业务

知识目标

1. 掌握 IPTV 的基本原理、网络结构、系统组成、主要业务流程、CDN、EPG 及 STB 相关原理。
2. 了解组播的概念及应用场景。
3. 掌握组播 IP、MAC 地址结构。
4. 了解 IGMP 原理。
5. 了解组播路由协议。

技能目标

1. 熟悉 MW、EPG、CDN Node 的基本配置。
2. 掌握 IGMP、PIM－SM 路由协议的基础。
3. 掌握 IPTV 业务的基本配置流程。

项目　IPTV 技术

理论部分

1.1　IPTV 原理

在传统的电视系统中，发送的信息主要是视频信息和与之保持时间同步关系的一路或两路伴音信号，用户只能被动地接收已经编排好的节目，不能跳过插播的广告。尽管之后的数字电视相对于模拟电视有许多技术革新，但它还是具有频分制定时、单向广播等特点，并没有颠覆性的革新。IPTV（Internet Protocol Television，俗称交互式网络电视）技术正是为实现这一目标而发展起来的。

1.1.1 IPTV 概述

国际电信联盟 IPTV 焦点组（ITU－TFG IPTV）于 2006 年 10 月在韩国举行的第二次会议上确定了 IPTV 的定义：IPTV 是在 IP 网络上传送包含电视、视频、文本、图形和数据等，提供 QoS/QoE（服务质量/用户体验质量）、安全、交互性和可靠性的可管理的多媒体业务。

从 IPTV 的字面意义来看，它是利用宽带网的基础设施，以家用电视机＋网络机顶盒(STB)、计算机、手机等智能设备作为主要终端设备，集互联网、多媒体、通信等多种技术于一体，通过互联网协议向家庭用户提供包括数字电视在内的多种交互式服务的崭新技术。

IPTV 最主要的特点在于它改变了传统的单向广播式的媒体传播方式，用户可以按需接收，实现用户与媒体内容提供商的实时交互，从而更好地满足用户个性化需求。

1.1.2 IPTV 系统架构

整个 IPTV 系统分成四大功能模块，分别为内容合成管理模块、IPTV 业务功能模块、IPTV 业务管理模块、终端用户模块，各部分的所包含的具体功能子模块如图 5.1 所示。

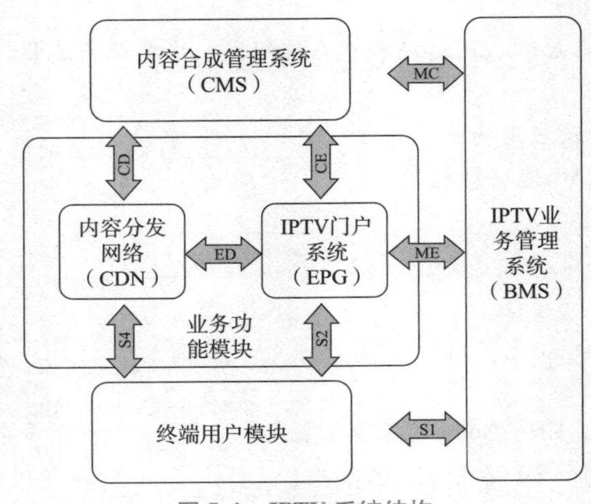

图 5.1 IPTV 系统结构

1. 内容合成管理模块

内容合成管理模块又可以称为内容合成管理系统（CMS），它是整个 IPTV 系统的节目内容源，是拥有或被授权出售内容或内容资产的实体。IPTV 系统的节目内容来源是十分丰富的，除了各电视台等传统的节目制作单位以外，还包含很多民营公司和私人团体等。除了节目内容的生成之外，还承担将原始的节目内容转化成适合在网络中传输的数据形式的功能。例如，原始的视频文件先要经过标准视频压缩规程（H.264、AVS 等）压缩后，再打包成 RTP 数据包这种适合在网络中传输的数据形式，最后发送到网络中传输。

2. IPTV 业务管理模块

IPTV 业务管理模块又叫作 IPTV 业务管理系统（BMS），为整个系统提供 IP 网络服务及充裕的接入带宽，包括接入网与承载网的构建和网络维护管理。这就要求应用于 IPTV 的数据网络必须支持组播功能。组播的应用可以大大减轻主干网络的压力，充分利用网络带宽。网络管理系统则是一套开放式系统，基于客户机服务器架构，支持多客户端的维护操作。该管理系统不仅可以管理 IPTV 的网络设备，如有需要，还可以对第三方的网络主机设备进行管理。

3. 业务功能模块

业务功能模块为用户提供各种应用服务，并且提供一个具有管理维护功能的平台，其主体是多样的，可以是网络运营商，也可以是网络运营商出租的一般对象。这一部分包含的子功能主要有内容分发系统、业务支撑系统、业务导航系统等。业务支撑系统实现对用户的接入认证管理、计费账务的管理、媒体资产的管理等功能。内容分发管理系统是整个 IPTV 系统的重要环节之一，它负责整个系统中媒体内容的高效储存分发和更新。该系统充分利用了流媒体的高速缓存技术、海量储存技术、内容分发网络（CDN）技术，将文件内容分片地存储在媒体工作站中，并且进行智能的调配使用，保证了用户的服务质量，节约了储存资源。业务导航系统主要指电子节目指南（EPG），它是直接面对用户的门户，为用户提供导航服务。

4. 终端用户模块

终端用户模块就是接受 IPTV 服务的终端用户，用户可以通过各种终端接入网络，是整个系统的最终受众。这部分终端有 PC 机、电视加机顶盒以及智能手机这几部分。其中机顶盒承载着信号编/解码和信号收集的重要作用。

1.2 视频编码技术

编码技术是多媒体通信中使用的基本技术之一。多媒体通信的显著特点就是要传输的信息量非常大，尤其是视频数据，其编码技术甚至会在较大程度上影响业务质量，因此视频编码技术在 IPTV 中的地位非常重要。

随着人们对视频编码技术研究的不断深入，一些视频编码技术成果相继诞生，有的甚至已经被国际电信联盟（ITU）和国际标准化组织（ISO）接受为国际标准。其中已经发布的有 H. 261、H. 262、H. 263、H. 264 以及 MPEG－1、MPEG－2、MPEG－4 等。

MPEG－2 标准是 1994 年制定的，由 MPEG 和 ITU 合作完成，是音视频行业的第一代标准。其主要目的是提供标准数字电视和高清晰度电视的编码方案，目前人们所熟知的 DVD 采用的就是这种格式。MPEG－2 在编码时，对图像和声音的处理是分别进行的，将图像当作一个矩形像素阵列的序列来处理，将音频当作一个多声道或单声道的声音来处理。这种处理方式压缩效率较低，而且不利于传输。

目前的趋势是，使用更加适合流媒体系统的 H. 264/MPEG－4。MPEG－4 是 2001 年 ISO 和 ITU 联合开发的新视频编码标准。MPEG－4 对不同的主体采用不同的编码方式，然后在解码端进行重新组合。它综合了数字电视、交互图形学和 Internet 等领域的多种技术，在大大提高了编码压缩率的同时，也提高了传输的灵活性和交互性。该标准作为 MPEG－2 标准的第十部分，在 ITU－T 的名称为 H. 264。在技术上，H. 264 标准中有多个闪光之处，如统一的变字长编码 VLC，高精度、多模式的位移估计，基于 4×4 的整数变换、分层的编码语法等。这些措施使得 H. 264 算法具有很高的编码效率，在相同的重建图像质量下，能够比 H. 263 节约 50% 左右的码率。H. 264 的码流结构网络适应性强，增加了纠错恢复能力，能够很好地适应 IP 和无线网络的应用。

另外，微软公司开发的视频压缩技术 WMV9，压缩效率和重建图像质量与 H. 264 的不相上下，目前正在申请成为国际标准。我国现在正在制定具有自主知识产权的音视频编解码系统 AVS 标准，其编码效率和重建图像质量也与 H. 264 的相当。正是由于视频压缩技术的发展，使得宽带网上传输高质量视频信号成为可能。选择何种编解码标准，与运营商自身的网络情况有关，需要具体问题具体分析。

1.3 内容分发技术

IPTV 的业务主要包括单播业务和组播业务，数据流量非常大，因此需要在宽带城域网络的上部署内容分发网络（Content Delivery Network，CDN）。CDN 的构建是为了解决大量用户对源服务器的直接访问使得服务器压力过大，进而导致主干网络严重拥塞的问题。

其工作原理是在网络节点处放置内容缓存服务器（内容缓存服务器通常会部署到用户密集访问的区域中），CDN 中心控制系统实时地根据网络流量和各节点的连接、负载等情况，利用负载均衡技术将用户的请求直接指向离用户最近、工作状态最好的服务器，用户以最短的响应，就近取得所需要的内容，减轻主干网络的压力。如果缓存服务器没有用户所需的内容，它再从相应的上层中心服务器或临界服务器抓取相应的数据，这样的过程在 CDN 网络中是自动且智能的。

CDN 网络这种平衡全局、就近推送内容、快速响应基于 IP 网络改造的理念完全符合 IPTV 业务的需要。所以，应该用 CDN 网络作为 IPTV 内容系统分发的承载网络。

整个网络由内容分发服务器、缓存服务器、调度服务器、本地 DNS 服务器、DNS 重定向服务器、EPG 应用管理服务器、内容交换服务器、内容管理服务器等设备组成。其网络结构如图 5. 2 所示。

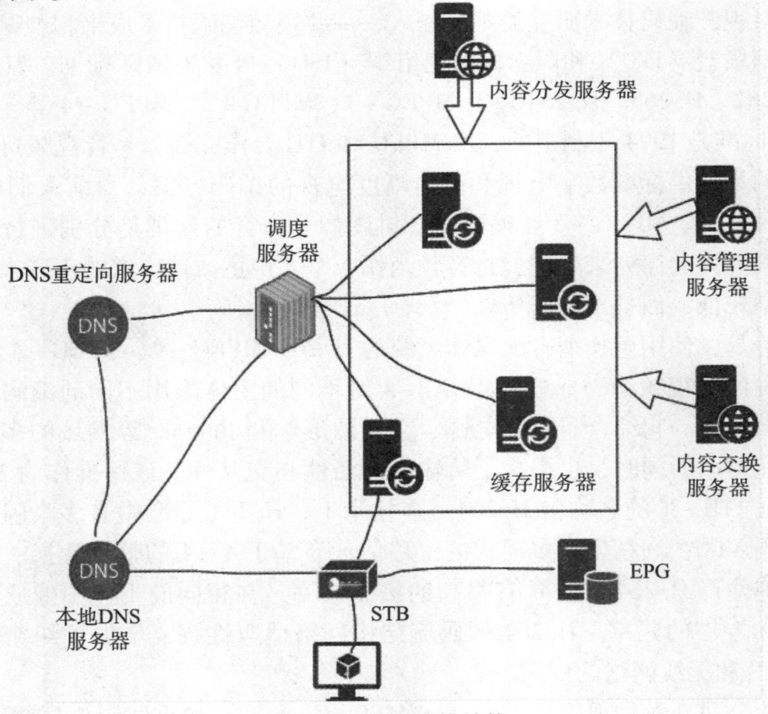

图 5. 2　CDN 网络结构

内容分发服务器存储原始的媒体内容，由它向边缘的缓存服务器推送全部或部分的媒体内容。用户通过接入网络的接入认证之后，再通过 EPG 菜单获得需要接入的网络地址。机顶盒随后向本地 DNS 服务器申请地址解析服务器，本地 DNS 服务器将用户申请解析的 URL 信息转发给重新定向服务器。重新定向服务器将通知本地 DNS 服务器调度服务器的地址，之后本地 DNS 服务器向调度服务器申请域名解析服务。调度服务器在接到请求之后，根据用户本地 DNS 的位置信息将距离最近、负载状况最佳的缓存服务器的地址发送给本地 DNS 服务器，本地 DNS 服务器再将该地址下发给用户的机顶盒。用户根据接收到的地址最终完成对最佳缓存节点的定位，之后就可以避免对源内容服务器的直接访问，以此来减轻主干网络压力，保证响应速度，提高服务质量。同时，内容交换服务器负责在同地点多个缓存服务器之间平衡负载。内容管理服务器负责各个缓存服务器之间级存内容的管理，为每个缓存服务器制定相应的缓存策略。

CDN 网络所涉及的技术主要包括：

①负载均衡技术，可以将网络流量分布到几个网络节点上处理，提升整体的性能。

②内容缓存技术，将常用的媒体内容缓存在靠近用户的服务器中，利用接入网络的高带宽为用户提供快速的数据响应。

③路由重定向技术，将用户本来对源服务器的访问，通过对 DNS 的微小改动就能重定向到本地的缓存服务器上。

1.4 EPG 网络

IPTV 所提供的各种业务的索引及导航都是通过电子节目单（EPG）来完成的，EPG 实际上就是 IPTV 的一个门户系统，一方面，用户通过机顶盒、PC 或移动智能终端与 EPG 交互，实现 IPTV 各种业务的索引和导航服务；另一方面，通过 EPG 与 IPTV 系统后台的交互，实现登录、鉴权、订购等后台业务操作。

EPG 系统的界面与 Web 页面类似，给用户提供各类动态或静态的多媒体内容，包括栏目信息、直播频道信息、TVOD 回看信息、电子节目单信息、节目信息（包括 VOD、连续剧）和用户订购信息等。

EPG 的软件结构如图 5.3 所示，包括 EPG 后台和 EPG 模板。其中，EPG 后台为模板提供各类业务数据和业务服务接口调用；EPG 模板实现对各类业务数据的打包，并以页面的方式为用户提供导航页面展示。

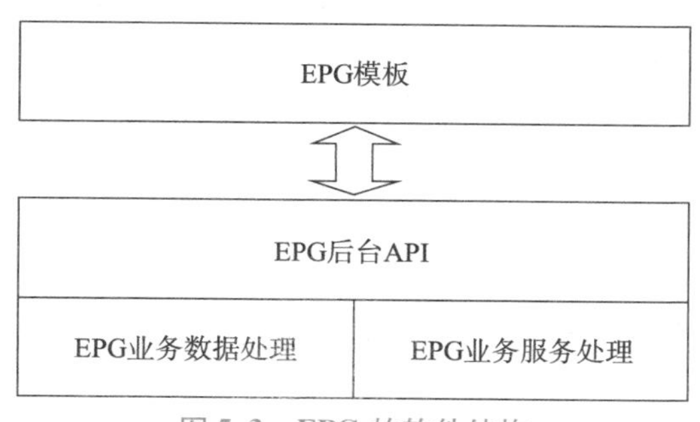

图 5.3 EPG 的软件结构

用户对于主 EPG 的请求首先会根据用户接入点统一调度转向适当的边缘 EPG。在边缘 EPG 中，与接入控制和信息展示相关的用户信息及节目信息全部会定期从中心节点缓存。EPG 页面展示信息实时性要求不高，本地 EPG 的信息和中心节点的同步可以采用增量同步的方式，STB 用户使用时，正常的信息展示采用本地缓存的信息。

EPG 的目前性能指标：支持 5 000 在线用户，每秒平均可支持 150 个并发事务，每个并发事务的响应时间不超过 2 s。

1.5 流媒体技术

基于 IP 网络传输多媒体信息主要有两种方式：下载和流式传输。下载的方式不难理解，即将网络上存储的文件下载到本地进行使用或播放。但是这种方式的服务延时会变得特别巨大，因为一段完整的视频文件大小可能会有几 Gb，耗时会达到几十分钟甚至几小时。流媒体这种迎合了网络传输多媒体高实时性要求的技术的出现大大改善了这样的情况。

流媒体技术（Streaming Media）就是把连续的影像和声音信息经过压缩处理后放到网络服务器上，通过互联网将这些媒体片段像水流一样传送到用户终端，用户不需要等到媒体文件完全下载到本地，一般只需几十秒的缓冲就可以先观看已经下载的部分，在观看的同时后台会继续下载后续的部分，实现了边下载边观看的技术。实际上，无线流媒体技术是网络音视频技术和移动通信技术发展到一定阶段的产物，它是融合很多网络技术之后产生的新技术，涉及流媒体数据的采集、压缩、存储以及网络通信等多项技术。

流式传输的实现需要有特定的实时传输协议，其中包括互联网本身的多媒体传输协议，以及一些实时流式传输协议等，只有采用合适的协议才能更好地发挥流媒体的作用，保证传输质量。IETF 已经设计出几种支持流媒体传输的协议，主要有用于互联网上针对多媒体数据流的实时传输协议（RTP）、与 RTP 一起提供流量控制和拥塞控制服务的实时传输控制协议（RTCP）、网络资源预留协议（RSVP），还定义了一对多的应用程序如何有效地通过 IP 网络传送多媒体数据的实时流协议（RTSP）。RTP、RTCP、RSVP 在 VoIP 业务中有过介绍。

1.5.1 实时流协议（Real Time Streaming Protocol，RTSP）

RTSP 协议应用在一对多通信的情况下，通过 IP 网络来传输多媒体控制数据。它对流媒体提供一个可扩展的框架来控制按需分配的实时数据，使得流媒体的受控（如快进、快退、点播）成为可能，为单播或组播的流媒体提供了可靠的播放性能。其数据源既可以是实况源数据，也可以是编码储存后的文件。它位于 RTP/RTCP 协议之上，可以通过 TCP 协议来进行数据传输，即 RTSP 控制数据通过 TCP 进行传输，而数据通过 UDP 进行传输。总的来说，通过建立一个或多个可能包括控制流的连续流数据，该协议对于媒体服务器来说就相当于一个远程遥控器。

RTSP 所支持的主要操作有以下 3 个。

①从媒体服务器上获得媒体。

用户向媒体服务器提交演示描述，根据演示的模式提供地址和端口。如果是组播，就提供组播的地址和端口；如果是单播，就提供用户的地址。

②邀请媒体服务器进入会议。

媒体服务器可参与到会议当中，提供如回放和记录等功能。参加会议的各方都可以调用。

③使一个新的媒体流加入已经开始的会话中。

RTSP 同时支持以下几种运行模式。

①单播：由客户端选择端口号，将流媒体发送到请求的源地址。

②组播（服务器选择地址）：由服务器选择端口号，这是现场直播或点播所应用的方式。

③组播（用户选择地址）：这种情况下由一个会议描述给出地址和端口号，来让媒体服务器加入。

1.5.2 流媒体传输工作流程

在多媒体视频由节目源最终传递到用户客户端的整个过程中，多媒体内容先是经过内容分发网络，根据不同的策略进行网络存储和网络分发。媒体内容被分发到位于网络边缘的 IPTV 媒体服务器之中，然后本节所介绍的各种流媒体传输协议才负责将服务器上的流媒体数据传输到客户端，如图 5.4 所示。

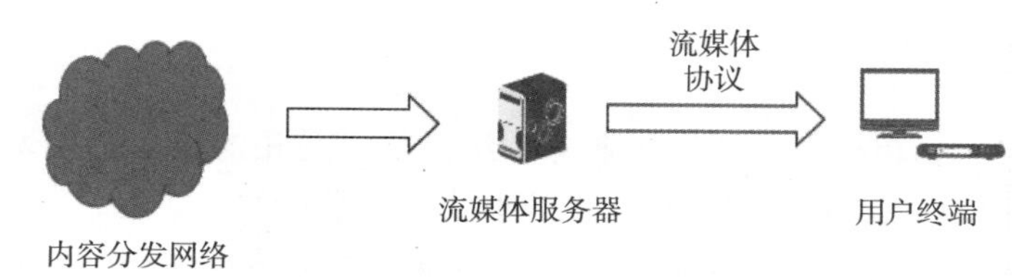

图 5.4 流媒体协议作用位置

流媒体服务器到用户终端的数据传输过程为：首先，要进行流会话的建立，当服务器收到终端用户的 RTSP 请求时，会产生 RTSP 请求对象；之后，服务器通过流会话的形式发送应答信息，来描绘请求的内容，具体包括媒体类型、编解码格式以及数据流包含的流数等，在应用层使用 RTSP 作为控制协议，使用会话描述协议（SDP）进行能力协商；最后，实际的数据由 RTP 传递，其目的为在一对一或一对多的传输情况下，提供时间信息和实现流同步。同时，还要注意，由于 RTP 不为传输数据包提供可靠的传输机制，流媒体数据的传输要依靠 RTCP 进行传输质量的检测。

RTP 封装后是在 TCP 或 UDP 之上发送的，所有客户端的请求是通过 TCP 端口得到的，而流媒体的数据则是通过 UDP 端口发送出去的。因此，一个流媒体服务器的工作往往遵循以下步骤：服务器的一个线程不断地对 TCP 端口进行监听，读入用户的 RTSP 连接请求，之后将这些请求分派给服务器中的其他应用进程，其他的应用进程循环往复地解析请求内容，封装发送 RTP 数据包，发送并接收 RTCP 包，最后判断是否发送完毕并关闭连接。现在一般的传输方案分为 ISMA 和 TS 两种，它们的基本工作情况如上所述，细节上，ISMA 传输方案将音频和视频分开传送。而在 TS 方案中，将音频和视频复用之后打包成 TS 包以后发送，并且它的控制协议也可以采用 HTTP 来实现。流媒体数据传输示意图如图 5.5 所示。

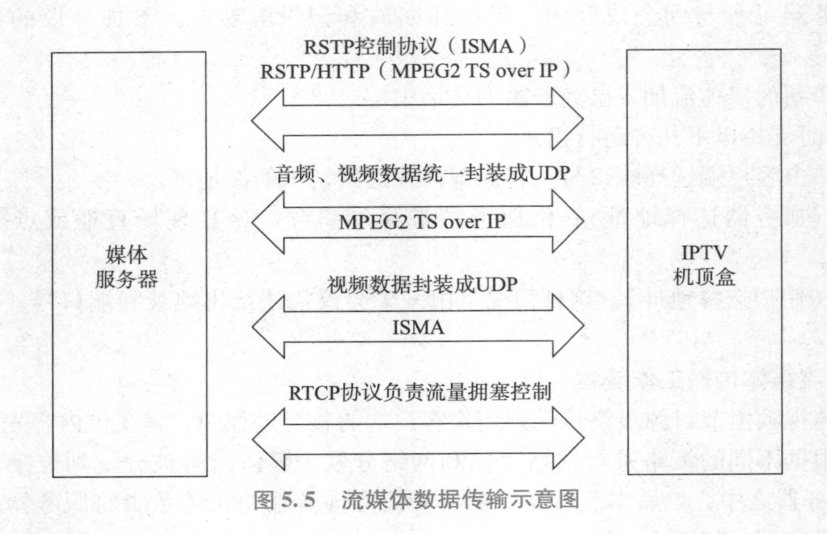

图 5.5　流媒体数据传输示意图

1.6　组播技术

IPTV 业务主要包括单播业务和组播业务。组播技术是相对于单播技术而言的，在互联网中有很多业务是以单源点对许多节点广播的形式发送数据的，如实时新闻的广播、软件客户端升级等。IPTV 中节目源通过 IP 网络向数以万计的客户节点发送数据。如果采用传统的单播形式一对一地由路由传送数据，那么中心节点的每份数据在每次发送前都被复制千上万次。由此带来的主干网络的开销以及用户端的延时是系统无法承受的，组播技术很好地解决了上述问题，并且特别适合应用于 IPTV 系统之中。

组播是一种允许一个或多个发送者，一次同时发送单一数据包到多个接收者的网络技术。组播源把数据包发送到特定组播组，而只有属于该组播组的地址才能接收到数据包。在 IPTV 里，组播源往往仅有一个，即使用户数量成倍增长，主干带宽也不需要随之增加，因为无论有多少个目标地址，在整个网络的任何一条主干链路上只传送单一视频流，即所谓“一次发送，组内广播”。组播技术提高了数据传送效率，减少了主干网出现拥塞的可能性。

1.6.1　组播组地址

组播总体上可以分为两种：局域网组播和互联网组播。

在互联网 IP 地址规划中，D 类地址就是组播地址。由于 D 类地址的前 4 位为 1110，所以组播组的地址范围就是 224.0.0.0 ~ 239.255.255 255。每一个组播 IP 地址标识一个组播组。任何主机加入一个组播组以后，都可以识别以该组播组地址为目的地址的数据报文，就好像我们用收音机在某一个频率接收特定电台的节目一样。

在局域网上进行硬件组播时，组播包根据组播组 IP 地址映射到组播 MAC 地址进行寻址，分配的 MAC 地址范围为 01.00.5E.00.00.00 ~ 01.00.5E.7F.FF.FF。

1.6.2　组播源与组播树

组播源是向组播组地址发送数据的数据源。单一的一个组播源不仅可以向多个组播组发送数据，一个组播组的数据还可以由多个组播源在考虑负载均衡和路径最优的条件下同时提供数据，由网络中的节点负责协调。

组播树是组播发送者到接收者之间的转发线路，又称为组播转发树。组播的使用从本质上说就是对组播树的维护。例如，如何形成组播树，如何添加去除组播树的分支，在传输数据的过程中组播树是如何变化的等。组播树通常有两种：

1. 源树

源树是以组播源为树根、组播路由路径为树枝、组播成员为树叶的结构。这是组播最基本的结构，通常一个组播源对应一个或多个组播组。其中的路由路径是发送者到接收者的最短路径，这样可以使组播源到接收源传输数据最有效率，但是如果每个组播路由都要保留每个组播源路径的话，路由表就会变得非常庞大。

2. 共享树

共享树是以网络中的某个路由器为树的树根、组播源和组播组成员为树叶、组播路径为树枝的一种结构。网络中的这种路由被称为汇聚点（RP）。它维护的实际上是由多个在负载均衡约束下的组播源侧构成的源树以及由组播成员侧构成的组播成员树共同组成的拥有同一共享节点 RP 的两棵树。这两棵树对 RP 的地址确认是相同的。它的结构为单个组播源或多个组播源对应多个组播组。在发送数据时，组播源先向 RP 发送数据，再由 RP 发送到相应的接收者处。这样的结构使得网络中的组播路由器的路由表可以很小，不足之处在于这样的传输方式使得组播源到接收者的传播路径不是最短的，而且对作为 RP 的路由器的处理能力要求很高。组播共享树的结构如图 5.6 所示。

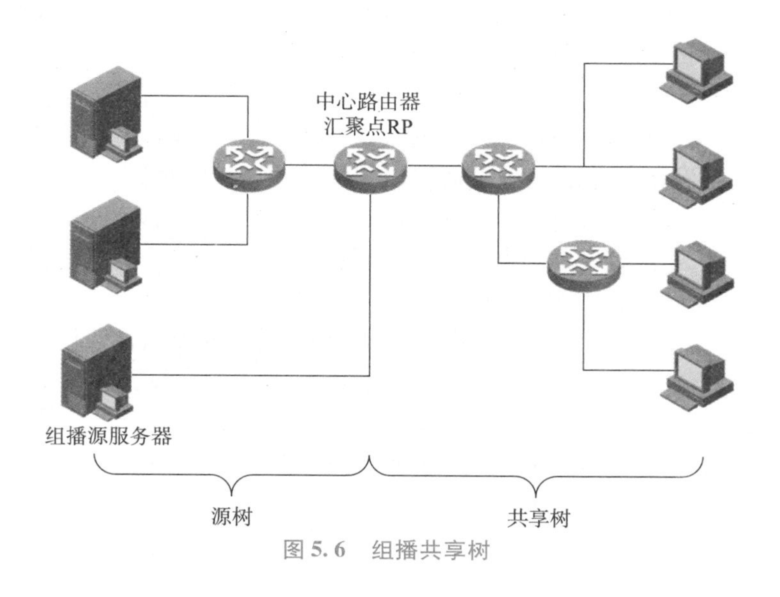

图 5.6 组播共享树

1.6.3 实现组播的网络协议

1. 组播路由器

在组播的整体结构中，组播路由器是在网络中实现组播功能的核心设备。组播路由器是加装了组播协议、能够识别组播数据报的路由器，同时也支持单播模式。组播路由器通过路由协议发现和选择路由，形成路由表。所以，有关组播的网络协议是实现组播功能的关键。

2. 组管理协议（IGMP）

IGMP（Internet Group Management Protocol）使用IP数据报来传递报文，是IP网际协议的一部分。其作用范围限制在路由器和主机这两者之间。IGMP有三个版本，分别为IGMP v1、IGMP v2和IGMP v3。

IGMP的主要工作内容为：主机使用IGMP通知子网组播路由器，希望加入组播组；路由器使用IGMP查询本地子网中是否有属于某个组播组的主机。

（1）加入组播组

当某个主机加入一个组播组时，它通过“成员资格报告”消息通知它所在的IP子网的组播路由器，同时将自己的IP模块做相应的准备，以便开始接收来自该组播组传来的数据。如果这台主机是它所在的IP子网中第一台加入该组播组的主机，通过路由信息的交换，组播路由器加入组播分布树。

（2）退出组播组

在IGMP v1中，当主机想离开某一个组播组时，可自行退出。组播路由器定时（如120 s）使用“成员资格查询”消息向IP子网中的所有主机的组地址（224. 0. 0. 1）查询，如果某一组播组在IP子网中已经没有任何成员，那么组播路由器在确认这一事件后，将不再在子网中转发该组播组的数据。与此同时，通过路由信息交换，从特定的组播组分布树中删除相应的组播路由器。这种不通知任何人而悄悄离开的方法，使得组播路由器知道IP子网中已经没有任何成员的事件延时了一段时间，所以，在IGMP v2. 0中，当每一个主机离开某一个组播组时，需要通知子网组播路由器，组播路由器立即向IP子网中的所有组播组询问，从而减少了系统处理停止组播的延时。

3. 组播路由协议

主机通过IGMP报文与路由器通信，以达到加入组播组的目的。之后组播路由要想把这一变化通知其他组播路由，靠的就是组播路由选择协议了。组播路由协议分为以下两种类型：域内路由协议和域间路由协议。其中域内路由协议包括协议无关组播 - 稀疏模式（PIM - SM）、协议无关组播 - 密集模式（PIM - DM）等。域间路由协议包括组播边界网关协议（MBGP）和组播源发现协议（MSDP）等。其中，比较适用于IPTV系统的是PIM - SM协议。下面结合这几种协议，具体讨论几种在组播路由器之间转发组播数据、动态维护组播树的方式。

（1）扩散与剪枝

扩散的主要目的是为一个组播源确认在网络中的树的结构，扩散时，数据从组播源开始发送，到达组播路由时，组播路由会通过反向路径转发（RPF）来处理数据。具体来说，当路由器收到一个组播数据包时，先判断它是不是从到源点最近的路径上发送过来的，这就是所谓的反向路径。当确认是从源点方向发送过来的时，它就向除RPF方向的所有组播方向复制发送收到的数据；否则，当数据不是从RPF方向发送来的时，它就将该组播数据抛弃。当个组播路由从两个方向都收到组播数据而这两个方向都满足距离源点最近的条件时，那么默认选取网络中IP较小的路由器的方向为RPF方向。最后就创建了对应特定组播源和组播组的一棵组播树。在这棵组播树上，每一个路由节点都要为此对组播源和组播组创建单独的组播路由项，该路由项包含了组播源地址、组播组地址、出入口列表定时器标识等信息。建立完成后，这棵组播树就用来传输后续的组播数据，而要想动态地维护该组播树，还需要剪枝等操作。

当一个组播路由向下探测发现已经没有组播组的组员时，组播树就将该路由和其下游的路径一起去除，再发送组播数据时，将不会到达此路由，这就是维护组播树的剪枝操作。

这种转发数据的方式适用于组成员分布比较集中的情况，例如 PIM－DM 协议。PIM－SM 协议对这种方式也支持。

（2）隧道通信

在 PIM－SM 协议和域间路由协议的工作环境中，组播成员分布得十分广泛。经常可能涉及组播数据跨网络传输，而在传输网络之间的路由可能不支持组播传输。在这种情况下，隧道技术可以实现组播数据的跨网络传输。首先，在发送网的网络边缘路由处，对组播数据进行两次封装，即将组播数据报加装一个普通 IP 分组首部，这样新构成的 IP 分组就可以作为普通的单播数据包通过沿途的路由到达组播成员所在网络的一侧。在该网络边缘处，通过组播路由器先将 IP 数据首部拆掉，剩下的组播分组就可以正常继续转发了。

（3）共享树技术

在 PIM－SM 协议中，最常用的就是通过共享树结构来适应分布广泛的网络。首先，这样的结构为一个组播组分配一个核心路由器，这个路由器就是上面在共享树结构里提到的网络汇聚点（RP），在网络中，组播源的数据都要发送到网络共享树的根（即 RP），之后由 RP 像扩散方式一样转发组播数据。在网络中，该核心路由器 RP 有着自己的 IP 地址，其他的路由器也可以正常的单播形式通过它传输数据。如果另一个路由器向其发送加入组播组的请求，核心路由器 RP 就向该路由器发送该组播组的组播路由信息，使它变为组播组的一部分。PIM－SM 可以根据网络需求在共享树和扩散这两种方式之间进行切换。

操作部分

任务一（24） 拓扑规划

任务描述	万绿市南城区建设完成后，街区 B（住宅小区）需要满足 IPTV 功能。根据实际情况规划出网络拓扑结构。
任务分析	1. 核心层需要架设 CDN Node、MW、EPG 服务器。 2. 传输层需要架设 BRAS 服务器。 3. 接入层采用 PON 传输。

续表

<table>
<tr><th colspan="2">任务实施</th></tr>
<tr><td>步骤 1</td><td>拓扑结构如图 5.7 所示。
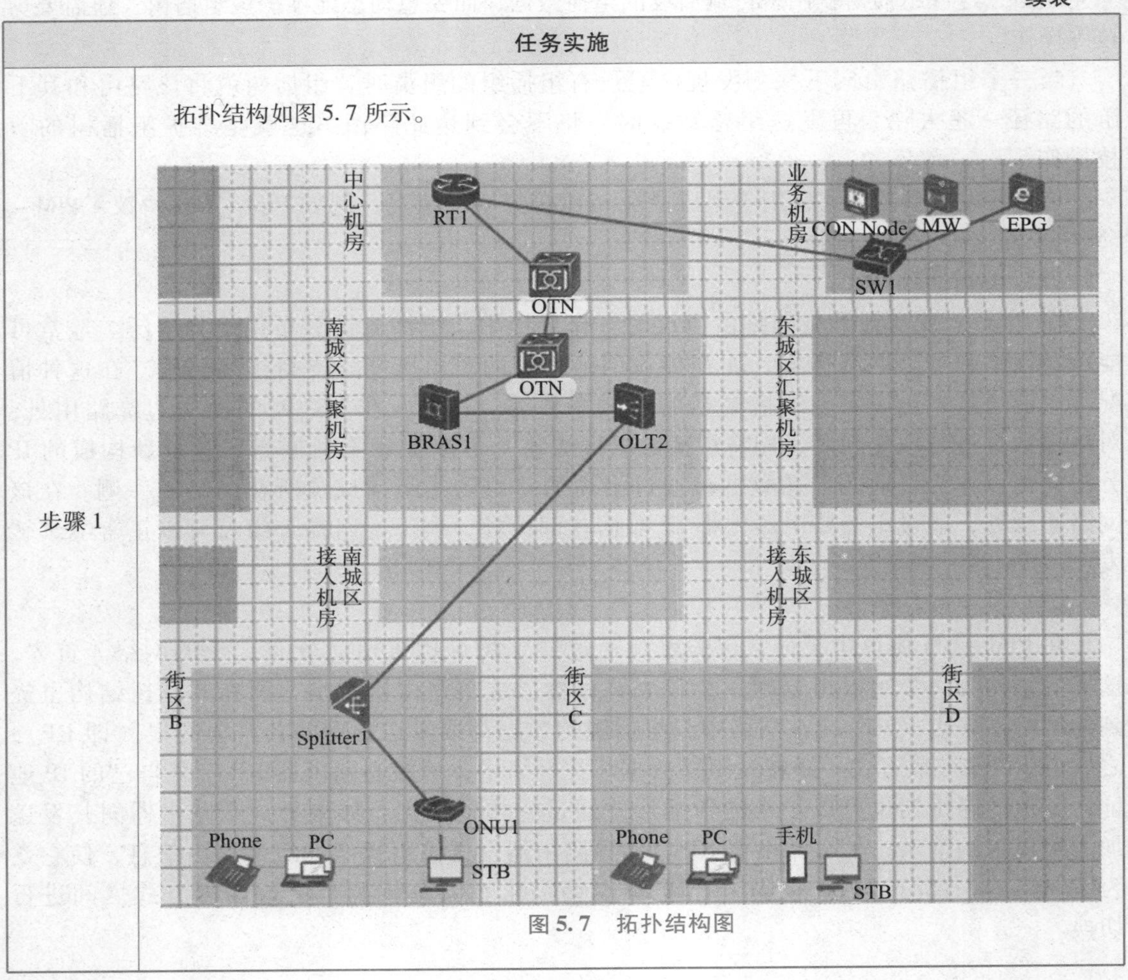

图 5.7　拓扑结构图</td></tr>
</table>

任务二（25）　数据规划

任务描述	万绿市南城区建设完成后，街区 B（住宅小区）需要满足 IPTV 功能。根据接入用户数量及带宽进行数据规划。
任务分析	1. 核心层需要架设 CDN Node、MW、EPG 服务器。 2. 传输层需要架设 BRAS 服务器。 3. 接入层采用 PON 传输。 4. 组播协议的设置。

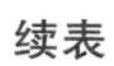

续表

任务实施

步骤 1

路由数据规划见表 5.1。

表 5.1 路由规划

本端设备	端口	端口网络	对端设备	端口
CDN Node	10GE－1/1	13.13.13.0/24	业务机房 SW（小型）	10GE－1/2 VLAN 13
	GE－1/3	16.16.16.0/24		GE－1/13 VLAN 16
MW	10GE－1/1	14.14.14.0/24		10GE－1/4 VLAN 14
EPG	10GE－1/1	15.15.15.0/24		10GE－1/3 VLAN 15
中心机房 RT（中型）	10GE－6/1	41.0.0.0/30		10GE－1/1 VLAN 41
	40GE－1/1	51.0.0.0/30	南城区汇聚机房 BRAS（大型）	40GE－1/1
南城区汇聚机房 OLT（大型）	40GE－1/1	无		40GE－2/1
	GPON－3/1	无	B 街区	无

步骤 2

业务数据规划见表 5.2。

表 5.2 业务规划

设备	业务配置	数据
STB		账号：123 密码：123
ONU	接口	Eth_0/1
OLT	组播 Vlan	1 000
	User Vlan	999
	上行带宽	固定 1 111 kb/s
	下行带宽	承诺 10 000 kb/s
	Mvlan 组播组	224.1.1.1～239.1.1.1
BRAS	网关	66.66.66.1
	宽带虚接口	40GE－2/1.1 66.66.66.2～66.66.66.100
	RP 地址	100.1.1.2
CDN Node	IP 地址	13.13.13.13/24
	信令接口	GE－1/3
	媒体接口	10GE－1/1
MW	IP 地址	14.14.14.14/24
	直播标清地址	224.1.1.1
	直播高清地址	224.9.9.9
	用户名/密码	账号：123 密码：123
EPG	IP 地址	15.15.15.15/24

任务三（26） 业务配置

任务描述	万绿市南城区建设完成后，根据任务一（24）的拓扑规划和任务二（25）的数据规划，街区 B（住宅小区）需要满足 IPTV 功能。
任务分析	1. 核心层需要架设 CDN Node、MW、EPG 服务器。 2. 传输层需要架设 BRAS 服务器。 3. 接入层采用 PON 传输。 4. 组播协议的设置。
任务实施	
步骤 1	根据任务一（24）和任务二（25）以及本部分任务的描述，先单击“容量计算”模块，设置街区 B 为小区场景，如图 5.8 所示。 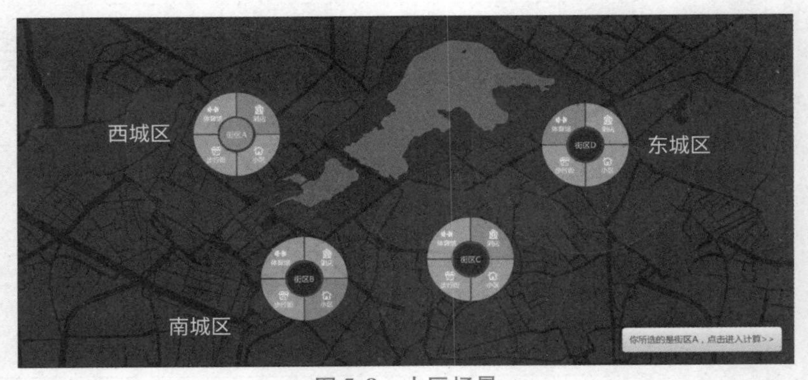 图 5.8 小区场景
步骤 2	首先，选取合适的网元设备放置在指定的位置，并进行线缆的连接。 单击“设备配置”模块，进入业务机房，在设备池内选取小型 SW 设备放入机柜内，如图 5.9 所示。  图 5.9 机柜图

续表

步骤 3	再依次选取 CDN Node、Middle Ware、EPG 三个网元由上至下放入机柜内，如图 5.10 所示。  图 5.10　机柜图
步骤 4	进入中心机房，在设备池内选择一台中型 OTN 设备，并将该设备拖拽至机柜内安放，如图 5.11 所示。  图 5.11　机柜图
步骤 5	在设备池内选择一台中型路由器，并拖拽至机柜内安放，如图 5.12 所示。  图 5.12　机柜图

续表

步骤 6	由中心机房退出，进入南城区汇聚机房后，添加中型 OTN 至机柜内，如图 5.13 所示。  图 5.13　机柜图
步骤 7	在设备池内选择一台大型 BRAS，并拖拽至机柜内安放，如图 5.14 所示。  图 5.14　机柜图
步骤 8	在设备池内选择一台大型 OLT，并拖拽至机柜内安放，如图 5.15 所示。  图 5.15　机柜图

续表

步骤 9	由南城区汇聚机房退出，进入街区 B，在设备池选择分光比为 1∶16 的分光器放置在小区光交接箱内，如图 5.16 所示。  图 5.16　光交接箱
步骤 10	进入房间内，选择小型 ONU 放置在书桌上，如图 5.17 所示。  图 5.17　室内位置图
步骤 11	接下来进行各个网元设备之间的线缆连接。进入业务机房后，将 CDN Node 与 SW 连接。从线缆池选取成对 LC－LC 光纤，一端连接在 CDN Node 的 10GE_1/1 端口上，另一端连接在 SW 的 10GE_1/2 端口上，如图 5.18 和图 5.19 所示。  图 5.18　CDN Node 端口图

续表

<table>
<tr>
<td>步骤 11</td>
<td>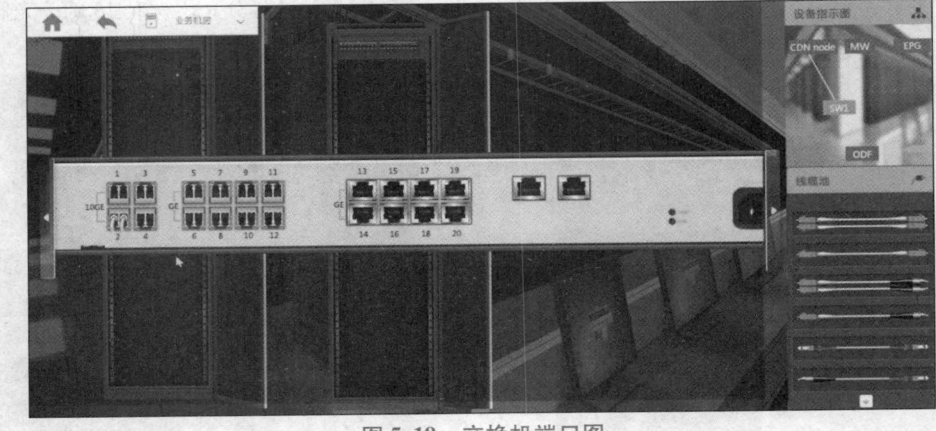

图 5.19　交换机端口图</td>
</tr>
<tr>
<td>步骤 12</td>
<td>从线缆池选取以太网线，一端连接在 CDN Node 的 GE_1/3 端口上，另一端连接在 SW 的 GE_1/13 端口上，如图 5.20 和图 5.21 所示。

图 5.20　CDN Node 端口图

图 5.21　交换机端口图</td>
</tr>
</table>

续表

<table>
<tr>
<td>步骤 13</td>
<td>
从线缆池选取成对 LC－LC 光纤，一端连接在 MW 的 10GE_1/1 端口上，另一端连接在 SW 的 10GE_1/4 端口上，如图 5.22 和图 5.23 所示。

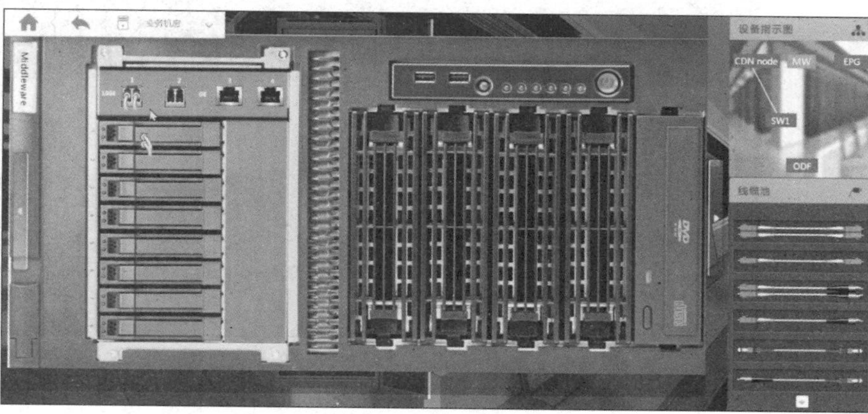

图 5.22　MW 端口图

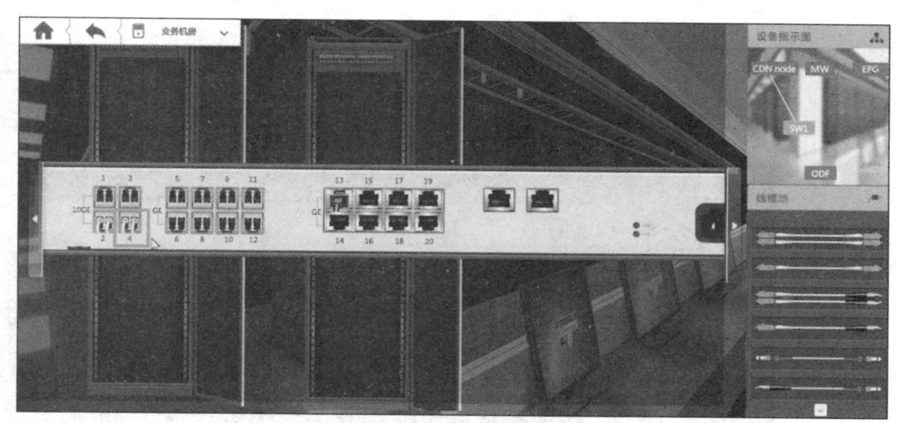

图 5.23　交换机端口图
</td>
</tr>
<tr>
<td>步骤 14</td>
<td>
从线缆池选取成对 LC－LC 光纤，一端连接在 EPG 的 10GE_1/1 端口上，另一端连接在 SW 的 10GE_1/3 端口上，如图 5.24 和图 5.25 所示。

图 5.24　EPG 端口图
</td>
</tr>
</table>

续表

步骤 14	 图 5.25　交换机端口图
步骤 15	从线缆池选取成对 LC－FC 光纤，一端连接在小型交换机 SW 的 10GE_1/1 端口上，另一端连接在 ODF 的 1T1R 端口上，如图 5.26 和图 5.27 所示。  图 5.26　交换机端口图  图 5.27　ODF 端口图

续表

<table>
<tr>
<td>步骤 16</td>
<td>进入中心机房，从线缆池选取成对 LC－FC 光纤，一端连接在 ODF 的 6T6R 端口上，另一端连接在中型路由器 RT 的 6 号槽位的 10GE_6/1 端口上，如图 5.28 和图 5.29 所示。
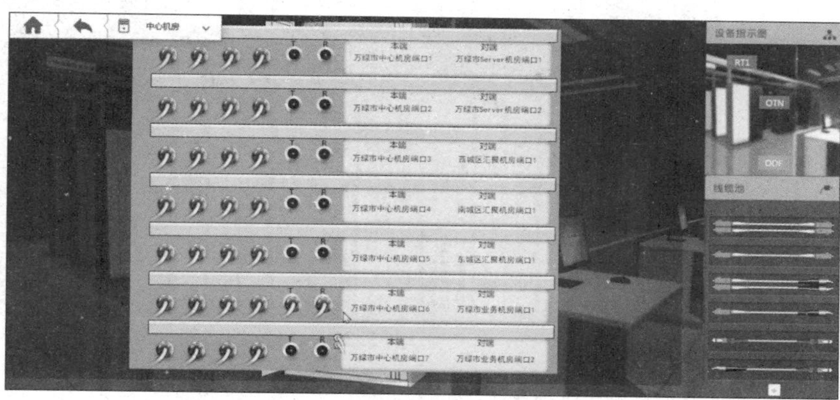

图 5.28 ODF 端口图

图 5.29 路由器端口图</td>
</tr>
<tr>
<td>步骤 17</td>
<td>将 RT 与 OTN 相连，在线缆池内选择成对 LC－LC 光纤，光纤的一端连接到路由器 RT1 的 40GE_1/1 端口上，另一端连接到 OTN15 号槽位的 OTU40G_C1TC1R 端口上，如图 5.30 和图 5.31 所示。

图 5.30 路由器端口图</td>
</tr>
</table>

续表

步骤 17	 图 5.31　OTN 端口图
步骤 18	在右侧线缆池内选取单根 LC－LC 光纤，一端连接到 OTN 设备 15 号槽位的 OTU40G_L1T 端口上，另一端连接到 OTN 12 号槽位的 OMU10C_CH1 端口上，如图 5.32 所示。  图 5.32　OTN 端口图
步骤 19	在右侧线缆池内重新选取单根 LC－LC 光纤，一端连接到 OTN 12 号槽位的 OMU10C_OUT 端口上，另一端连接到 OTN 11 号槽位的 OBA_IN 端口上，如图 5.33 所示。 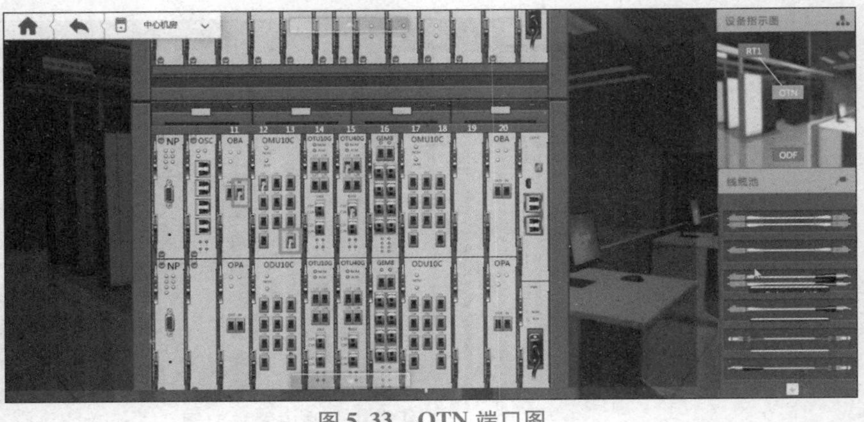 图 5.33　OTN 端口图

续表

<table>
<tr>
<td>步骤 20</td>
<td>
在右侧线缆池内重新选取单根 LC－FC 光纤，一端连接在 OTN 11 号槽位的 OBA_OUT 端口上，然后在设备指示图中单击 ODF 图标，将光纤的另一端连接在 ODF_4T 端口上，如图 5.34 和图 5.35 所示。

图 5.34　OTN 端口图

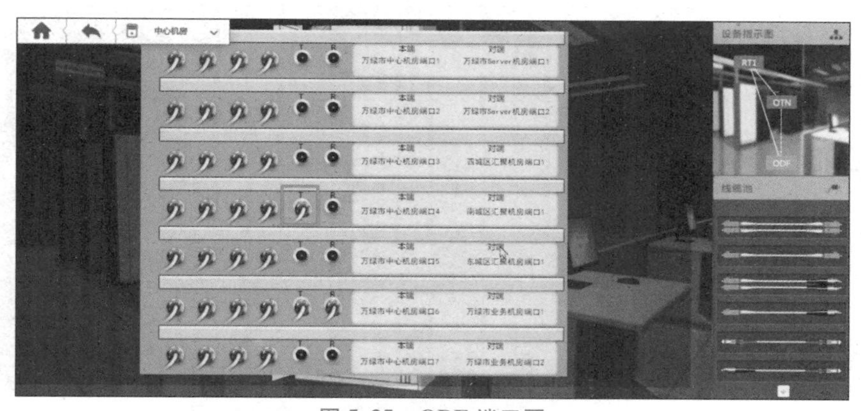

图 5.35　ODF 端口图
</td>
</tr>
<tr>
<td>步骤 21</td>
<td>
在右侧线缆池内选取单根 LC－FC 光纤，一端连接在 ODF_4R 端口上，另一端连接在 OTN 设备 21 号槽位的 OPA_IN 端口上，如图 5.36 和图 5.37 所示。

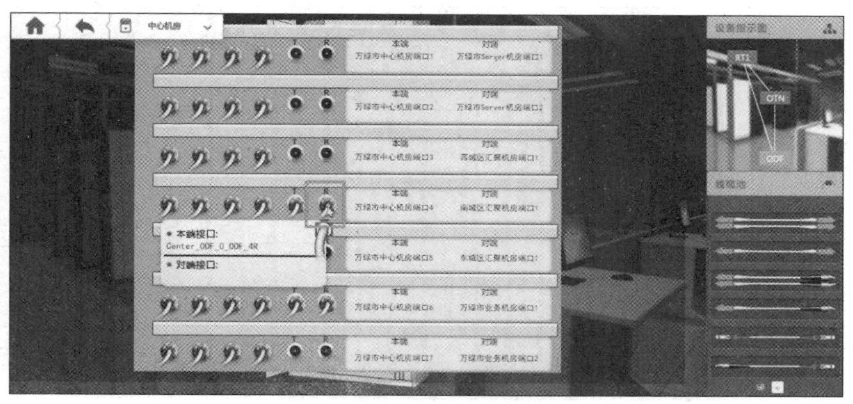

图 5.36　ODF 端口图
</td>
</tr>
</table>

续表

步骤 21	 图 5.37　OTN 端口图
步骤 22	在右侧线缆池内重新选取单根 LC－LC 光纤，一端连接到 OTN 21 号槽位的 OPA_OUT 端口上，另一端连接到 OTN 22 号槽位的 ODU_IN 端口上，如图 5.38 所示。 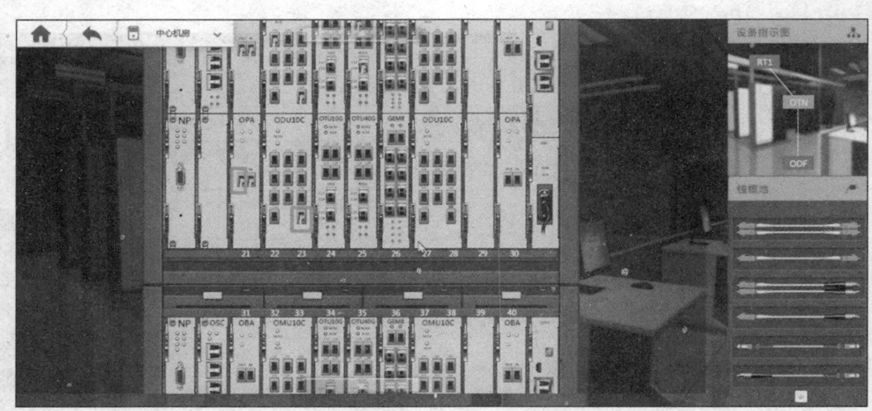 图 5.38　OTN 端口图
步骤 23	在右侧线缆池内重新选取单根 LC－LC 光纤，一端连接到 OTN 22 号槽位的 ODU_CH1 端口上，另一端连接到 OTN 15 号槽位的 OTU40G_L1R 端口上，如图 5.39 所示。  图 5.39　OTN 端口图

续表

<table>
<tr>
<td>步骤 24</td>
<td>

由中心机房退出，进入南城区汇聚机房，在右侧线缆池内选取单根 LC－FC 光纤，一端连接到 ODF 的 1T 端口上，另一端连接到 11 号槽位的 OBA 的 OUT 端口上，如图 5.40 和图 5.41 所示。

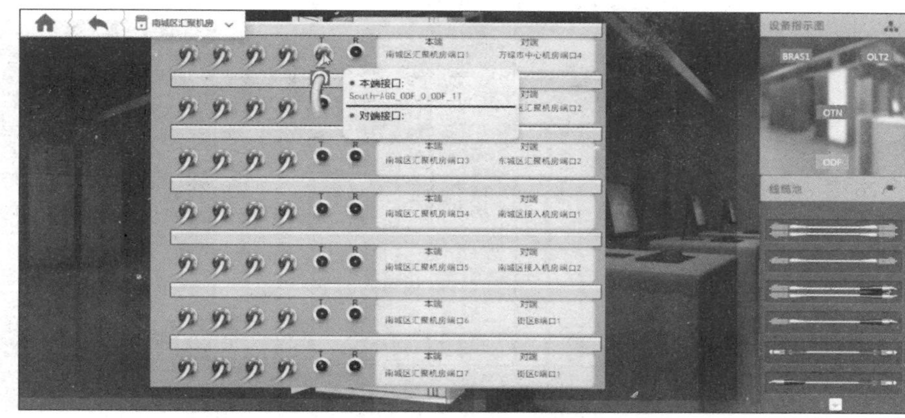

图 5.40　ODF 端口图

图 5.41　OTN 端口图

</td>
</tr>
<tr>
<td>步骤 25</td>
<td>

在右侧线缆池内选取单根 LC－LC 光纤，一端连接到 15 号槽位的 OTU40G_L1T 端口上，另一端连接到 12 号槽位的 OMU10C_CH1 端口上，如图 5.42 所示。

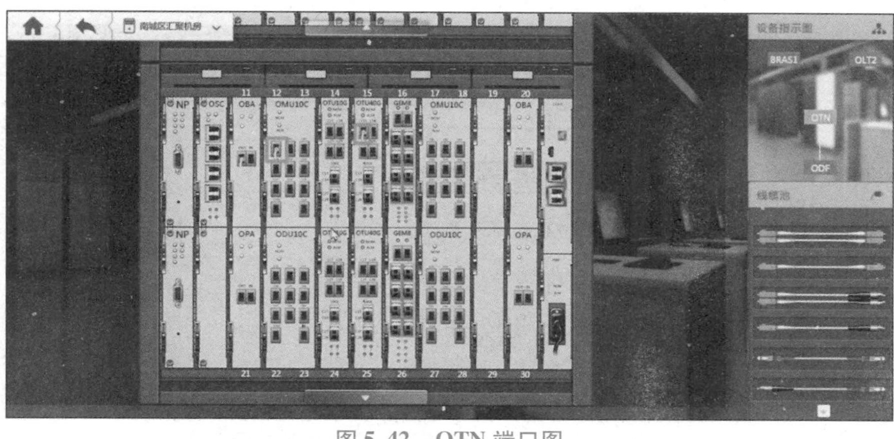

图 5.42　OTN 端口图

</td>
</tr>
</table>

续表

<table>
<tr><td>步骤 26</td><td>在右侧线缆池内重新选取单根 LC－LC 光纤，一端连接到 12 号槽位的 OMU10C_OUT 端口上，另一端连接到 11 号槽位的 OBA_IN 端口上，如图 5. 43 所示。

图 5. 43　OTN 端口图</td></tr>
<tr><td>步骤 27</td><td>在右侧线缆池内重新选取单根 LC－FC 光纤，一端连接到 OPA 的 IN 端口上，另一端连接在 ODF 的 1R 端口上，如图 5. 44 和图 5. 45 所示。
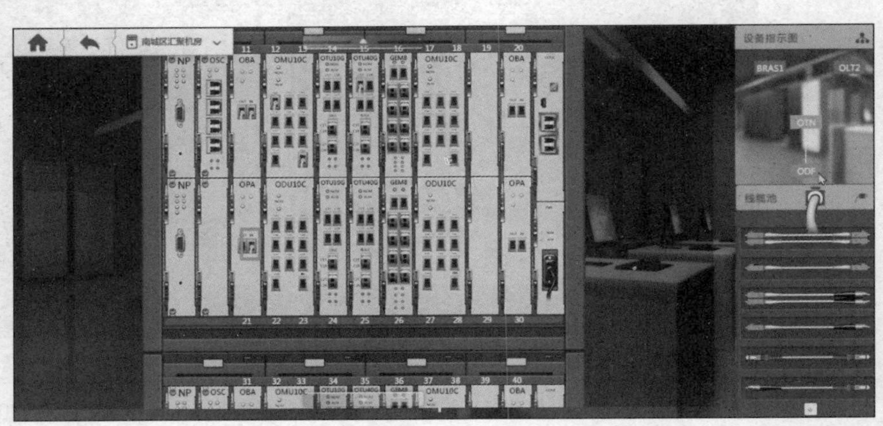
图 5. 44　OTN 端口图

图 5. 45　ODF 端口图</td></tr>
</table>

续表

<table>
<tr><td>步骤 28</td><td>在右侧线缆池内重新选取单根 LC－LC 光纤，一端连接到 21 号槽位的 OPA_OUT 端口上，另一端连接到 22 号槽位的 ODU_IN 端口上，如图 5.46 所示。

图 5.46　OTN 端口图</td></tr>
<tr><td>步骤 29</td><td>在右侧线缆池内重新选取单根 LC－LC 光纤，一端连接到 22 号槽位的 ODU_CH1 端口上，另一端连接到 15 号槽位的 OTU40G_L1R 端口上，如图 5.47 所示。
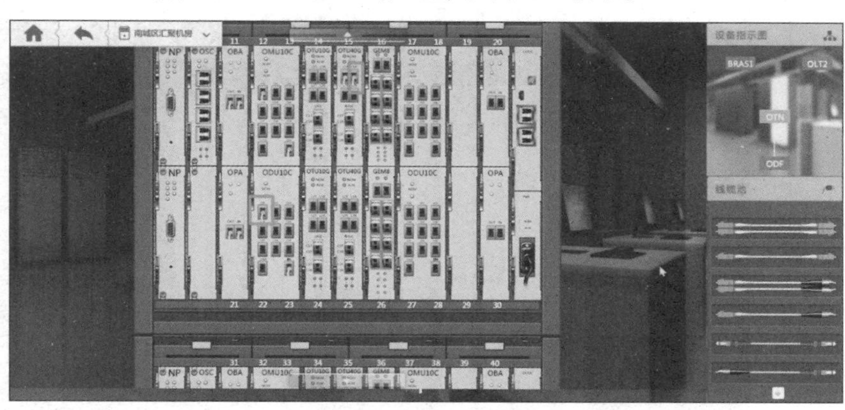
图 5.47　OTN 端口图</td></tr>
<tr><td>步骤 30</td><td>在线缆池内选取成对 LC－LC 光纤，一端连接在 OTN 15 号槽位的 OTU40G_C1TC1R 端口上，另一端连接在 BRAS 的 40GE_1/1 端口上，如图 5.48 和图 5.49 所示。

图 5.48　OTN 端口图</td></tr>
</table>

续表

<table>
<tr><td>步骤 30</td><td>
图 5.49　BRAS 端口图</td></tr>
<tr><td>步骤 31</td><td>在线缆池内选取成对 LC－LC 光纤，一端连接在 BRAS 的 40GE_2/1 端口上，另一端连接在 OLT 的 40GE_1/1 端口上，如图 5.50 和图 5.51 所示。

图 5.50　BRAS 端口图

图 5.51　OLT 端口图</td></tr>
</table>

续表

<table>
<tr>
<td>步骤 32</td>
<td>

选择单根 SC－FC 光纤，一端连接在 OLT 的 GPON_3/1 端口上，另一端连接在 ODF 的 6T 端口上，如图 5.52 和图 5.53 所示。

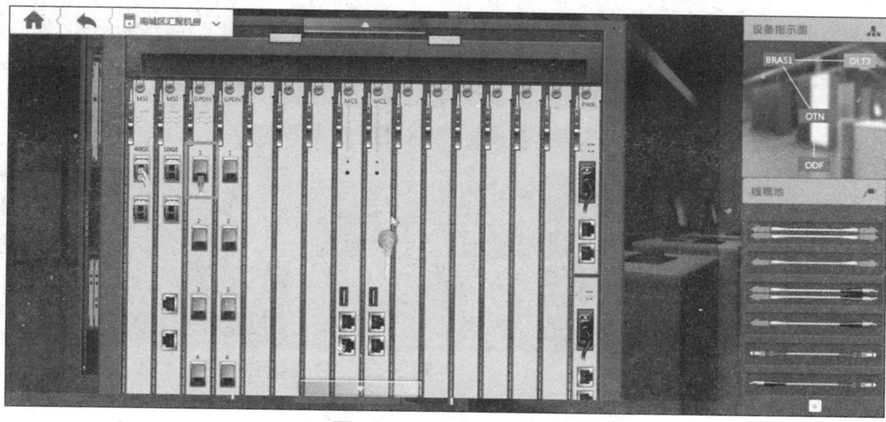

图 5.52 OLT 端口图

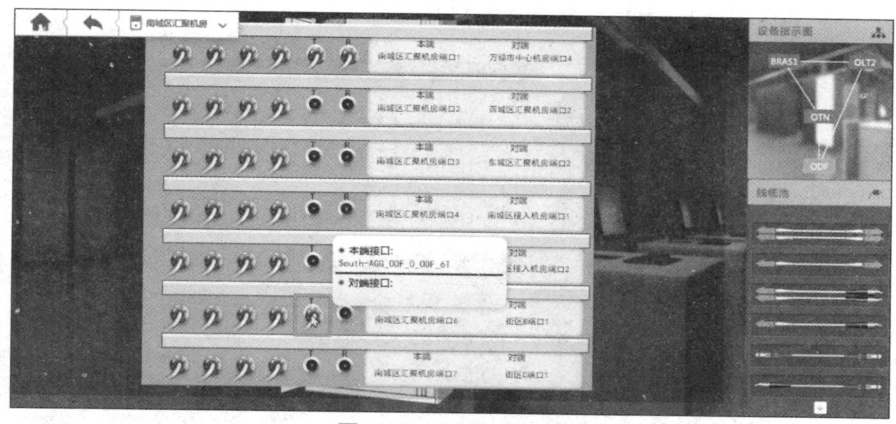

图 5.53 ODF 端口图

</td>
</tr>
<tr>
<td>步骤 33</td>
<td>

接下来，先进入 B 街区，连接 B 街区内的网元设备。选择单根 SC－FC 光纤，一端连接在 ODF 的 1R 端口上，另一端连接在分光器的 IN 端口上，如图 5.54 和图 5.55 所示。

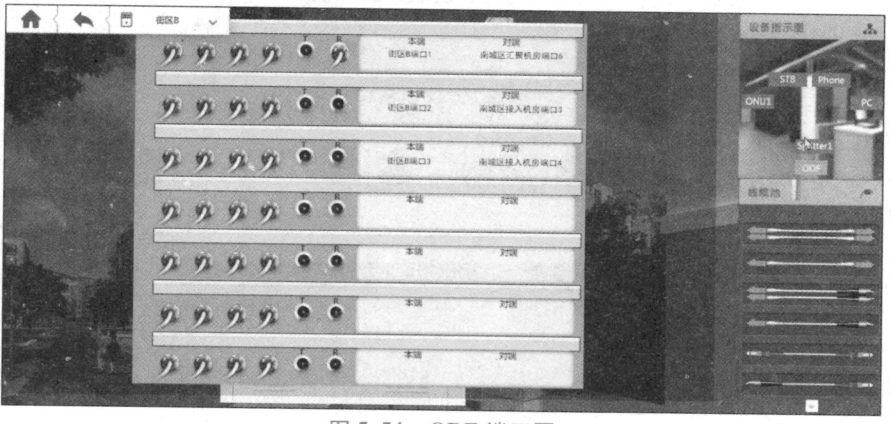

图 5.54 ODF 端口图

</td>
</tr>
</table>

续表

<table>
<tr>
<td>步骤 33</td>
<td>

图 5.55　分光器端口图
</td>
</tr>
<tr>
<td>步骤 34</td>
<td>
选择单根 SC－SC 光纤，一端连接在分光器输出端的 1 号端口上，另一端连接在 ONU 的 PON 端口上，如图 5.56 和图 5.57 所示。

图 5.56　分光器端口图

图 5.57　ONU 端口图
</td>
</tr>
</table>

续表

<table>
<tr><td>步骤 35</td><td>选择以太网线，一端连接在 ONU 的 LAN1 端口上，另一端连接在 STB 的以太网口上，如图 5.58 和图 5.59 所示。
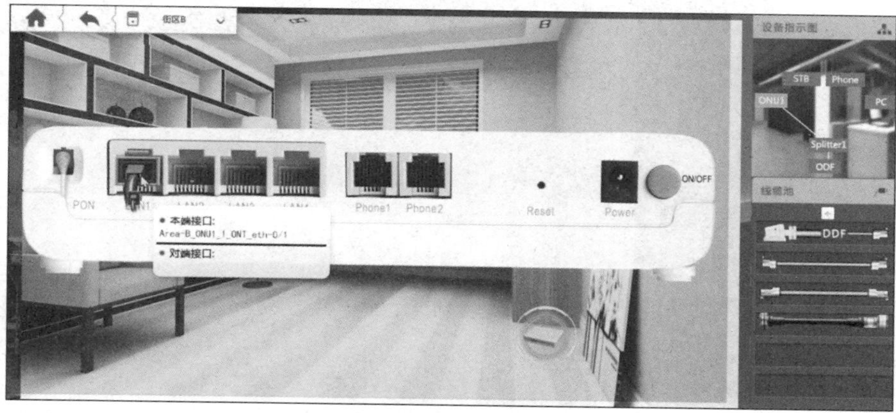

图 5.58　ONU 端口图
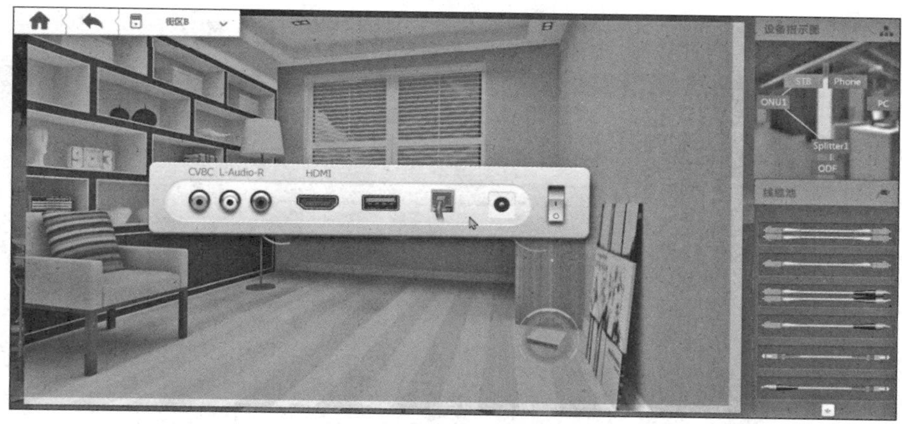

图 5.59　STB 端口图</td></tr>
<tr><td>步骤 36</td><td>接下来进行数据配置。单击进入业务机房，配置 CDN Node 与 SW 相连的物理接口，如图 5.60 所示。
图 5.60　物理接口</td></tr>
</table>

续表

步骤 37

配置 CDN Node 的静态路由，如图 5.61 所示。

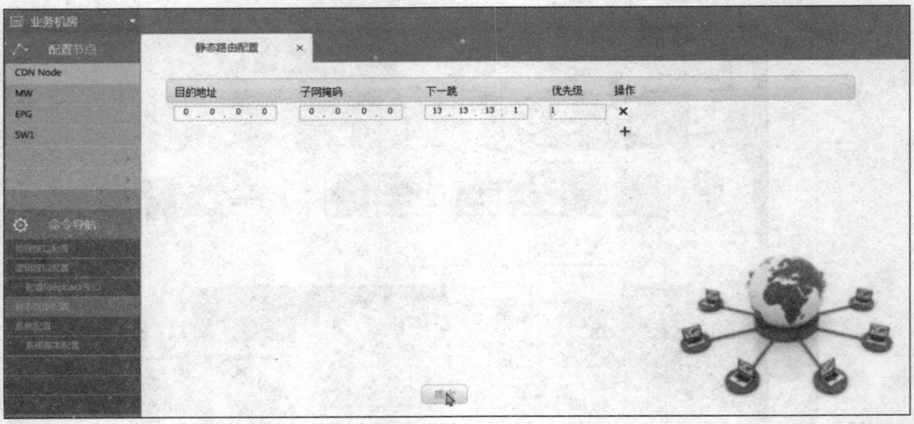

图 5.61　静态路由

步骤 38

配置 SW 与 CDN Node 相互连接的物理接口及 VLAN 三层接口，如图 5.62 和图 5.63 所示。

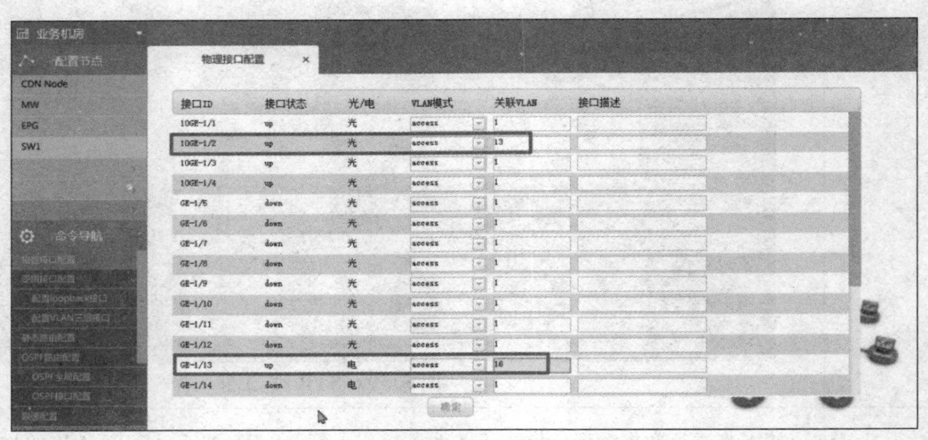

图 5.62　物理接口

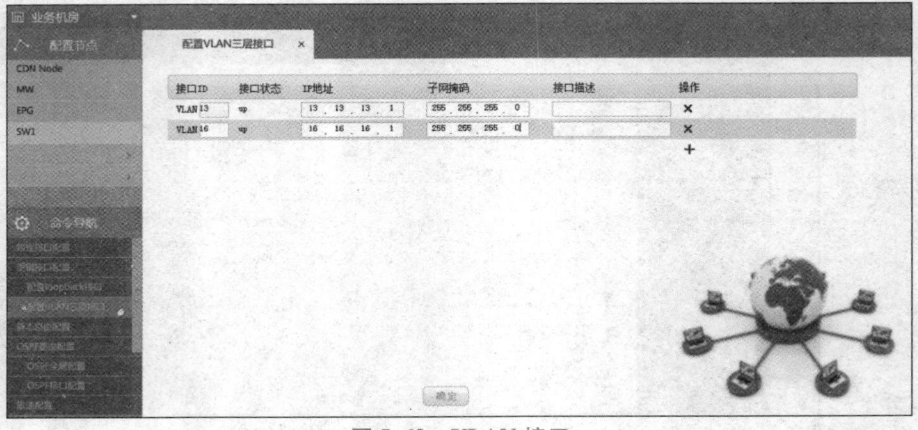

图 5.63　VLAN 接口

续表

步骤 39

配置 MW 与 SW 相连的物理接口，如图 5.64 所示。

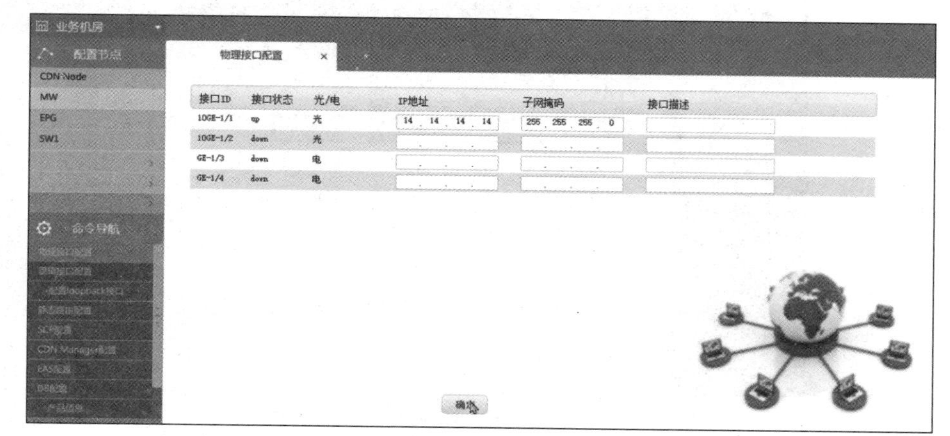

图 5.64 物理接口

步骤 40

配置 MW 的静态路由，如图 5.65 所示。

图 5.65 静态路由

步骤 41

配置 SW 与 MW 相连的物理接口及 VLAN 三层接口，如图 5.66 和图 5.67 所示。

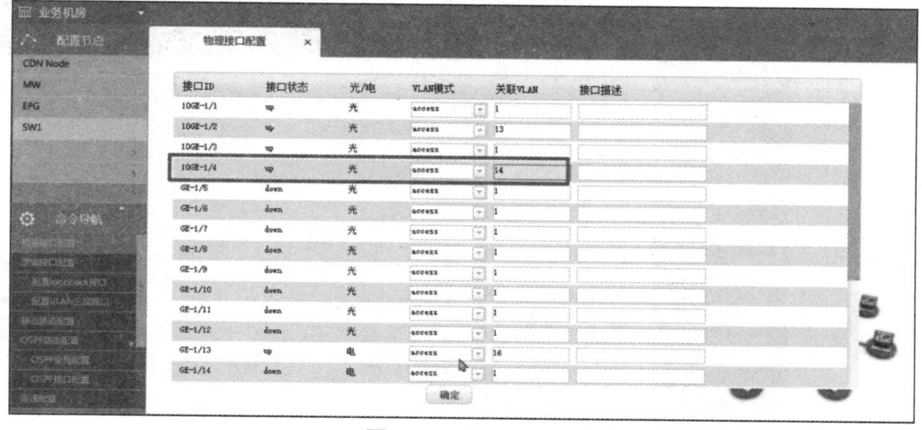

图 5.66 物理接口

续表

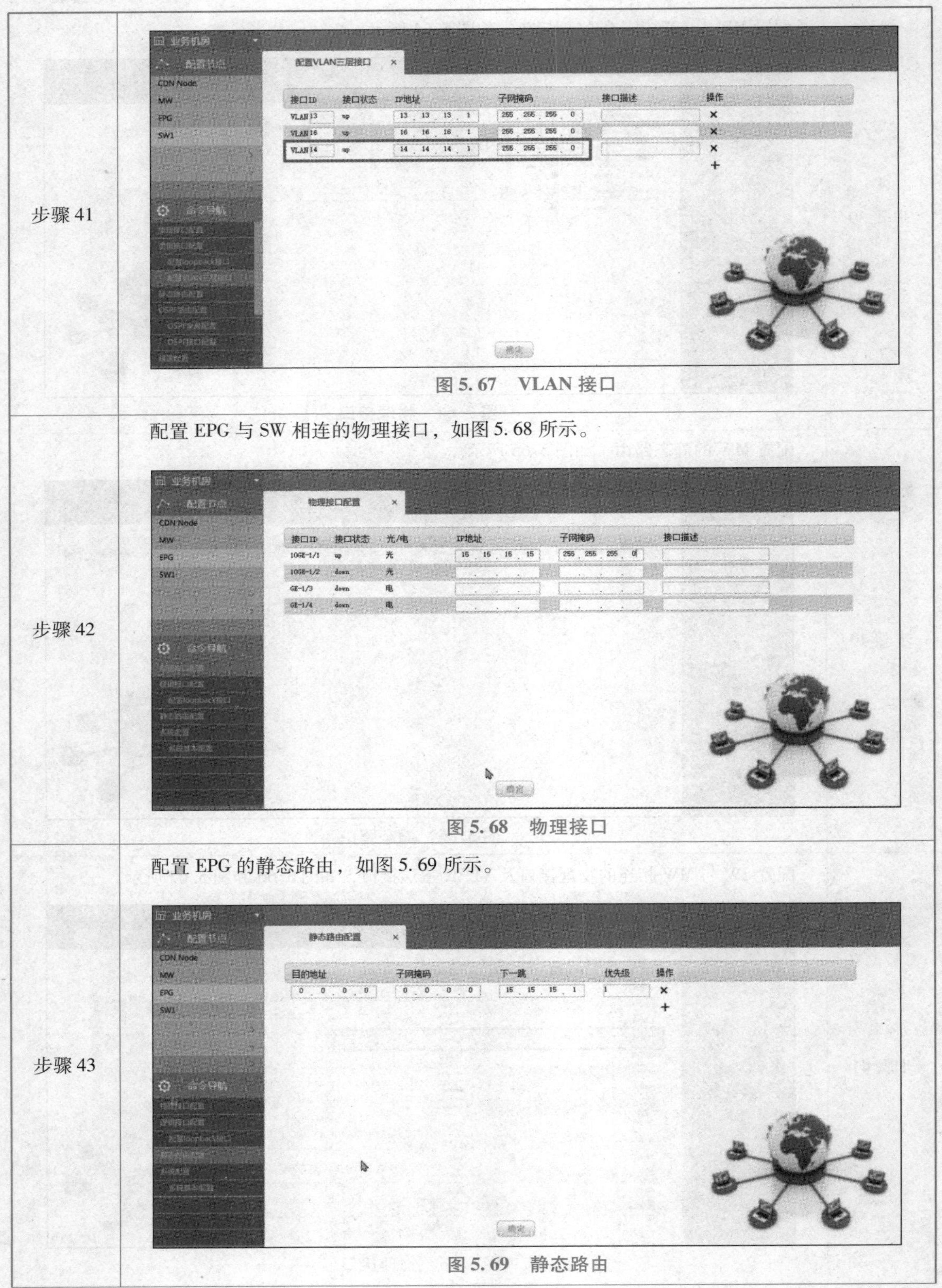

步骤 41	图 5.67　VLAN 接口
步骤 42	配置 EPG 与 SW 相连的物理接口，如图 5.68 所示。 图 5.68　物理接口
步骤 43	配置 EPG 的静态路由，如图 5.69 所示。 图 5.69　静态路由

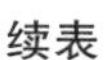

续表

步骤 44

配置 SW 与 EPG 相连的物理接口及 VLAN 三层接口，如图 5.70 和图 5.71 所示。

图 5.70　物理接口

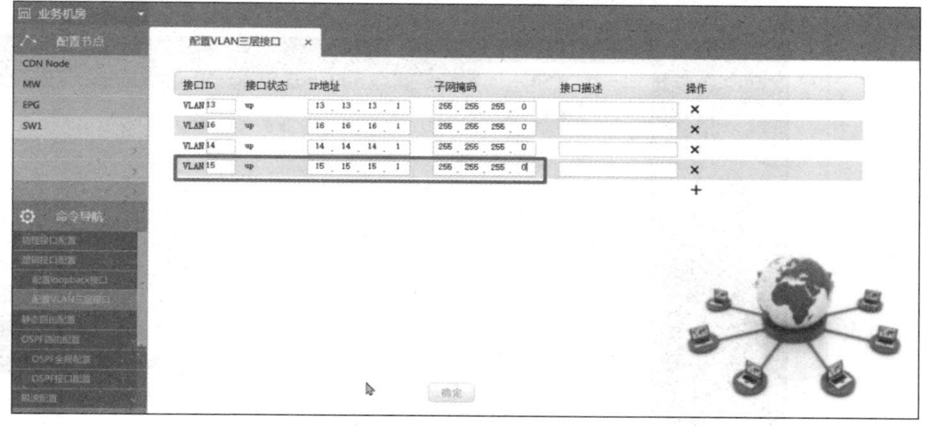

图 5.71　VLAN 接口

步骤 45

配置 SW 与中心机房 RT 相连的物理接口及 VLAN 三层接口，如图 5.72 和图 5.73 所示。

图 5.72　物理接口

续表

步骤 45

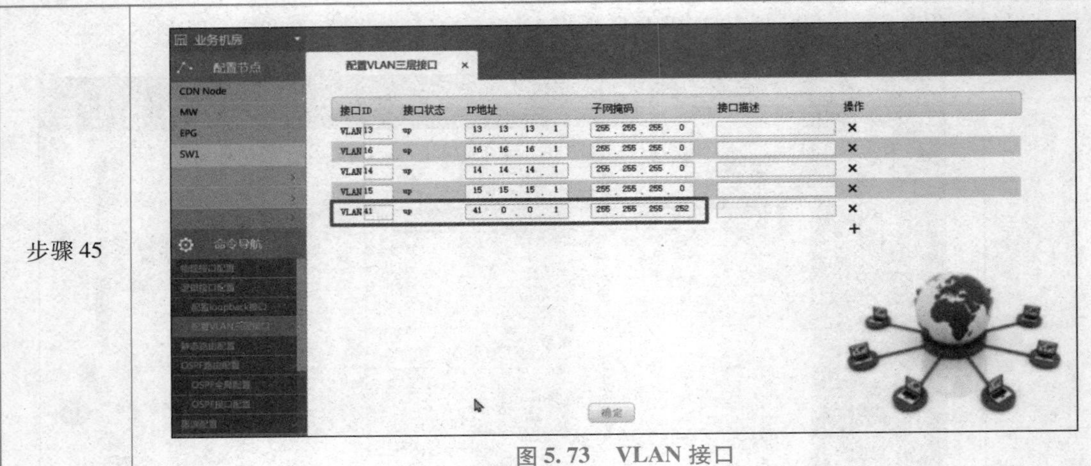

图 5.73　VLAN 接口

步骤 46

配置 SW 的动态路由，如图 5.74 和图 5.75 所示。

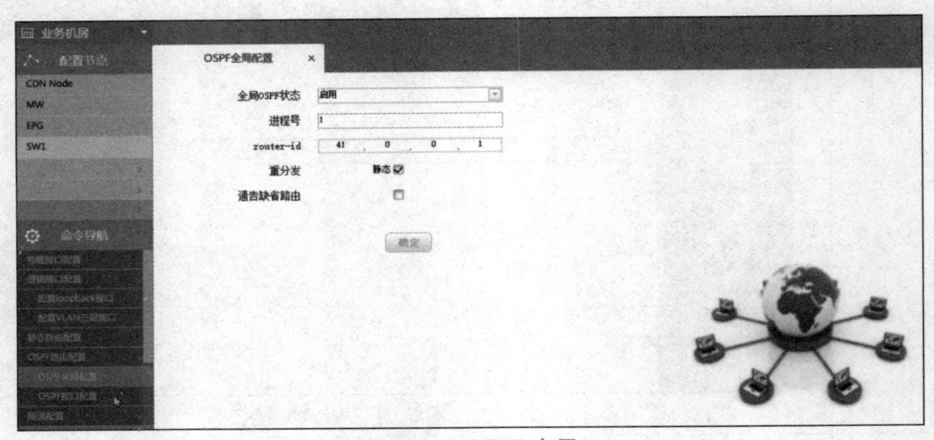

图 5.74　OSPF 全局

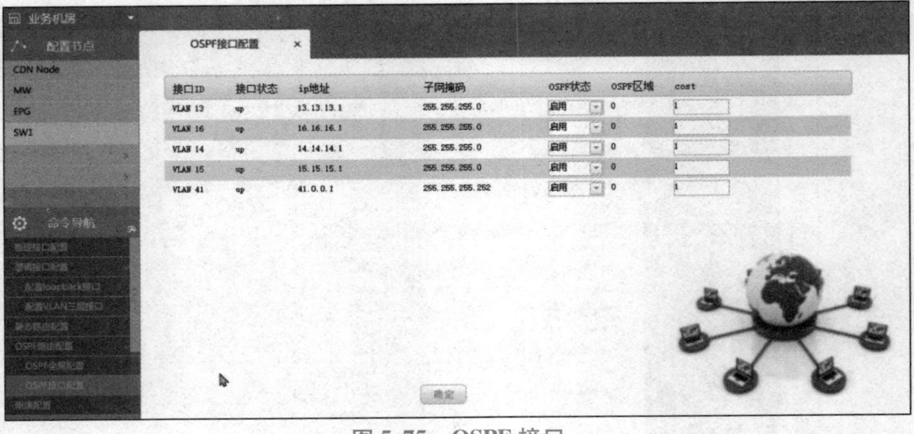

图 5.75　OSPF 接口

续表

<table>
<tr><td>步骤 47</td><td>进入中心机房，配置 RT 与业务机房 SW 相连的物理接口，如图 5.76 所示。
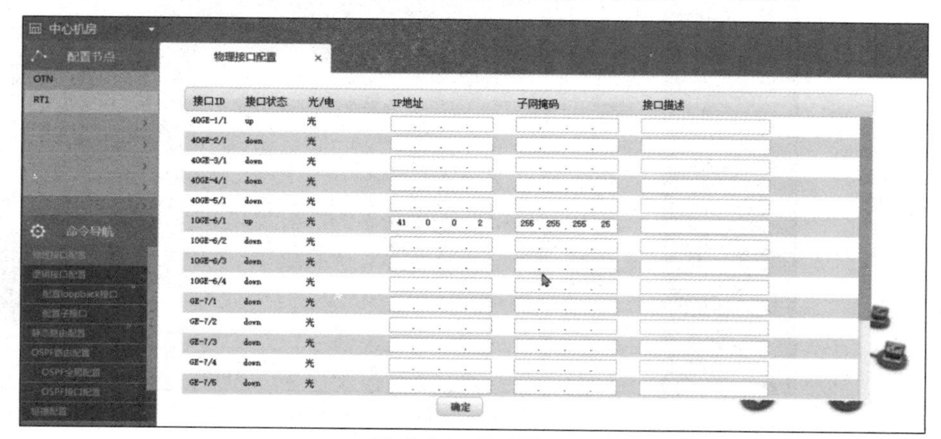

图 5.76　物理接口</td></tr>
<tr><td>步骤 48</td><td>配置 RT 与南城区汇聚机房 BRAS 相连的物理接口，如图 5.77 所示。
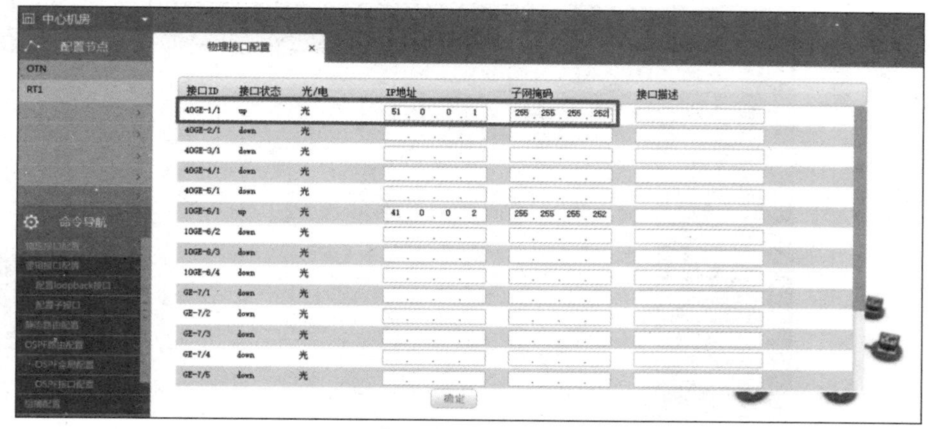

图 5.77　物理接口</td></tr>
<tr><td>步骤 49</td><td>配置 RT 的动态路由，如图 5.78 和图 5.79 所示。
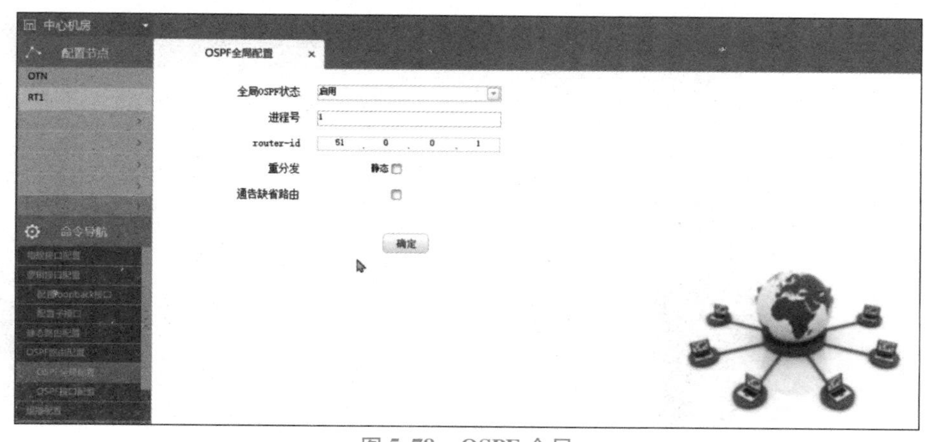

图 5.78　OSPF 全局</td></tr>
</table>

续表

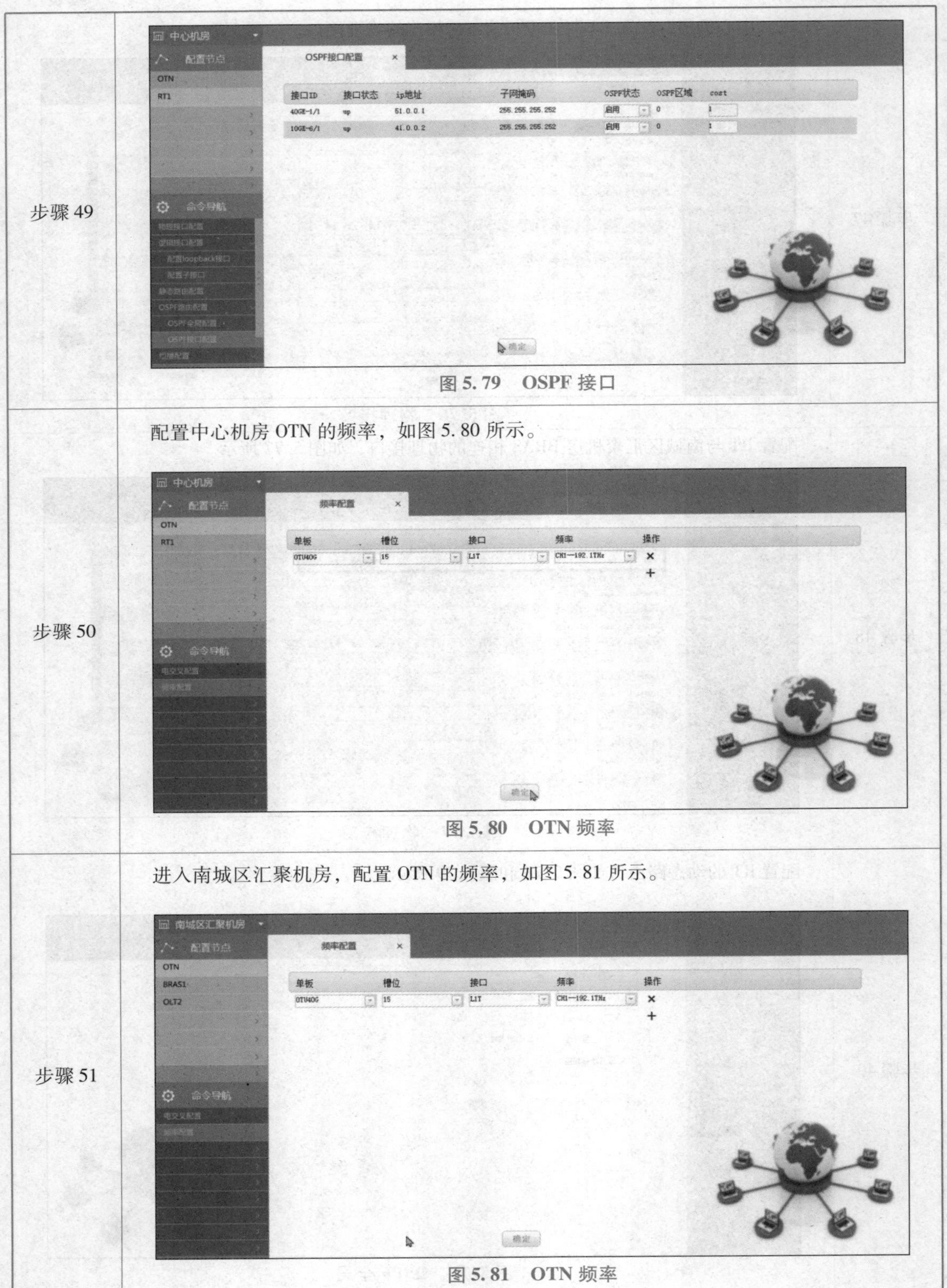

步骤 49	图 5.79　OSPF 接口
步骤 50	配置中心机房 OTN 的频率，如图 5.80 所示。 图 5.80　OTN 频率
步骤 51	进入南城区汇聚机房，配置 OTN 的频率，如图 5.81 所示。 图 5.81　OTN 频率

续表

步骤 52	配置 BRAS 与中心机房 RT 相连的物理接口，如图 5.82 所示。 图 5.82　物理接口
步骤 53	到此为止，设备配置和基础数据配置全部完成。接下来对组播协议下的 IPTV 业务进行配置。 进入业务机房，进行 CDN Node 的系统基本配置。CDN 节点号可以不输入，单击“确定”按钮后会自动生成，如图 5.83 所示。 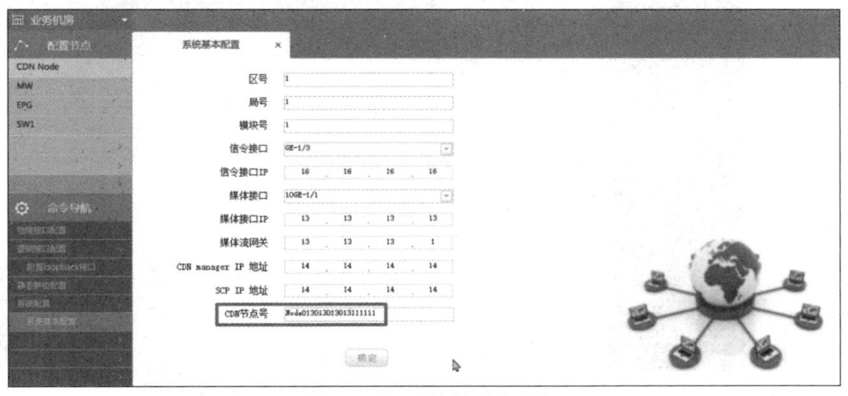 图 5.83　系统基本配置
步骤 54	进行 EPG 的系统基本配置，如图 5.84 所示。 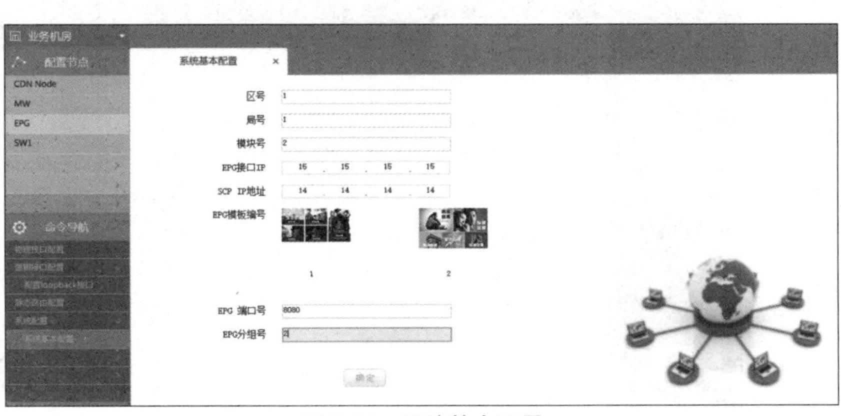 图 5.84　系统基本配置

续表

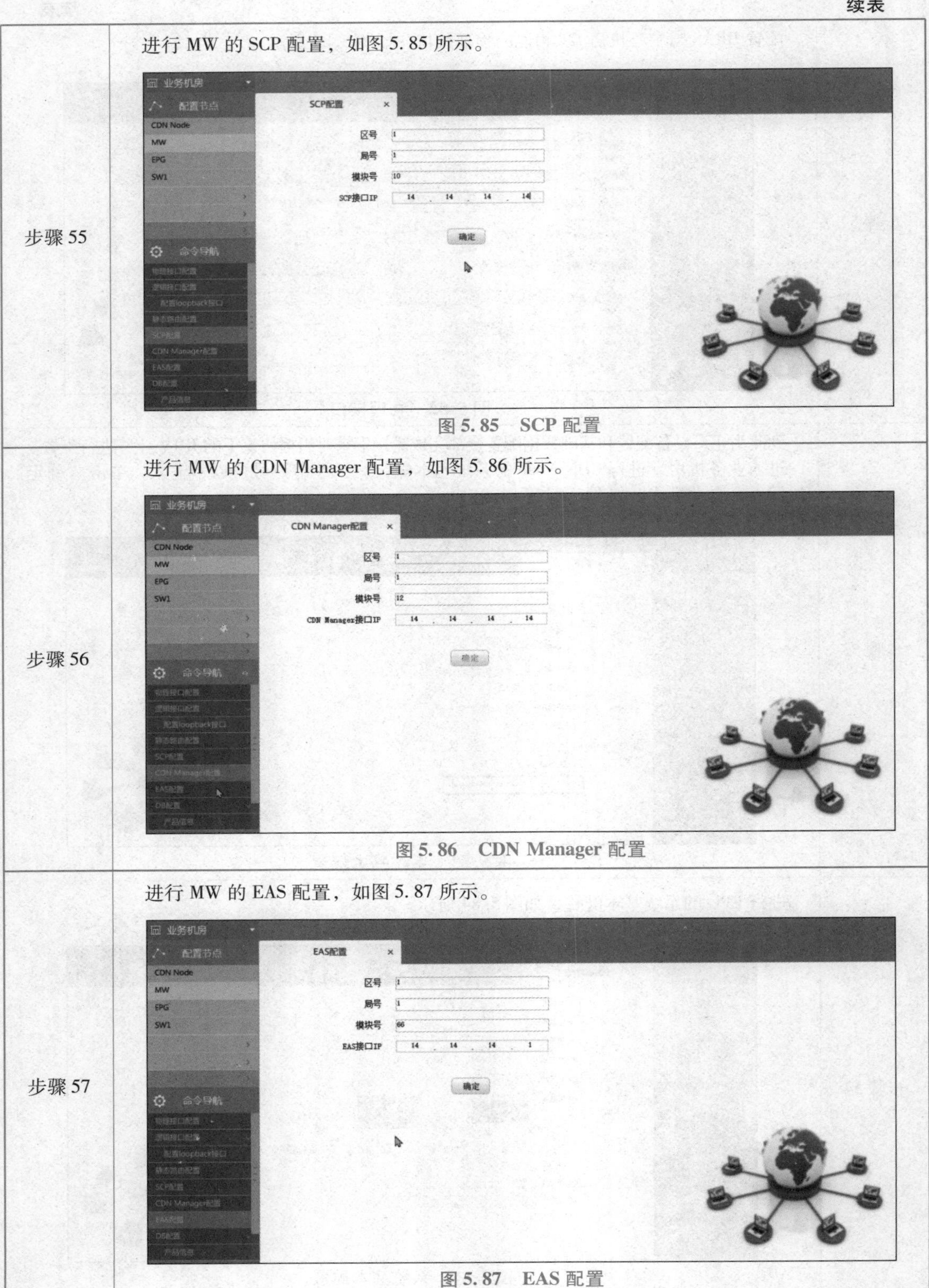

步骤 55	进行 MW 的 SCP 配置，如图 5.85 所示。 图 5.85　SCP 配置
步骤 56	进行 MW 的 CDN Manager 配置，如图 5.86 所示。 图 5.86　CDN Manager 配置
步骤 57	进行 MW 的 EAS 配置，如图 5.87 所示。 图 5.87　EAS 配置

续表

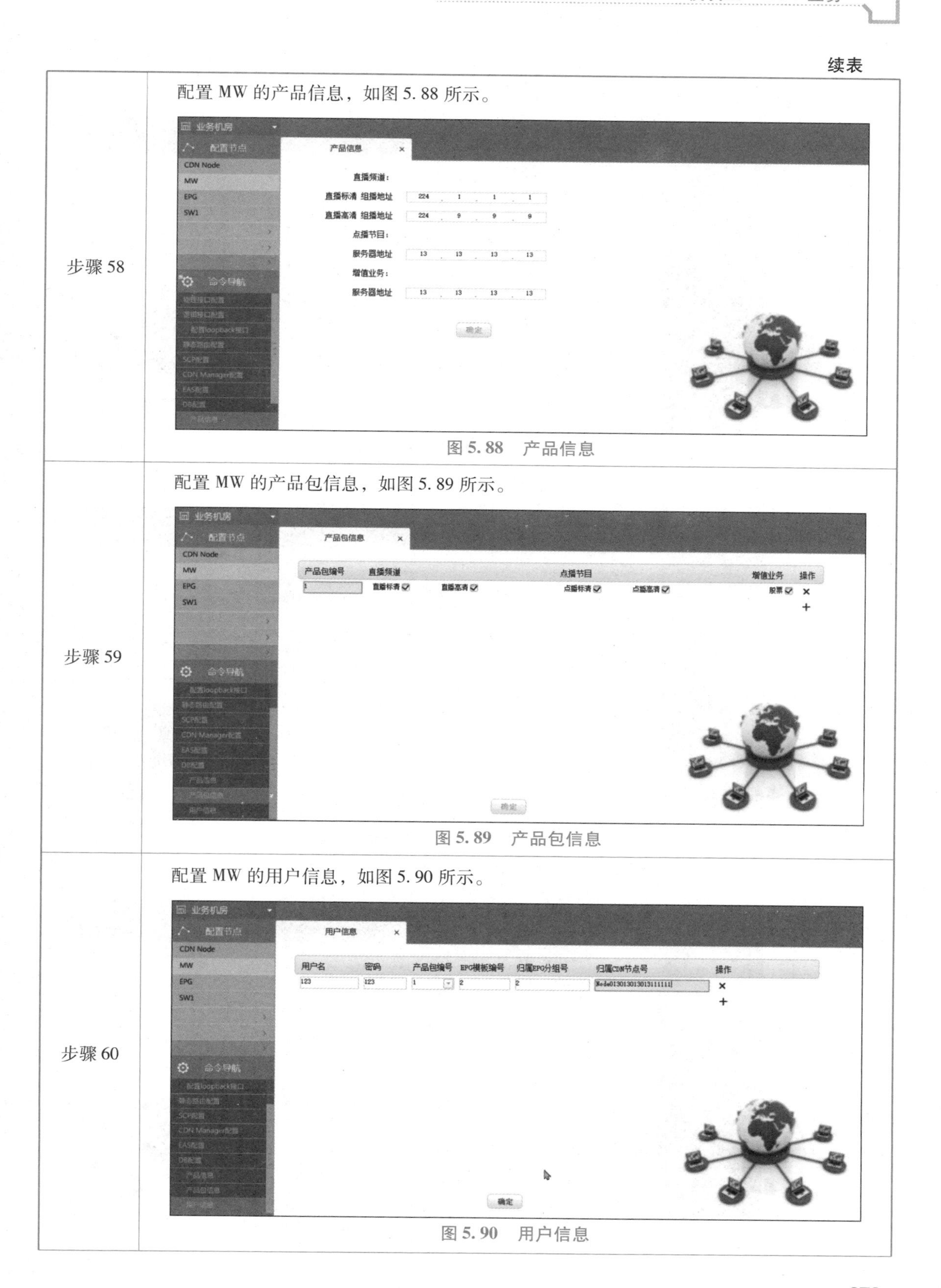

步骤 58	配置 MW 的产品信息，如图 5.88 所示。 图 5.88 产品信息
步骤 59	配置 MW 的产品包信息，如图 5.89 所示。 图 5.89 产品包信息
步骤 60	配置 MW 的用户信息，如图 5.90 所示。 图 5.90 用户信息

续表

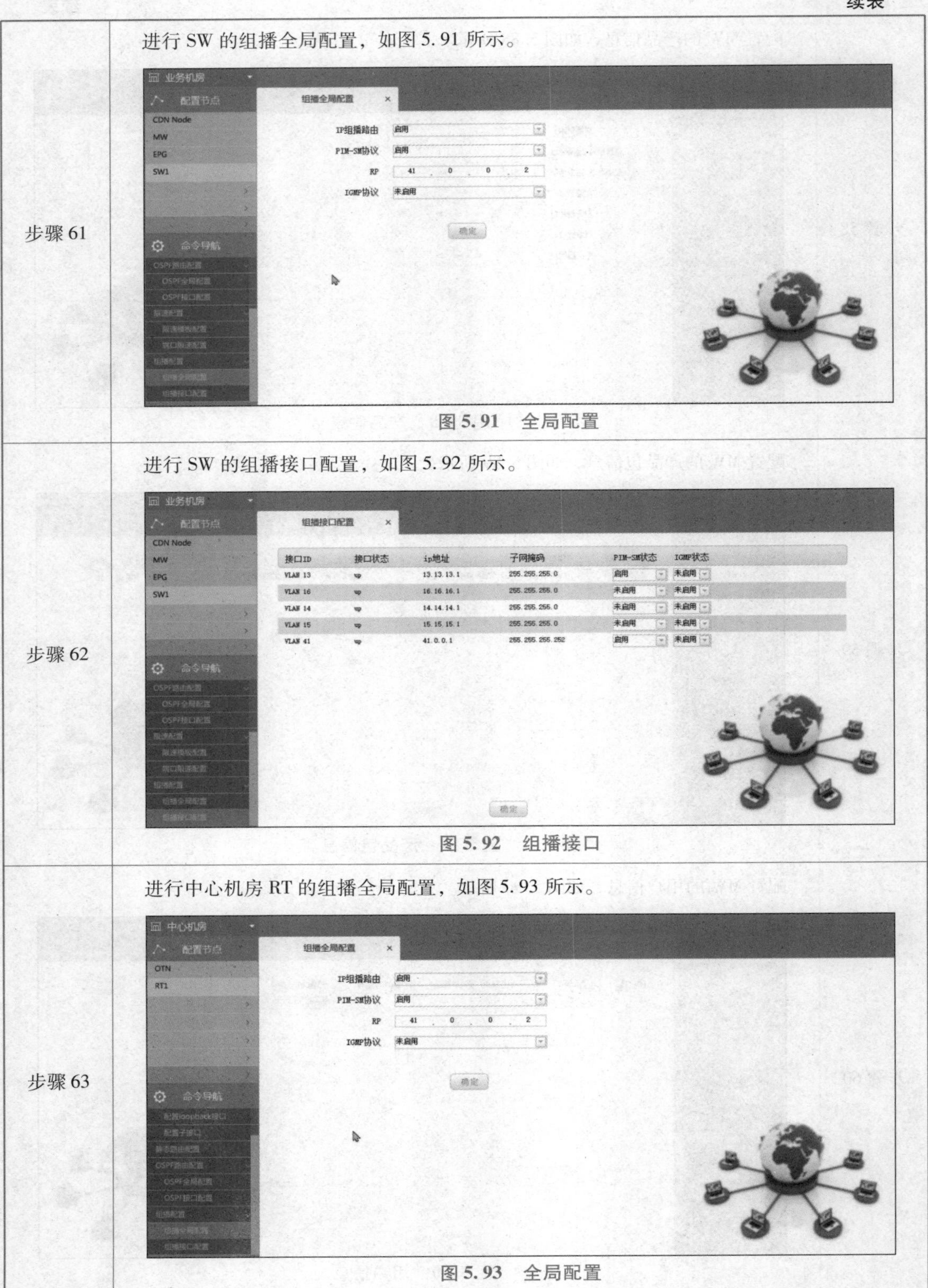

步骤 61	进行 SW 的组播全局配置，如图 5.91 所示。 图 5.91　全局配置
步骤 62	进行 SW 的组播接口配置，如图 5.92 所示。 图 5.92　组播接口
步骤 63	进行中心机房 RT 的组播全局配置，如图 5.93 所示。 图 5.93　全局配置

续表

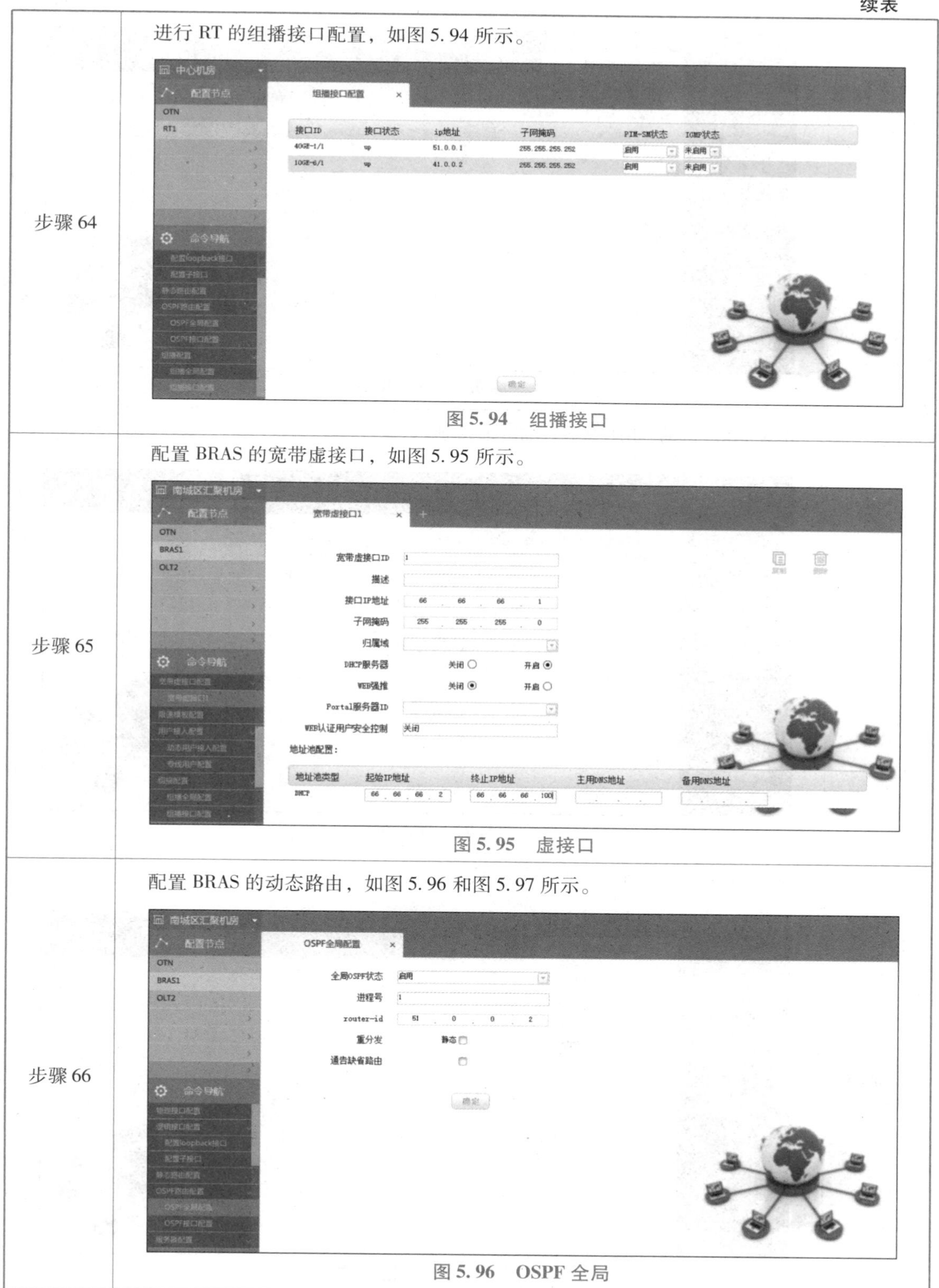

步骤 64	进行 RT 的组播接口配置，如图 5.94 所示。 图 5.94 组播接口
步骤 65	配置 BRAS 的宽带虚接口，如图 5.95 所示。 图 5.95 虚接口
步骤 66	配置 BRAS 的动态路由，如图 5.96 和图 5.97 所示。 图 5.96 OSPF 全局

续表

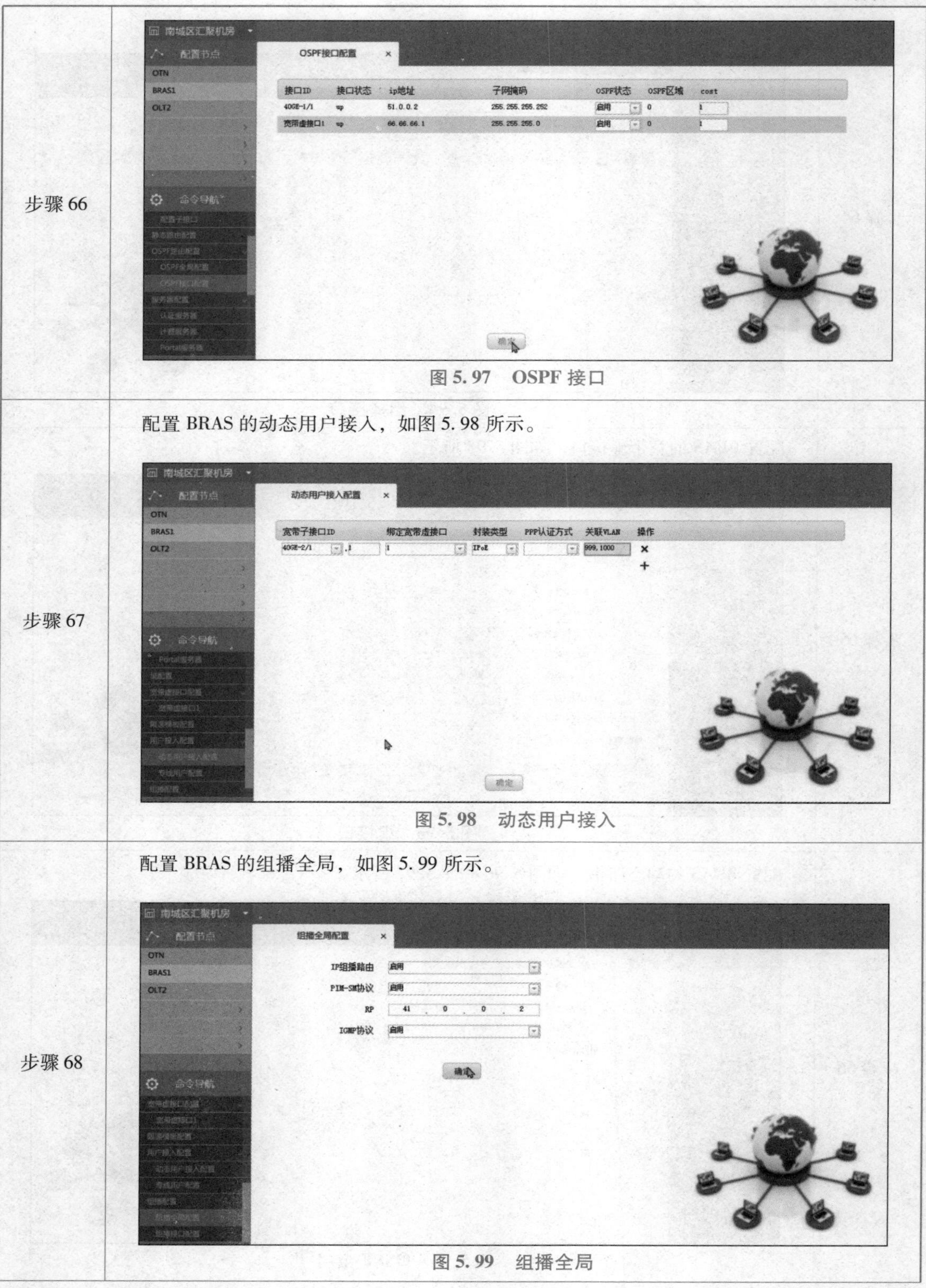

步骤 66	图 5.97　OSPF 接口
步骤 67	配置 BRAS 的动态用户接入，如图 5.98 所示。 图 5.98　动态用户接入
步骤 68	配置 BRAS 的组播全局，如图 5.99 所示。 图 5.99　组播全局

续表

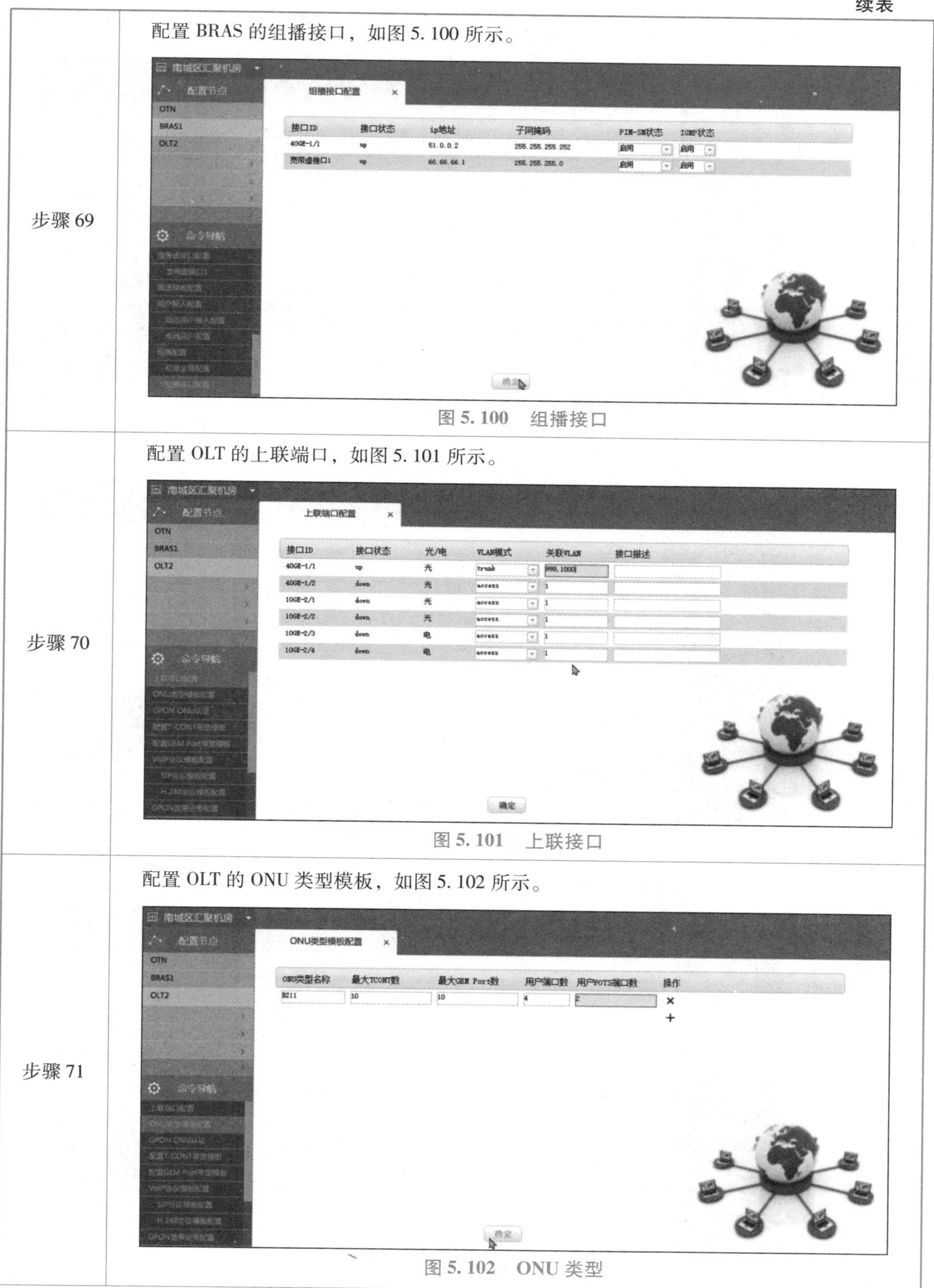

步骤 69	配置 BRAS 的组播接口，如图 5.100 所示。 图 5.100　组播接口
步骤 70	配置 OLT 的上联端口，如图 5.101 所示。 图 5.101　上联接口
步骤 71	配置 OLT 的 ONU 类型模板，如图 5.102 所示。 图 5.102　ONU 类型

续表

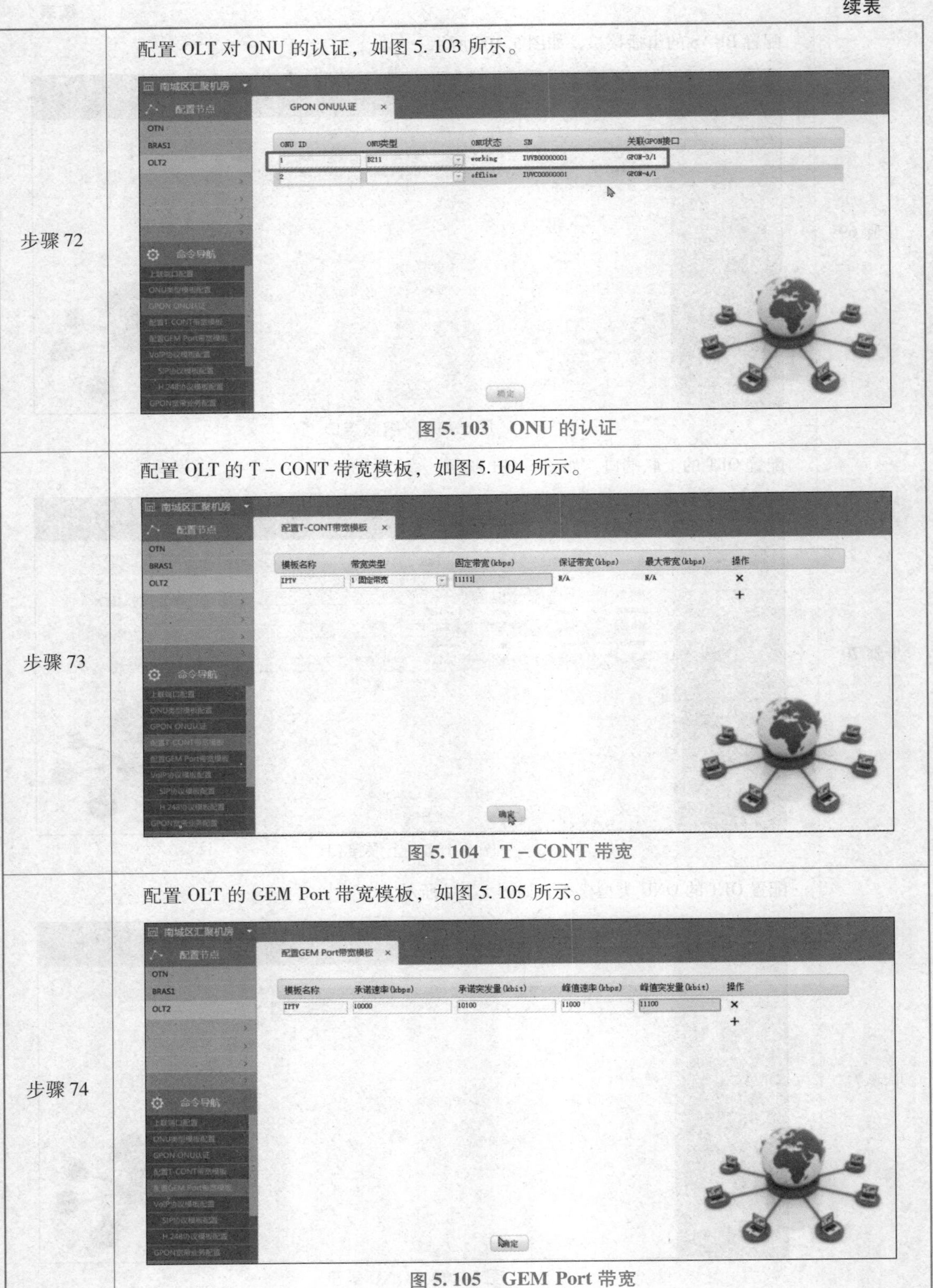

步骤 72	配置 OLT 对 ONU 的认证，如图 5. 103 所示。 图 5. 103　ONU 的认证
步骤 73	配置 OLT 的 T－CONT 带宽模板，如图 5. 104 所示。 图 5. 104　T－CONT 带宽
步骤 74	配置 OLT 的 GEM Port 带宽模板，如图 5. 105 所示。 图 5. 105　GEM Port 带宽

续表

<table>
<tr>
<td>步骤 75</td>
<td>

配置 OLT 的组播协议，如图 5.106 所示。

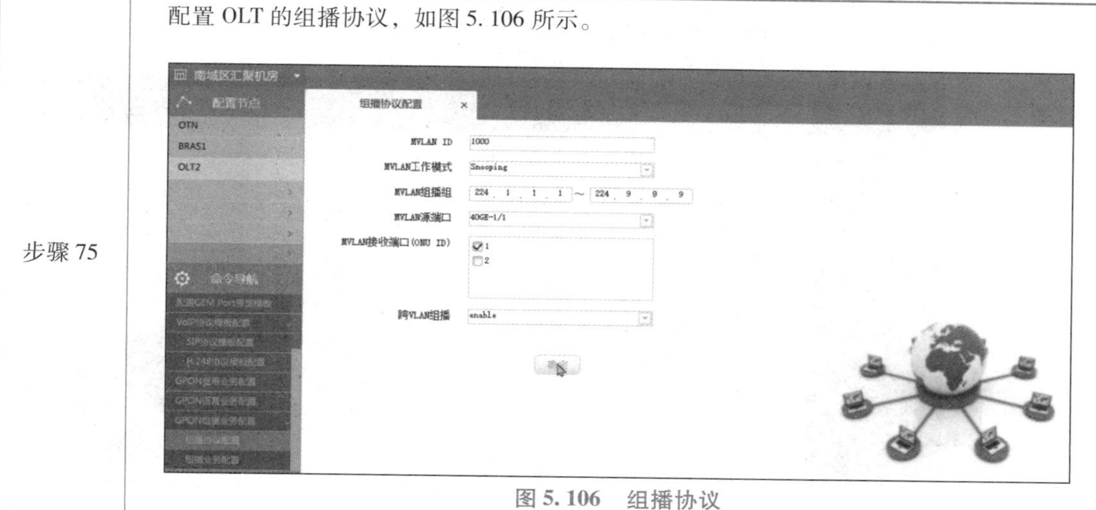

图 5.106　组播协议

</td>
</tr>
<tr>
<td>步骤 76</td>
<td>

配置 OLT 的组播业务，如图 5.107 和图 5.108 所示。

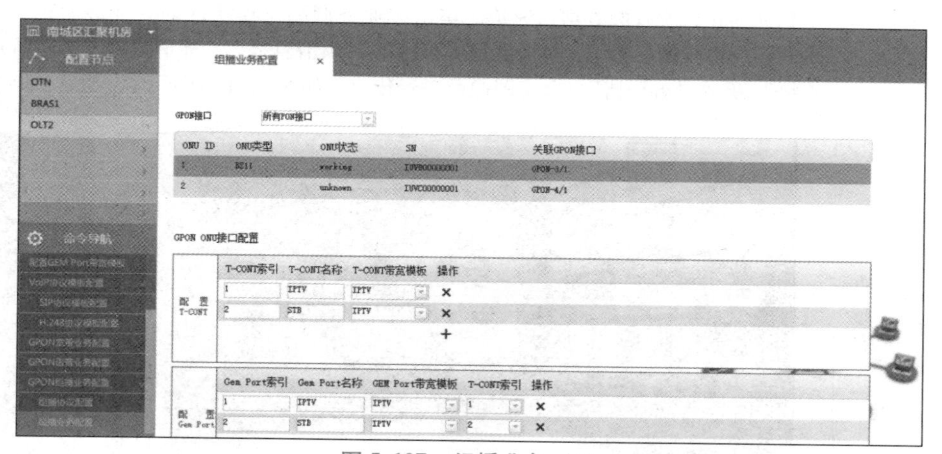

图 5.107　组播业务（1）

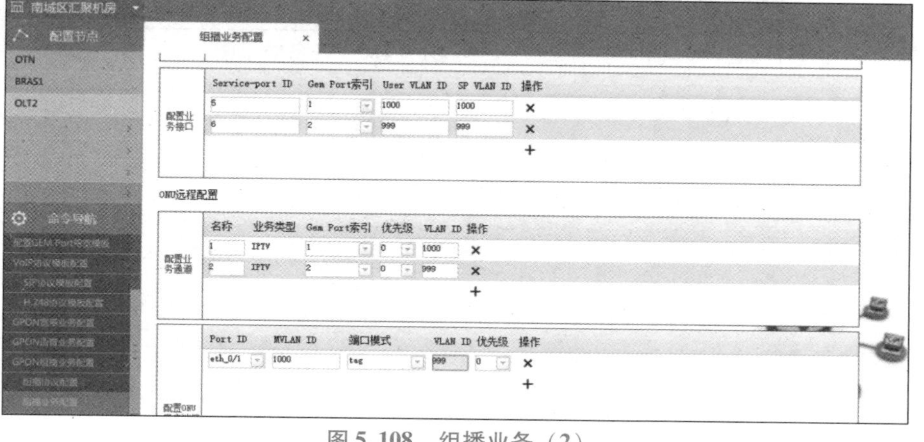

图 5.108　组播业务（2）

</td>
</tr>
</table>

续表

步骤 77	进入街区 B，进行 STB 的系统配置，如图 5.109 所示。 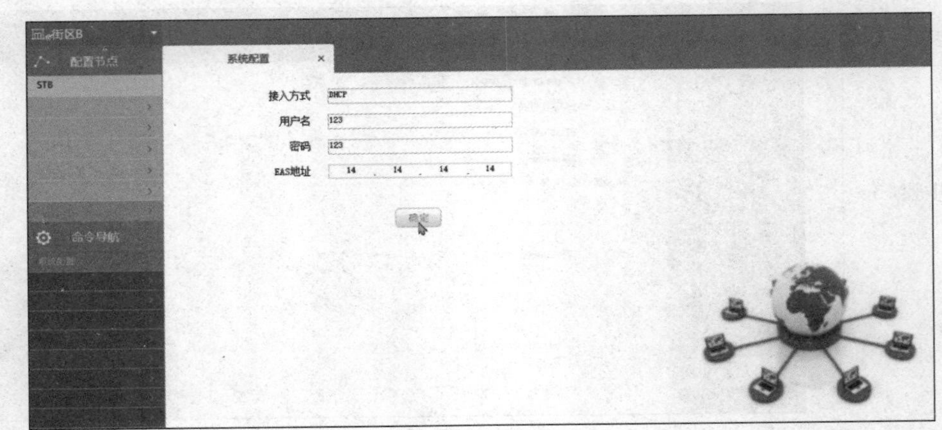 图 5.109　系统配置
步骤 78	到此为止，所有配置均已完成。单击“业务调测”模块内的“业务验证”，选择 B 街区房间内的电视图标，单击电视屏幕内的“高清直播”“标清直播”“高清点播”“标清点播”及“股市行情”，会有图像及声音传出，如图 5.110 所示。  图 5.110　任务效果图